中国経済の構造転換と農業

食料と環境の将来

高橋五郎

日本経済評論社

はしがき

　中国の農業は東アジアのなかで隔離された独立した存在である時代が終わり，いまやその主役に躍り出ようとしている．この点では，日本の農業が依然として閉鎖的，小国的であるのと大きく異なっている．日本にとって中国は重要な食料貿易国であり，輸入食品も増加の一途にある．この点から，中国農業は，日本との関わりも大きい．また東南アジア諸国連合（ASEAN）にとって，農業貿易面に関する中国の存在は，日本の比ではない．WTO 加盟以降，中国農業は国際化を進め，非常に短期間のうちに国際的農業の枠組みを構築しつつあり，ASEAN や韓国などとの FTA 交渉や締結を契機に，その枠組みは基本的な完成をみていると評価できる．日本の場合，その入り口のところに立ったまま，半身で内部をのぞき見るような姿勢に明け暮れている．これは日本農業を守るためだというが，素直に信用する者は非常に限られている．農協団体や農業団体の組織防衛にすぎないとの見方が圧倒的で，農家や農業を育成していくためだと額面どおりに思っている者はあまり多くはない．

　それはともかく，中国農業は不明確な部分もあるが，基本的には国際関係を意識した国家戦略のもとにあり，それゆえに，国際関係の変化からの影響をまともに受ける立場に置かれるようになった．たとえば ASEAN との FTA 締結の内容を吟味すると，かなりの農家や農民を犠牲にしたとしても，中国農業が穀物を基本的に確保できるようになったとの確信を，中国政府がもつに至ったことを窺わせる．その結果，中国農民に対する大きな影響を覚悟で，ASEAN との FTA の成立を図ることができたのである．言い方を換えれば，中国政府は外交を通じて，農業の荒療治を試みているということである．もう1つは，相手側から得るべき成果が，それを交換してなお大きいものがあると判断したことである．そうでなければ，あれだけ不利な条件での決着を図ることは難しかろう．しかも ASEAN は 10 カ国であり，中国が失うかもしれないものの大きさを相手側に示すことができれば，まとめて外交上の恩恵を感じさ

せることもできる．1国ずつ同じことをやるには時間がかかるが，まとめてやれば1回の交渉で10カ国分の成果を得ることができる．これを日韓に先行して行えば，効果はいっそう大きい．その結果中国農業は今後，大きな変化の時代を迎えることが予想される．

　中国農業はいま述べた点とも関連するが，経済構造の変化からの影響を受けるようになってきた．端的に言うと，中国経済は資本不足国から資本過剰国に転換したことからの影響を受けつつある．中国がこんなにも早く資本過剰国になるなどと誰が予想したであろうか．しかしそれは事実であり，具体的な指標として，世界一となった外貨準備高（2007年末，1兆5,000億ドル）にみることも，国内2,400億ドルの民間貯蓄超過にみることもできる．そして資本の過剰いわば豊富すぎる資本の一部が農業に向かい始め，あるいは企業が農業分野に進出し始めている．その勢いは，3億人の農業労働人口の一定の部分を，次第に自らのコントロール下に移しつつあるかのようでさえある．今後，中国農業は，中国経済の構造化する資本過剰と関係づけながら分析しなければ，多くの重要な変化を見失うか軽視することになろう．本書では，まずその実態をマクロ経済恒等式に忠実にしたがうことなどから確認した．

　資本の過剰化が，農村の貧困と二重構造を解消することになるかどうか，現段階では確かではない．少なくとも，貧困はやがて徐々に，ある程度まで解消に向かうにしても，格差そのものは解消することはない．それはクズネッツ仮説を否定するところから生まれた，筆者のいう"裏S字型仮説"によって主張できる．また，人民公社解体以来，手当不足（投資不足）が否めない農地投資が，過剰な資本の移転により再び上昇するかといえば，これも困難である．農地所有制度は使用権の流動化，自由化が進んでおり，多様な農業経営を生み出している．しかし，灌漑など農地基盤整備に対する企業の投資意欲はきわめて乏しい．農地使用権の流動化は，所有権移動の自由化が制度的に保証されて初めて有効である．なぜかといえば，中国においては使用から所有への移動の自由がなければ，長期に安定的な農業投資を行うには投資リスクがあまりにも大きいからである．その結果，農業に進出する企業も資本を農地投資に回すには慎重で，農業産業化政策の波に乗って，多数の農家との農産物調達など部分的連携や農地使用権の集積どまりである．もっともこれだけでも大きな変化で

あり，本書でくわしく述べているように，日本農業のはるか先を行く経営形態も多い．

　資本の過剰はやがて物価上昇をもたらすが，一部の投機現象をのぞき，現段階の物価は比較的安定している．しかし次第に，食料品価格や住宅価格を先頭に物価は上昇するであろう．それはコストプッシュ型の賃金の上昇を招き，国際競争力の低下にむすびつくが，人民元の上昇はさらに継続し，遠くない将来に，人民元の国際化が実現されるはずである．賃金上昇は，農村の子弟の高等教育機関への進学率の向上から，教育の社会的コストが上昇し，低賃金労働供給が次第に先細りになることからも起こる．そして人民元の国際化が始まるときは，外資の役割も大きく変わるときである．製造業投資型からサービス・金融投資へという変化が起こるはずである．製造業部門では，中国企業自らの担当能力を格段に高めるであろう．そして中国農業が受ける影響は，生産費の引き下げと品質の改良への要請である．過去の農地投資の少なさは，その時になって初めて認識され問題化する可能性が高い．過剰となった資本の農業部門への移転をいかに現実のものとするか，この難題は，農地制度の完全な自由化が解決するはずである．

　中国農業の最大級の難問の1つは農村環境悪化の問題である．農村の水が汚れ，土が死に瀕しているところが少なくない．原因は農地基盤投資の不足，農業労働過多，伝統農法にある．意外だと思われそうなものが多いかもしれないが，くわしくは本書を繙いて（ひもと）いただければ幸いである．

　このように本書は，最近の中国経済の質的変化を考察し，その基礎の上に立って，中国農業の現在と今後にほのかな展望を見ようと心がけた．その際，筆者がとくに留意した点は，個々の論点について，中国の大学の紀要や学会誌に掲載された学者の研究成果とその水準の現状をできるだけ参考にしたという点で，この姿勢は最後の章まで崩さなかったつもりである．

　ここで，本書の構成を簡単に紹介しておきたい．本書は8つの章からなっている．第1章では中国経済に現れた過剰資本を把握する意味で，主に2つの視点から見解を述べた．1つは既述のようにマクロ経済恒等式による分析であり，もう1つはおおまかに，資本係数の変化を年次別に計測したものである．第2章は中国農業の国際的視点からの諸問題と，その影響，第3章は少子高齢化と

産業の高度化という2つの「高」を軸に，食料需要の変化（減少）を実証的に述べている．ここでは，高齢化と産業高度化が，食料需要を停滞させる要因となることを主張する．第4，5章は，とくに中国農業の今後をみるうえで重要な視座を与えると思われる農業産業化に紙幅を割いた．第6章は農村の環境問題を実態調査を軸に，解決困難な構造的問題が横たわっていることを述べ，背後に農地投資不足が隠れていることを述べる．第7章は，農地資本ストックの計測を試みて，中国農業の生産基盤と環境保全の観点からの重要さを意識したものである．第8章は，貧困農村の例を述べ，こうした農村が相当長期にわたって残るであろうという前半部分と，新しい農家像をもつといえる若い酪農家の経営を考察した後半部分からなる．ここでは，貧困と豊かさという対照的な事例を考察しながら，中国農業の矛盾，農－農格差の実態を表現しようとしたのである．

　私のように，農業経済学研究から出発してアジア・非アジアの比較農業研究を経由して，中国農業研究にたどり着いた者はそう多くはないと思う．たどり着いたとはいっても，このまま狭い意味での中国農業研究に没頭する意志はなく，荷を下ろしあるいは荷を積んだ船がいつかは出航するように，中国農業社会の灌漑・水利用のあり方を通じて，中国の灌漑社会と風土との関係を地域研究の視点から見つめてみたいと思っている．K.ウィットフォーゲルの中国研究は，巨大な水資源の制御には強大な政治権力が必要だという問題意識に依拠するとみることもできるが，私の場合，彼にある中国に関するオリエンタル・ディスポティズム（東洋的専制）観や「水力社会」観は，E.サイードが後に批判したオリエンタリズムの亜種とみる．なので，その根を絶やしたところから，灌漑社会の研究を通じた中国経済・社会の研究が成り立つのかどうかに関心があるのであって，西欧観念を軸にしてなぞろうとする，F.A.ハイエクが歴史主義，科学主義として批判したようなその方法を踏襲するつもりはない（ただちに，「アジア的生産様式論」を否定することを意味しない――念のため）．

　私は水社会や風土論の本質的な意味を探ろうと格闘された旗手勲氏や故玉城哲氏の知己を得て，灌漑を媒介として人間社会や経済構造の形成におよぼす特

はしがき

有な水社会のあり様に関心をもち始めて，アジアの農業地帯をめぐり歩くとき，無意識のうちに，灌漑や農業における水の利用のあり方に自然と目が向くようになっていた．そこは，自然決定論的な社会であるよりも，人びとによる内発的発展の動機が潜んでいる社会のはずである，という意識が自ずとわき上がるところであった．故玉城氏は毎晩のように熱く語り，水社会を媒介とする独自の風土論を展開されていた．彼らはウィットフォーゲル批判をするために『風土―大地と人間の歴史―』（1974年，平凡社）を書いた．それは，私の比較農業論の基礎ともなった．といってもアジアはあまりにも広大で，ひとくくりできない多様性をもっている．そこで言えることは，経済発展の陰でいまなお立ちすくむ農業・農村の姿であり，アジア全体に共通する難題を今なお抱えているという事実である．

　そうした目で中国農村をみるとき，ひとすじ縄では到底捉え切れそうもない灌漑と経済・社会との関係に思いをはせながら，この社会はなんと水を粗末に扱っているのだろうかと思うことが多い．おそらくこの社会にも，水が豊富な時代があったのであろう．そのときに形成された水との接し方が，水が不足する時代になったいまも受け継がれているのかもしれない．そのためか，水の確保と維持，それをきれいに保とうとする意識が非常に薄いように映るのである．

　やや話しが飛ぶが，現在の中国経済が過剰な資本をもつようになったことは明白で，その処理や運用方法を十分に見出していない．人民公社解体以後，投資主体を失った農業部門，とくに灌漑施設を含む農地投資主体は空白のままである．過剰な資本がいかにして農村に向かうことができるのか，本書を流れる疑問と不安である．中国農業を支える水の巨大な容器たる農業土地基盤の環境破壊が進み，農産物にそれが波及し，汚染問題が起きている．これらの問題は一体的なものとして捉えなければ，ことの真相を把握することはできないように思う．中国農業理解に必要な態度は包括的な視野である．本書の意図が理解され，成功したかどうかは読者諸氏の判断に委ねるしかない．

　私の中国研究のあり方に絶えず刺激を与えてくれたのは加々美光行氏である．また，愛知大学の同僚や国際中国学研究センター（ICCS）に集う内外の多彩なメンバーのもつ力量に触れるたび，本書執筆については無言の刺激を受けたものである．読者諸氏からのご批判をいただければ幸甚である．

最後になったが，出版事情厳しき折本書の刊行をお引き受けいただいた日本経済評論社の栗原社長に心からお礼申し上げたい．と同時に，刊行までの労をとっていただいた清達二氏に感謝を申し上げたい．

　なお，本書中敬称は省かせていただいた．

2007 年 11 月吉日

著　者

目次

はしがき

第1章　資本の過剰化と農業への視座 …………………………… 1
1. 土地所有制度の閉塞　1
2. 閉塞からの脱出：準革命のドア　7
3. 過剰経済前夜　9
4. 効率性低下と過剰構造への転換　16
5. 資本ストックの過剰化　21
6. 資本過剰の鮮明化　25

第2章　中国農業とアジア経済 …………………………………… 37
1. 進む東南アジアとの農業緊密化と対立　37
2. 外資導入と農業部門　45
3. 農業技術移転と農産物貿易への貢献　49
4. 「東アジア共同体」と中国農業　51
5. 日中の米生産費の比較　66
6. 中国で増え始めた日本産の農産物消費　74

第3章　少子高齢化・産業高度化と食料・農業 ………………… 85
1. 少子高齢化の農業生産に対する影響　85
2. 農業就業者の高齢化問題：農業担い手の減少と対策　97
3. 高齢化農村の社会保障制度の現状と変化　100

第4章　農業企業の生成と育成 …………………………………… 111
1. 農業企業化政策の強化　111

2. 企業型農業＝農業竜頭企業の登場と発展　117
　　3. 農業竜頭企業の類型化と農家の定義　128
　　4. 農業産業化の類型と考察　139
　　5. 経営一体化の完成度　145

第5章　農業竜頭企業と農家の利益分配方式 ……………………………… 155
　　1. 利害関係の克服の障害　155
　　2. 農業竜頭企業と農家連結の意味　159
　　3. 農業産業化の背景と中国農村　165

第6章　農村の環境問題 ……………………………………………………… 171
　　1. 限界克服のみち　171
　　2. 雲南省滇池の汚染と小農技術　175
　　3. 中国的小農技術　181
　　4. 大規模企業的経営の展開　187

第7章　基盤整備投資の現状と課題 ………………………………………… 197
　　1. 水利・灌漑投資の現状　197
　　2. 土地改良投資の問題　222
　　3. 農業土地資本ストックの推計：土地所有と土地資本ストック　230

第8章　農村内の二元構造 …………………………………………………… 259
　　1. 閉じこめられた村　259
　　2. 裏S字型発展仮説　263
　　3. 「竜頭」新型農民の登場　266

参考文献 ……………………………………………………………………………… 269

第1章

資本の過剰化と農業への視座

1. 土地所有制度の閉塞

(1) 大陸社会主義＝国家主義的社会主義

　本書は，資本過剰下の中国経済のもとで中国農業がいかなる状況にあるかに注目している．数年前から，中国経済が資本過剰を抱えるようになったことを指摘する声はわずかにあった．しかし，現在の中国経済は明らかな資本過剰経済に突入している．その諸指標は後に述べるが，本書との関連でいえば，外貨準備高，民間貯蓄超過，金融機関預貸率の低下，農業竜頭企業の農業部門への進出，農産物貿易の膨張，海外への直接投資などをみることによって確認できる．このような中国経済の変化を受けて，中国農業もいま大きな変化を見せつつある．その変化を一言でいえば，中国現代農業の危機であり，そして同時に進行する農業経営の市場経済的再編の動きである．

　農業内部においては，前近代的小農的農業と株式会社化する農業経営が併存する状況がある．採算の悪い小農的農家が多数あるなかで，中国農業は生産請負責任制の採用による小農的個人農の増加という変化だけでなく，企業経営による農業も拡大し，農業竜頭企業といわれる形態が農家と提携する組織の拡大もみられる．古い農地法に縛られて身動きできない日本の農業に比べ，はるかに開放的で自由な農業経営の展開が各地でみられる．また仲介組織としての農業専業合作社や各種協会（日本の専門農協のような組織）の発達もみられる．その一方で，農地投資の低迷が農地の危機的状況と環境破壊，そして農産物汚染をもたらし構造化させている．

　農村内部では，村にも波及した経済成長の恩恵を受けるために，脱農して郷

鎮企業の経営者になった者がいる一方で，経営に失敗し，あるいは低所得にあえぐ多数のむら人がいる．都市近郊農村では，安い賃金の出稼ぎ農民に農地をまかせ，本人は都会の近郊に居住する恩恵を受け，広い3階建ての邸宅に住む農民も多数存在する．そこで働く出稼ぎ農民の賃金は1日20元（310円）にも満たない場合がある．

　農村内部では，農業を捨て都会に出る者があとを立たず崩壊寸前の村が各地で広まっている．子どもには，せめていい教育を受けさせたいとせっせと働き，子どもの卒業とともに農業をやめる者も多い．あるいは一生懸命に働いて貯めたお金を元手に都市近郊に移り，大きな共同住宅で，都会風の生活を味わって暮らす元農民たちの集団に会うこともできる．

　こうした変化はまだ始まったばかりで，本格的に大きな変化が起こるのはこれからだという気がする．したがって，いまの段階で，中国農業，農村，農民が今後こうなるだろう，ああなるだろうという確かな予測を立てることはきわめて難しい．しかし，さまざまな角度から分析してゆくにしたがって，変化のおおまかな方向はみえてくる．本書は，そうしてみえてくるかすかではあるが確かな方向を示そうと心がけた．筆者の場合，幸いにも東南アジア農村，ヨーロッパ各地の農村，アメリカやオーストラリア農村を歩き，そして中国の農村各地と比較してきた．

　中国の村で必ず筆者が試みたことは，農産物を栽培している土を握り，それを握りつぶし，水田に手を突っ込んでかき回し，水や用水路を観察し，草に付着した農薬の有無を探すことであった．そうして農民の農地への投資や土作りの状態を確かめた．畑に足を踏み入れれば，農家肥料（屎尿肥料）の使い方，撒き方，その臭いをかぎ，どの程度発酵しているかを嗅ぎ分けようとしてきた．

　そこで分かったことは，中国の農地は死につつある，ということである．この土はアメリカの畑の土と似ているが，アメリカとまったく異なる点は，中国はカリフォルニアのセンターピボットのように，劣化した農地を放棄することができないということである．中国の場合，劣化した農地に大量の化学肥料と農家肥料を撒き，さながら礫耕栽培のようにして農作物を栽培する．自ずと農薬散布量も増える．そうして残留農薬問題は解消しないで続くことになる．根底にあるのは，農業基盤投資の不足である．

第1章　資本の過剰化と農業への視座

　中国が伝統的なマルクス経済学概念である社会主義経済という観念的あるいは共同幻想的国家像を捨て，新たに，社会主義市場経済という中国式の現実的な社会・経済建設に乗り出してからすでに30年が経つ．社会主義市場経済といっても，経済の構造とその運営の実態は資本主義経済とほぼ同じであり，共産党一党独裁の政治的正統性を堅守しつつ経済の資本主義化を進めるという意味で，「統制型資本主義経済」ということもできよう．中国経済の本質は資本主義経済であり，これを国家＝共産党が統制管理するシステムである．したがって中国経済の分析に当たっては，資本の蓄積構造，資本の諸形態，資本活動を促進・阻害する要因を常に念頭に置くことが重要だと思う．石川は建国間もない社会主義中国について，「食糧需要が与えられたとき，農業への投資配分率を決定する要因は，農業の限界資本係数である」[石川 1960: 139] とした．しかしこの点は，資本主義経済の農業部門にあっても当てはまる．したがって，現在の中国農業の投資問題を考える際には，この視点は非常に重要である．

　中国は当初はソ連型社会主義＝スターリン型社会主義に学び，後に中国独自の社会主義の途を模索しつつ歩むことになるが，国家集権主義的社会主義であるという点で，この2つの体制は共通する．そしてこの点こそが，毛沢東がスターリンから学ばざるをえなかった両国の共通性であり，同時代の歴史的な宿命といえる．根底を流れる共通のその理由は，すでに立ちはだかる発達した資本主義大国と政治的，経済的，軍事的に競争せざるをえなかったという対立的国際環境，そして両国の巨大な国土面積と多様な風土にある．このような大陸国家をまとめあげるには，強大な中央集権的制度と統制的国家権力なしには不可能である．中ソが社会主義だから，あるいはたまたま似たような体制になったわけではない．似たような歴史的・風土的条件のもとで，似たような結果が生まれ出たのである．

　しかし，中国が1つの方向をなぞるようにソ連とまったく同じだったわけではない．その大きな違いは，農業部門の運営のあり方に端的に現れた．「単純化していえば，農村の社会主義化は『機械化が集団化に先行する』という主張がソ連方式であり，『集団化を機械化に先行させてよい』という主張が毛沢東方式であった」[天児 2002: 304]．この違いは農業部門の運営のあり方だけの問題ではなく，ソ連と中国における工業化の発展程度の違いや農村人口，農業

生産条件，社会主義運営そのものの違いなどに根本的原因があったのである．
　中国は1949年に「農村社会主義」的革命国家誕生の成功を宣言したこと，そして単に宣言したのみならず，実体的にも，スターリン的な，そしてやがては毛沢東的な社会主義化を進め，農村経済の社会主義的な構築にある程度の可能性を示してきた．もちろん「農村社会主義」という学術用語はないが，農村の土地革命には，その本質的部分において「農村の革命」という色彩が濃かったという意味である．しかし，革命後行われた土地の分配は貧農や小作人だけでなく，町の商工業者やそれほど大規模でなければ地主までもが，申し込めば分配してもらえたという一面があった［福地1954: 133-4］．このことは，農村の革命，農民のための革命としては，不徹底であったことを示す一例である．しかしこの不徹底さは，中国が改革開放という非社会主義へ舵を切った際，それを勢いづける働きをする1つの要因となったという意味では歴史の皮肉であった．

(2)　農業生産合作社から人民公社へ：スターリン型から毛沢東型へ
　1950年の「中国土地改革法」や「中国城市郊区土地改革条例」は，農民の土地権利を中国の歴史上初めて法認するものであった．そうした背景のうえに1953年党中央が採択した「農業生産合作社の発展についての決議」により，まず初級農業合作社がつくられ，農業集団化政策が始まった．中国で生産協同組合が建設され始める1953年3月スターリンは死去し，前掲「農業生産合作社の発展についての決議」が採択されたのは同年の12月である．この時間的空隙は，スターリン的協同組合から毛沢東的協同組合への転換あるいは書き直しの時間であったともいえるが，空白の9カ月である．やがて農業生産合作社は，1956年の「高級農業生産合作社示範章程」につながっていった．そして「毛沢東のリーダーシップに地方レベルでその実績競争が加わり，生産過程における協同化は1956年にかけ，急速に進んだ．3つの5カ年計画を待つまでもなく，56年末の段階で全農家の96.3％が生産協同組合に参加し，かつ協同組合の9割以上は土地所有権の集団化をともなう高級農業生産協同組合であった」［田島2002: 420］．
　一連の集団的農業の発展形式の延長線上に，毛沢東的な社会主義モデルとし

第1章　資本の過剰化と農業への視座

ての生産協同組合である農村人民公社建設が進められた．政社合一，工農商学兵をスローガンとするものであるかぎりは，協同の村でありコミューンを念頭に置いたものであった．それは，マルクス的生産協同組合のスターリン的な歪曲と未熟さを受けた毛沢東的政治主義がもたらしたものであった．1958年には全国74万を数える農業生産合作社が，2.6万社の人民公社に再編されていった［任2006］．

人民公社については，その性格や組織，期待された機能の構造などについて，多様な見方があった．端的に言えば，ソ連型集団農業の模倣，毛沢東の理想主義の典型，中国独自の社会主義的農業の形態，といったものである．

人民公社が生まれた背景について，加々美は次にように述べている．「人民公社化は朝鮮戦争以来，特にアイク・ダレス米政権の中国封じ込め戦略の強化に対抗する形で，中国の外交面で反米色が中心軸となり，そのなかで米ソ平和共存をうたうフルシチョフ外交に対しても中国の反発が急浮上したためもたらされた中国独自路線確立への模索にほかならなかった．その意味では，人民公社は中国を取り巻く戦後国際政治の転換期に，迫られて選択した道でもあった．……かくて人民公社化は，単なる毛沢東の理想主義に発したものでもなければ，ソ連計画モデルの亜型でもありえなかった」［加々美1999: 262-3］．

マルクスは資本主義社会から生まれたばかりの社会主義社会である生産手段の共有に基づいた協同組合的な社会は，〈経済的にも道徳的にも精神的にも，それを生み出した母胎である古い社会の母斑をまだ身につけている〉[1]と言った．当時の中国においては，「資本主義社会」から生まれ出たものはほとんどなく，「古い社会の母斑」といえば，抗日戦争の数十年と国民党との内戦を母体にしたある種，混沌の社会である．マルクスの考えに従えば，中国の生産協同組合には，そのような意味の母斑がついていたことになる．生まれながらにして持っていたこの「母斑」こそが，のちの運命を決することになったのであろうか．1860年代のF.ラッサールのアイディアを経て，マルクスによる彼への批判を通じ，エンゲルスによって整理された『ゴータ綱領批判』の場で構成された社会主義の生産協同組合論は，約100年後に，中国でも現実的な試練を受けることになった．

(3) 生産協同組合の失敗と小農回帰

本来，生産協同組合は社会主義的なユートピア[2]をもつというだけでなく，資本主義的な側面と同時にその国独自の風土性を持っている．協同組合は原理的に個人の自律性を内包し，それが集団となった際，その自律性を保証する装置として，自由を構成員諸個人の権利として与えていなければならない．その側面を教条的に排除し，統制的社会主義に純化させようとした点に，ソ連と中国双方に，この雄大な歴史的実験であった生産協同組合（ソ連のコルホーズ，中国の農村人民公社）の不成功を招く基本的問題があった．

そして中国の現在の国家が所有する土地所有制度は，生産協同組合が失敗に終わった段階で，ほかの方法へ転換する方途を検討すべきだったということである．集団農業は，労働生産性低下，農民の生活レベルの低下を招いたが，その最大の理由は，平等な分配による働く意欲の低下にある点は明らかだった［モーシャー 1994: 58］．社会主義者は，人間は自分以外には平等の清らかさを強要するが，自分自身には，それよりは少し上にあることを期待するものだという，人間の本質的一面を見落としたのである．

人民公社の失敗はその特徴にあった．①一大二公，②平均分配主義，③政社合一である．大きさを競い，高級合作社の農家戸数は平均200戸程度だったのが，人民公社になって30倍に増加，5,440戸にふくらんだ．そして公有化を急ぎ，私有のもつ自己責任意識を一挙に喪失させた．これが一大二公の意味である．分配の60〜70%は平等分配であったから，労働意欲は急速に衰え，社会的生産効率は低下した．個人的権利と利益は公社の権利や利益にくらべ劣位なので，長期的に組織を維持することは無理となる．そのうえに，公社の所有権はあいまいで，責任ある監督者と経営管理者はおらず，働きの良くない者を脱退させることもできなかった［傳 2006］．

小農や小作農を集団化し人間労働力主体の生産力向上をめざした生産協同組合化は，改革開放の動きとともに，1980年代になると解体を余儀なくされていった．農村人民公社は村民委員会に衣替えし，土地の制度的な所有者となった．そして農民は，半借地型小農となって，結局は，小農に回帰する方角へ向かっていったのである．

2. 閉塞からの脱出：準革命のドア

(1) 改革開放の限界

それから以後は省くが，中国の経済発展の成熟度を省みることなく，スターリン的な社会主義を目指してきたことが大きく影響し，やがて中国の社会主義は後退を余儀なくされていった．1978年の共産党11期3中全会はそれを具体化した最初の契機となり，その決定的な国家的レベルの対応が，92年の第14回共産党大会における「社会主義市場経済」の確立を謳った江沢民報告の採択，翌93年の憲法修正によるその明文化であった．その後，21世紀に入った今日に至るまで，中国経済は社会主義という政治的看板を残しつつ，戦後日本の成長モデルである強蓄積型成長を継続的に維持している．そして，その根底を支える経済政策は，ケインズモデルの性格を持っているのである．中国の大きな政府にとって，ケインズモデルは使いやすく，効果的であるためである．

さて改革開放後の中国経済の発展図式は「大段階」と「小段階」からなるとの見方があるが，基本的に首肯できよう．大段階は1978-92年の「感性的発展段階が旧体制を実験的・模索的に打破」する段階で，この段階はさらに2つの「小段階」に分かれる．1978-84年の農村・農業改革に重点を置く段階，1984-92年の都市工業改革に重点を置く段階である．もう一方の「大段階」は「理性的推進段階が新体制を系統的・能動的に創設」する段階であり，1992-2000年の市場経済体制が一応確立する段階，そして2000-20年の開放型市場経済体制を整備する2つの「小段階」からなるという図式である［李明星 2005: 196］．

今後は，開放型市場経済に向かって進むこともまず間違いなく，問題は，いつ"マンデル・フレミングモデル"（閉鎖経済モデルのIS-LM分析を開放経済に拡張したもの）が適用できる段階に到達するか，という一点となった．今日までは，改革開放の扉がまだ完全には開き切れていない状態，改革開放の限界であったことを示している．

現在に立ち戻れば，中国共産党政府は名目上，なお社会主義建設の長期目標を捨てていない．しかし，社会主義市場経済も社会主義建設も，共産党の党派的意味で，正統性を維持するためのスローガンとしての一面を持っていること

は明らかである．こうしたなかで，実効性ある社会主義的な経済範疇に属する唯一の制度が，土地所有制度であるといっても過言ではない．改革開放という「準革命」を経た再度の土地改革の過程で，中国の農地を制度的に所有しているのは，末端の自治的組織，すなわち1998年制定の「中国村民委員会組織法」を根拠法とする村民委員会（現在約70万．人民公社の土台となった生産大隊にほぼ重なる）と，その実質的な所有者たる国家であり，農民や市民にその権利はない．村民委員会に本当の意味での自治機能が与えられているかどうか，については筆者自身の調査事例からも疑問がある．また同様の指摘も少なくない．村落組織の公共事務の最終的決定権をもつ最高権力組織は共産党の基層組織であり，村民委員会ではない．これで村民自治といえるだろうかといった辛辣な見解もある［張2001: 243-5］．

(2) 土地所有制度の弊害

1986年制定，2004年改正の「中国土地管理法」は，第8条で都市区域内の土地は国家所有に属し，農村の土地は宅地，自留地ともに農民集体（村民委員会）所有に属することを規定している．第9条では，国家と農民集体が所有する土地は個人または単位（企業等の法人）に使用権として貸すことができ，借りた者はその土地について保護，管理，合理的利用を行う義務があることを謳っているのみで，それ以上の言及はない．

現在の中国農村において，あるいは都市において，共産党がその権力を発揮しうる根拠は，これら法制によって脇が固められた土地所有制度にあるといって過言ではない．村民委員会は公式的には農村の自治的組織であるとされているが，主任（村長）は共産党の推薦を受けたか支持された者を農民が選挙で追認するのが一般的である．主任は村内で絶対的な権限をもつが，この場合は党書記が主任を兼ねることが多い．党書記職でない主任の権力の強さは，少なくとも党書記以上ではない．土地管理，近隣関係調整，農民の軍事組織化，計画出産管理など村民委員会の幅広い業務は，あきらかに農村住民に対する国家権力の統治手段として位置づけられている証左である．

このように，農民に対する村民委員会あるいは末端自治政府の権力は強力であり，ここに社会主義体制の政治的基盤を形成する実体的機能を見ることがで

きるが，それを可能にしているのは，中国式土地所有制度にある．しかしかといって中国農村が純正社会主義制度に染まっているとはいえず，その土地所有制度とそれに基づいた共産党による政治的コントロールが際だっているという見方が成り立つ．

中国の政治体制が社会主義体制といえる実体的根拠は，この自由な私的土地所有制度の否定という点にあるといってよい．共産党は共産党員が政治的専制を正統化するための枠組みを提供するにとどまり，実際の経済活動を動かす原動力は何かといえば，市場を舞台にした国家による統制的な資本主義経済そのものと考えるべきである．あるいは，共産党独裁は強力な単一的国家権力を制度化するための衣のようなものといってもよい．経済活動における厳しい許認可や規制，あるいは警察権力や外交上の独自性は，どのような国家においても存在し，中国共産党に特有のものではない．強いて言えば，強い国家による統制的な資本主義経済という点であろう．

現在の土地所有制度は使用権を農民が村民委員会から借りる方式であるが，姚は農家と村民委員会の「二重所有制度」が現在の中国の農地所有制度の実態であり，それは完全な村民委員会所有と完全な個人所有の中間にあり，地域によっては，大きな差があると述べている．そしてその利害の対立の上に立つ均衡のために，農地の私有化がうまく進まないのだと言う［姚2007］．しかしこの考えには，農民と村民委員会との力関係が初めから不均衡であることが軽視されている．自由な市場経済の育成と自発的成長を促すためには，政治の民主化の実現と，農民が知恵と頭脳を発揮でき，管理責任が明確になる土地所有制度，すなわち所有の自由化が一層重要な課題となってくるのではないか．

3. 過剰経済前夜

(1) 80年代：過剰経済準備期

経済面に眼を転じると，1978年の改革開放以降，中国は高いGDP成長率を記録してきた．そして今日までの長期間の動きをみると，いくつかの波があることが指摘されてきた．特に第7期5カ年計画にほぼ重なる1986-91年までの数年間は，年当たり成長率が1桁台という減速をみせた．この期間は1983年

表 1-1 貿易額の推移

年	金額									収支
	輸出			輸入			総額			
		外商	比率		外商	比率		外商	比率	
1978	97.5			108.9			206.4			−11.4
1979	136.6			156.7			293.3			−20.1
1980	181.2			200.2			381.4			−19.0
1981	220.1			220.2			440.3			−0.1
1982	223.2			192.9			416.1			30.3
1983	222.3			213.9			436.2			8.4
1984	261.4			274.1			535.5			−12.4
1985	273.5			422.5			696.0			−149.0
1986	309.4			429.1			738.5			−119.7
1987	394.4			432.1			826.5			−37.7
1988	475.2			552.7			1,027.9			−77.5
1989	525.4			591.4			1,116.8			−66.0
1990	620.9			533.5			1,154.4			87.4
1991	719.1			637.9			1,357.0			81.2
1992	850.0			806.1			1,656.1			43.9
1993	917.7	252.4	27.5	1,039.5	418.3	40.2	1,957.2	670.7	34.3	−121.8
1994	1,210.0	347.1	28.7	1,157.0	529.3	45.7	2,367.0	876.5	37.0	53.0
1995	1,487.7	468.8	31.5	1,320.8	629.4	47.7	2,808.5	1,098.2	39.1	166.9
1996	1,510.6	615.1	40.7	1,388.4	756.0	54.5	2,899.0	1,371.1	47.3	122.2
1997	1,827.0	749.0	41.0	1,423.6	777.2	54.6	3,250.0	1,526.2	47.0	403.6
1998	1,837.6	809.6	44.1	1,401.7	767.2	54.7	3,239.2	1,576.8	48.7	435.9
1999	1,949.0	886.3	45.5	1,658.0	858.8	51.8	3,607.0	1,745.1	48.4	291.0
2000	2,492.0	1,194.4	47.9	2,251.0	1,172.7	52.1	4,743.0	2,367.1	49.9	241.0
2001	2,661.0	1,332.4	50.1	2,435.5	1,258.6	51.7	5,096.5	2,591.0	50.8	225.5
2002	3,256.0	1,699.9	52.2	2,951.7	1,602.5	54.3	6,207.7	3,302.4	53.2	304.3
2003	4,393.7	2,403.1	54.7	4,128.4	2,318.6	56.2	8,512.1	4,721.7	55.5	255.3
2004	5,934.0	3,385.9	57.1	5,614.0	3,244.5	57.8	11,548.0	6,630.4	57.4	320.0
2005	7,619.5	4,441.8	58.3	6,599.5	3,874.6	58.7	14,219.0	8,316.4	58.5	1,020.0

資料:「中国統計鑑」.
注:外商とは中国に進出した外資系企業のこと.

人民公社の解体開始, 1985年人民公社の政社分離解体・郷政府樹立, 82万余の村民委員会への移行, 86年民主化運動の昂揚, 87年胡耀邦総書記辞任 (1月), 趙紫陽の総書記代行就任 (1月. 11月に正式に就任), 同氏の総理辞任 (80年就任, 11月辞任) と李鵬副総理の総理就任 (11月), 13回党大会で社会主義初級段階論採択 (10月), 88年鄧小平国家中央軍事委主席就任 (3月),

第1章 資本の過剰化と農業への視座

(単位：億ドル，％)

前年比		
輸出	輸入	総額
28.5	51.0	39.5
40.1	43.9	42.1
32.7	27.8	30.0
21.5	10.0	15.4
1.4	−12.4	−5.5
−0.4	10.9	4.8
17.6	28.1	22.8
4.6	54.1	30.0
13.1	1.6	6.1
27.5	0.7	11.9
20.5	27.9	24.4
10.6	7.0	8.6
18.2	−9.8	3.4
15.8	19.6	17.6
18.2	26.4	22.0
8.0	29.0	18.2
31.9	11.3	20.9
23.0	14.2	18.7
1.5	5.1	3.2
20.9	2.5	12.1
0.5	−1.5	−0.4
6.1	18.2	11.3
27.8	31.8	31.5
6.8	8.1	7.5
22.3	21.2	21.8
34.6	39.9	37.1
35.4	36.0	35.7
73.4	17.6	23.1

89年胡耀邦前総書記死去（4月），第2次天安門事件（6月）と戒厳令，江沢民総書記就任（同月），鄧小平軍事委主席辞任，江沢民就任（11月），90年戒厳令解除（1月），92年鄧小平の南巡講話（1月），14回党大会で社会主義市場経済確立の江沢民報告採択（10月）など，その後の中国経済の動向を左右する決定的な出来事が起きた．

この経済調整期の最大の特徴は表1-1にみるように貿易収支の悪化である．84年から90年辺りまで，輸出は年10～20％の伸びを見せたものの，輸入が輸出を上回る構造的貿易赤字は是正されず，むしろ貿易赤字の拡大が起きた時期である．この期間はまた加工貿易が輸出入ともに増加する時期でもある．特に，輸入面の加工貿易は金額的に一般貿易に迫る動きを顕著にする時期でもある．加工貿易は原材料や仕掛品を輸入して，製品化または半製品にして輸出するが，中国の場合，加工貿易のうち輸出にくらべ輸入が多いことが特徴である．この時期の輸入増加は国内経済における有効需要の急増を背景としていたためである．改革開放の恩恵と心理的効果もあって，消費財・生産財の2つの部門の需要が急速に伸びたのである．その結果，工業品を中心に，1984年以降の数年間，物価の急騰が起きた．表1-2はそれを示している．石炭，石油，機械の各工業製品をはじめとし，あらゆる工業製品の工場出荷価格指数が前年比で大幅な伸びを見せたのだった．そしてこの傾向は92年の鄧小平の南巡講話によって刺激され，その後の90年代の高い成長に引き継がれていくことになる．この動きは，輸入をさらに増やす方向に作用した．内需の増加，81年から84年までの二重相場制により，対外貿易為替レートは公定レートよりも低い1ドル2.8元に固定されてきた．それは輸出促進的な操作であるにもかかわらず，輸入が増えるという皮肉な結果を生んだが，その意味は，それほ

表1-2 工業品工場出荷価格指数

(前年＝100)

	冶金工業	電力産業	石炭工業	石油工業	化学工業	機械工業	建築資材工業
1980	106.2	98.4	106.4	102.1	98.2	97.5	102.5
1981	101.8	101.6	102.6	99.3	97.2	98.6	101.6
1982	101.0	98.9	101.9	100.5	99.6	99.3	102.2
1983	101.3	105.6	101.5	106.3	101.0	99.3	102.7
1984	103.8	102.1	102.6	112.0	102.4	101.1	115.4
1985	114.3	103.4	117.6	107.2	102.9	111.8	113.7
1986	107.4	102.4	96.8	104.6	102.9	102.8	105.6
1987	107.0	103.1	102.8	104.0	112.2	104.9	113.4
1988	115.4	101.7	110.6	106.8	120.4	111.8	123.6
1989	121.0	116.9	112.2	108.4	119.4	121.2	99.6
1990	110.3	108.8	106.2	107.1	101.6	102.8	106.1
1991	114.2	135.9	113.1	118.8	102.4	102.8	111.1

資料：『中国統計年鑑』.

どまでこの間の内需が旺盛であったということである．内需が輸入拡大を引き起こしたのは，言うに及ばず，国内供給不足にあった．供給不足の根本的原因は，国有企業が主体である社会主義的生産システムが生む技術の遅れ，資本供給の不足にあったことは明白である．

(2) 内需とFDI拡大

こうした内需拡大がより明確になる時期は，1990年代になってからである．加工貿易による輸入が多いということは，一般的な形式は半製品または仕掛品を輸入，それを加工して輸出するということである．それは，中国の貿易が輸入先との産業内垂直分業関係が成立していることを意味し，原料を加工し製品として輸出する自己完結型貿易ではないことを示している．

中国の貿易の担い手は改革開放直後の私営企業などがリードする形から徐々に国有企業が台頭し始めたが，国家の規制を強く受ける態勢に大きな変化はなかった．改革開放以後も，輸入増加により慢性化する外貨不足を乗り切るために，国家あるいは地方の行政権力が貿易に介入する状態は続いたのである．

こうした対外経済関係の推移の過程で，次に中国が行ったのは外資受入政策の強化であり，そのための先駆的政策が沿岸部を中心に進められた経済特区や保税区，開放都市等の設置であった．1980年以降，深圳，珠海，汕頭，アモ

表1-3 海外の対中直接投資推移 (単位：億ドル)

年	金額	年	金額	年	金額
1979-1983	18.0	1991	43.7	1999	403.2
1984	12.6	1992	110.1	2000	407.2
1985	16.6	1993	275.2	2001	468.8
1986	18.7	1994	337.7	2002	527.4
1987	23.1	1995	375.2	2003	535.1
1988	31.9	1996	417.3	2004	606.3
1989	33.9	1997	452.6	2005	603.3
1990	34.9	1998	454.6	1979-2005	6,224.3

資料：『中国統計年鑑』1996，2006．

イなどの経済特区，1984年の経済技術開発区が上海など沿海14都市で指定されるなどがその例である．加えて，海外からの投資を誘発するための各種の外資優遇策であった．1978年以降，海外の対中直接投資は少しずつ伸び始めた．表1-3に見られるように，投資不安や中国側の制度的受入態勢の未整備などから改革開放直後の外資の対中投資の動きはやや鈍かったが，87年頃から着実な進展を見せ，92年以降毎年100億ドルを超える巨額になる．直接投資は高い経済成長率を誘発し，成長の牽引になったことは否定できないが，過大評価をしすぎると中国経済の内発的な成長力や要因を見逃す恐れもある．表1-4に見られるように，1984年から最近までの全社会固定資産投資に占める利用外資の寄与度を見ると，最も多い時期で20％台であり，長期的にはその半分程度にとどまっている．最近になって中国統計から消えた基本建設投資を見ると（表省略），1987年から1998年までの約10年間，外資の寄与度はおおむね18％，最大で21.4％であった．これをもってしても，外資が中国経済の成長をリードしたとは言い難いと思われる．ただ，金額的には確かに外資寄与度が高くなかったにしても，ほかの投資にくらべ，その中身が投資乗数の極めて高いものに対してであったとすれば，金額だけを基準とする理解は危険といわなければならない．しかし，外資だけがほかに比べて投資乗数の高い部門あるいは投資先に投下されたと推定できる資料はないので確認はできない．

(3) 内需経済から外需経済への転換

一方，貿易の成長についてはどうだろうか．この点は一般に知られているとおり，外資の寄与度は高く，最近では60％程度に達している．表1-1はその

表1-4　中国マクロ経済表

		GDP Y	最終消費 C	資本形成 I	経常収支 F	貯蓄 民間 S	貯蓄 政府 T	合計 S'(S+T)	政府支出 G
5 期	1978	3,606	2,239	1,378	−11	234	1,132	1,367	1,122
	1979	4,093	2,634	1,479	−20			1,459	1,282
	1980	4,593	3,008	1,600	−15	425	1,160	1,585	1,229
6 期	1981	5,009	3,362	1,630	17			1,647	1,138
	1982	5,590	3,715	1,784	91			1,875	1,230
	1983	6,216	4,126	2,039	51			2,090	1,410
	1984	7,363	4,846	2,515	1			2,516	1,701
	1985	9,077	5,986	3,458	−367	1,086	2,005	3,091	2,004
7 期	1986	10,509	6,822	3,942	−255			3,687	2,205
	1987	12,277	7,805	4,462	11			4,473	2,262
	1988	15,389	9,840	5,700	−151			5,549	2,491
	1989	17,311	11,164	6,333	−186	3,482	2,665	6,147	2,824
	1990	19,348	12,091	6,747	510	4,320	2,937	7,257	3,084
8 期	1991	22,577	14,092	7,868	618	5,336	3,149	8,486	3,387
	1992	27,565	17,203	10,086	276	6,879	3,483	10,362	3,742
	1993	36,938	21,900	15,718	−680	10,689	4,349	15,038	4,642
	1994	50,217	29,242	20,341	634	15,757	5,218	20,975	5,793
	1995	63,217	36,748	25,470	999	20,226	6,242	26,469	6,824
9 期	1996	74,164	43,920	28,785	1,459	22,836	7,408	30,244	7,938
	1997	81,659	48,141	29,968	3,550	24,867	8,651	33,518	9,234
	1998	86,532	51,588	31,314	3,629	25,067	9,876	34,943	10,798
	1999	90,964	55,637	32,952	2,376	23,883	11,444	35,328	13,188
	2000	98,749	61,516	34,843	2,390	23,838	13,395	37,233	15,887
10 期	2001	108,972	66,878	39,769	2,325	25,708	16,386	42,094	18,903
	2002	120,350	71,691	45,565	3,094	29,755	18,904	48,659	22,053
	2003	136,399	77,450	55,963	2,686	36,934	21,715	58,649	24,650
	2004	160,280	87,033	69,168	4,079	46,850	26,397	73,247	28,487
	2005	188,692	97,823	80,646	10,223	59,220	31,649	90,869	33,930
11 期	2006	221,171	110,413	94,103	16,654	72,497	38,260 38,760	110,757	40,423

資料：『中国統計年鑑』2007年版より加工作成．
注：1)　財政収支の赤字は，民間貯蓄の黒字を意味．
　　2)　在庫増加は2006年の「中国統計年鑑」に大幅な修正．
　　3)　「中国統計年鑑」2007年版では，2006年の財政収入を3兆8,760億元としているが，これは中央
　　　　本表では，恒等式の原則を維持するため計算上の額3兆8,260億元とし，下段に3兆8,760億元を記
　　4)　在庫増加は資本形成の内書き．

第1章 資本の過剰化と農業への視座

(単位：億元)

財政収支 B	民間貯蓄超過 (F+B)	在庫増加	貯蓄性向 (%)	外資寄与
10	−22	304	37.9	
		326	35.7	
△69	54	277	34.5	
		291	32.9	
		281	33.5	
		316	33.6	
		368	34.2	4.4
1	−368	786	34.0	5.4
		802	35.1	8.2
		663	36.4	8.3
		998	36.1	7.9
△159	−27	1,913	35.5	8.7
△146	656	1,919	37.5	10.9
△237	855	1,798	37.6	11.0
△259	535	1,573	37.6	13.1
△293	−386	2,409	40.7	17.3
△575	1,209	3,028	41.8	21.8
△582	1,581	4,585	41.9	20.2
△530	1,989	4,737	40.8	19.8
△582	4,132	4,003	41.0	21.4
△922	4,551	2,745	40.4	17.1
△1,744	4,120	2,424	38.8	15.4
△2,491	4,881	998	37.7	15.0
△2,517	4,842	2,015	38.6	11.1
△3,150	6,244	1,933	40.4	10.5
△2,935	8,556	2,472	43.0	8.3
△2,090	6,169	4,051	45.7	7.6
△2,281	12,504	3,342	48.2	5.9
△2,163	18,817	3,952	50.1	

預金調節基金から500億元を繰り入れたためである．
載した．

判断のための資料であるが，輸出入とも90年代後半に入ると，輸出について外資がもつ寄与度の上昇が顕著になる．まず輸出は90年代初頭まで20%台の後半であったが，それ以降急速に上昇し，現在は60%に達する規模になった．輸入もそれより早く上昇しており，90年代にすでに40%を超す高さを見せていた．そして最近は，輸出同様に60%に迫る高さを見せている．輸入について外資がもつ寄与度が，中国の特徴でもある加工貿易と強い関連があることはいうまでもない．外資が加工のための中間製品を輸入し，付加価値を付けて輸出するという形に沿うものである．その結果，貿易総額に占める外資の寄与度も同様の動きを示している．

以上を要約すれば，固定資産投資増加についてはさほどの寄与度をもたない外資であるが，貿易に関しては極めて大きな寄与をしていることになる．つまり外資の多くは中国政府の規制もあり，国内消費向けよりも，海外市場向けの活動を行ってきたが，それは外資にとっても望ましいかたちであった．完成品であれ中間製品であれ，

仮に国内消費向けに，自己の製品を作ることが義務づけられていたとすれば，外資はたちまちのうちに過剰在庫を抱えたことであろう．改革開放以後，先に述べたように旺盛な内需が生まれ，物価上昇の主因となることもあったが，外資を手始めとする製造業の生産能力は国内購買力の成長を簡単に凌駕するほどの高さを持っていたのである[3]．

4. 効率性低下と過剰構造への転換

(1) 明確化する資本効率の低下

改革開放を進め毎年2桁以上の経済成長率を続けてきた中国経済の中心である製造業は，その20年後に，早くも大きな構造上の転機に直面する．具体的には，資本効率の低下と生産設備や資本過剰である．これまでの先進国経済の例を見ると，一般に市場経済の発展は，資本係数上昇の過程という一面をもっていることが分かっている．本来の発展という過程には，未成熟な部門の発展と，成熟したかあるいは成熟しつつある部門の発展の双方が含まれる．中国経済の場合，農村と都市あるいは農業と工業という対極的な2部門が，距離を広げながら発展してきたという特殊性を持っている．それが解消されぬまま，経済発展が続いてきた．シュムペーターは「『発展』とは，経済が自分自身のなかから生み出す経済生活の循環の変化のことであり，外部からの衝撃によって動かされた経済の変化ではなく，『自分自身に委ねられた』経済に起こる変化とのみ理解すべきである」と述べた［シュムペーター 1926:174］．この見地からすれば，中国経済の社会主義市場経済への転身は「自分自身に委ねられた」ものであっただろうか．それとも「外部からの衝撃によって動かされた経済の変化」だったのだろうか，という疑問が湧く．

中国経済は，改革開放を経て社会主義市場経済への政策的・体制的変化を企図した90年代初頭，持続的な高度成長，そして2001年のWTO加盟やASEAN等とのFTA締結に象徴される国際化，2003年以降の人民元の上昇傾向の顕著化と実質的な切り上げに突入した（2005年7月）．2007年時点，1人当たりGDPは2,000ドルを超え，3,000ドルに到達する日も間近である．また，2007年冬，外貨準備は1兆5,000億ドルを優に超え，中国政府はその一部

を巨額の資本金に当て，増える一方の外貨準備の対外運用会社を設立した．経常収支の黒字，民間の過剰貯蓄，財政赤字，国内資本蓄積の進展，銀行業界の再建整備の進行，証券市場の整備拡充等も進んでいる．

　しかし，これらは，中国経済が発展途上国から脱し，OECD加盟国のような先進国経済の条件を備えるようになったことを意味するものではない．中国経済は依然として，都市経済と農村経済との成長のテンポが違い，成長の分配がアンバランスないわゆる二重経済（二元経済）から脱していないし，それは当分不可能であろう．先進国とは，一般的な事例を基準にすれば，農村が都市のように豊かになった社会のことである．日本，欧州，アメリカなど先進国は，みな農村が豊かになっている．先進国経済とは，成長した国内経済の一元性が達成されたことを意味する．つまり平均的な国民が1人当たり国民所得，エンゲル係数，消費性向，耐久消費財保有率，住宅面積，平均寿命，幼児死亡率，大学進学率，非識字率，保有金融資産などの諸指標のどれをとっても，農村・都市ともに一定以上であることが先進国経済の要件である．

(2) 二元経済の固定化

　ところが中国経済，とりわけ農村経済は，いまなお，A. センやW. ルイス，R. ヌルクセ，T. シュルツといった農村過剰労働力の解消と経済成長論を軸とする初期開発経済学者の理論的手法をもってしても通用するような発展段階にある．中国経済が最も抜け出しえない困難な問題，それは農村経済と都市経済の格差，二元経済の存在である．中国は今後，少なくとも数十年，この問題に悩まされ続けることになろう．統計分析に加え，筆者が歩いた各地の農村を見る限り，二元経済を解消することは当分不可能である．郭は中国の二元経済は単に近代部門と非近代部門（農業）の経済的な差からではなく，選挙制度，土地制度，教育制度，戸籍制度，財政制度，税収制度，保険制度，社会保障制度など多様で複雑かつ多層的な要因からできていると述べている［郭 2006: 159］．このような見方は，経済発展のみに目を奪われていては，実際が見えにくくなることを示唆している．

　二元経済の象徴は豊かさと貧困の併存であり，それを通常は格差と呼んでいる．格差の原因は農工間の生産性の格差，生産を増やすための投資の不足や欠

如，それほど目立たないし大きな要因でもないが，農村の人口自然増加率が都市よりも一般に高いこと，などである．農村の人口自然増加率が高いとすれば，それは都市に比べ，農村の一人っ子の率が低い（2人以上の子どもをもつ農家の比率が都市家庭より高い）ことに理由がある．疾病率は農村が高いのが普通であるにもかかわらず，農村の人口の自然増加率が高い理由は農村の一人っ子の率が低いこと以外に考えにくい．農村で一人っ子政策を守っている農家は多くはなく，子どもが2～3人いる農家は非常に多い．初めの子どもが女子や障害者だった場合，農家はルールにしたがって2人目をつくることもできる．実際は，このような条件に当てはまらなくとも，筆者は2人目をつくる農家の例を何度も見てきた．また，農産物出荷価格の安さとその下落傾向である．

　これらが，農村と都市との格差，中国経済の構造的な問題である住民1人当たりのGDPの差をもたらしている．全住民1人当たりGDP（年間）の最も低いところは農業地帯である貴州省の76,000円，最も高いところは中国一の大都会上海の77万円（2006年），両者には10倍の開きがある[4]．中国は経済的規模の異なる2つの経済によって構成されているといえる．

(3) 都市・農村の投資乗数

　都市と農村の2つの経済構造は規模が異なるとはいえ，それほど異質ではない．ケインズ経済学の特徴である「投資乗数」は，経済構造と効率性を表現する1つの方法である．ここで次のように，これを利用してみよう．ケインズのいわゆる投資乗数理論は，1つの国に1つの乗数を描くことで成り立っている．投資乗数とは，一定の追加投資に対する付加価値の増加倍率を示す．通常教科書では3とか4と表している．乗数が大きいほど，その経済は成長可能性あるいは成長の潜在的可能性が高いことを意味する．それが高い経済と低い経済は異質である．そこで乗数について農村と都市を比較すると，中国の場合，ほとんど差がないであろうことが確認される．投資乗数は，下記の式で測ることができる．

$$\frac{1}{1-\alpha} = N$$

　ここでN：投資乗数，α：限界消費性向

$1-a=$ 限界貯蓄性向なので,投資乗数とは,結局は限界貯蓄性向の逆数のことである.ということは,この式によれば限界貯蓄性向が小さいほど乗数は大きくなる.言い方を換えれば,限界消費性向が大きいほど,乗数が大きいことを意味する.つまり,消費が大きいほど投資乗数は大きいことを意味する.

ただし中国の農村と都市について,乗数を測るには,統計上の制約から上式を厳密に適用することはできない.そこで,限界値を年平均値に置き直して計算すると,下記のように,「乗数」は農村 4.65,都市 4.12 という結果が得られた (2006 年).

農村 $\quad \dfrac{2,555}{3,255} = 0.785 \quad \dfrac{1}{1-0.785} = 4.65$

都市 $\quad \dfrac{7,943}{10,495} = 0.757 \quad \dfrac{1}{1-0.757} = 4.12$

2,555：農民支出, 　　3,255：農民収入,
7,943：都市住民支出, 10,495：都市住民収入（単位：元）

この結果を見る限り,中国の農村と都市の乗数に大差はないどころか,農村がやや高い.したがって,この2つの経済に異質性はないか,あっても少なく,1つにまとまる方がより適した経済構造ができあがるだろうし,同一の投資効果が期待でき,財政的有効需要政策における効果も同様であるということができる.農村への投資はより効果的ともいえる.

他方,二元経済として,中国の資本循環構造あるいは市場経済が2つの世界に分離された分解市場によって成り立っていることは,資本の効率性を損なう大きな原因を作っている.しかし実は,投資乗数はそれほど変わらず,投資先としては同等に近い能力を持っている.したがって,投資を一体的に行うことに合理的な根拠を与えているということもできる.投資乗数は初期投資の波及性を測る指標であり,投資の意思決定に際しても有力な根拠となる.

(4) 資本係数の上昇

現在,中国経済で起きていることは過大投資の結果としての効率の低下である.この点は投資乗数と密接に関連しているが,実体経済は中国資本の効率性が低下する可能性を持ち始めている点を考慮する必要がある.そのことは,た

とえば1980年代の中国経済を分析した多くの研究がすでに示唆していたところである。たとえば小宮は資本係数概念を使って、その問題提起を行った1人である[小宮1989: 212]。だが実際には、その問題提起は仮説にとどまっていたが、当初から、成長は投資牽引型であったことは、かねてから指摘されていたところである。南によれば、投資率＝蓄積率の異常な高さが中国経済の特徴であり、建国以来のものであった[南1990: 163-4]。

本書では、そのおおまかな検証を試みることにしたい。検証の仕方は、小宮が示唆した資本係数が高いのではないかという当時の見方を検証することである。資本係数は、1単位の生産を生み出すのに何単位の資本ストックを必要とするか、という経済指標である。具体的には、次のような計算式として考えることができる。

$$\delta = \frac{K}{Y}$$

ここで、δは資本係数、YはGDP、Kは資本ストックである。

また資本ストックの求め方を次に示す。この式は一般に用いられるもので、t期の資本ストックを求めるに際し、$t-1$期の資本ストックが既知であることを前提としたものである（恒久棚卸法: PI法）[Lu Ding 2002]。

$$K_t = I_t + (1-\delta) K_{t-1}$$

K：資本ストック，I：新規投資額，δ：減価償却率

しかし、$t-1$期の資本ストックをいかに計算するかが分からなければ、t期以後のそれも計算できないようになっている。したがってこの式は不十分であるが、ここでは深入りしない。資本ストックの初期値が分からなくても、耐用年数の期間を超えるような長期の期間に及ぶ毎期の計測を行う場合、初期値のストックは消滅しているので問題はない。しかし、計算上はKは既知数ではないので、この式の場合、K_{t-1}をまず知る必要がある。

資本ストックの内容は財・サービスの生産に向けられる資本、つまり生産にとりかかる前の段階の資本と、その結果生み出され、消費および生産財市場出荷するために保管される財となった在庫からなる。知的財産権やのれん・営業権、ビジネス情報といった抽象的なもの、国や地域で商慣習となっているようなものは、会計上は資産に計上されていたにしても、一応資本ストックには含

まれない．また，在庫にも2種類がある．第1は目標期間内に売れることを期待して積む意図的な在庫であり，資本を商品という形にして保管することを初めから意図した在庫，第2は意図せざる在庫つまり売れ残りとして保管せざるをえない性質の在庫である．しかし，この2つの在庫は中国ならずとも，貸借対照表上区分して計上することはしないのが通例である．マクロ的に区分して把握することができない理由がここにある．

5. 資本ストックの過剰化

(1) 急激に増える資本ストック

マクロ経済分析において社会全体の資本係数を取り上げる際，この資本ストックの取り方，耐用年数，減価償却率あるいは減価償却の計算の仕方をどうするかが問題となる．中国の場合，固定資産統計から年次ごとの数字を拾うしかないが，長期的にその数字を拾うにしても統計自体の一貫性に問題なしとせず，加えて固定資産の統計上の表記法を途中で変えるなどのこともあり，同じ数字として扱うことに不安がある．たとえば「基本建設投資」は2005年から「全社会固定資産投資」という表記に統一され，1980年以降の数字が分かるようになっているが，「基本建設投資」で表記されていた2004年以前の統計との接合性，投資の具体的な内容構成の異同が分かりにくい．こうした難点があるが，本書では最も新しい統計である2006年の全社会固定資産投資統計を使い，1981年を起点とする毎期（毎年末）の減価償却後資本残高（未償却残高），つまり資本ストックを計測している．

次に全社会固定資産の中身についてである．従来の「基本建設投資」と具体的にどこが同じでどこが異なるのか，分かりにくいことは先ほど述べたとおりだが，まずここでは全社会固定資産の中身とはどのようなものかを例示しておくことにする．全社会固定資産は，以下のように，大きく3つの内容に分かれる．①「建構築物」，②「設備機械器具」，③「その他」である．まず①「建構築物」は各種建築物，各種機械設備，鉄道，道路，鉱物資源井戸・採掘口，石油輸送管，水利施設，各種固定管，電力装置など大型の建構築物，②「設備機械器具」は①の「建構築物」以外の設備，建設機器で，③「その他」は上記2つ

以外の備品的な財で, 耐用年数の短いものと考えればよい.

このように, 必ずしも具体的ではないが, 各々について, 中国政府の資料からおおまかな内容を把握することはできる. したがって資本ストックの内容を占めるのは, この3つのカテゴリーに入るものとなる. ただし注意すべきは, 土地資本ストックや「農地資本ストック」が除外されていることである. この点は, とくに中国農業用土地の所有権やその使い方, 理論価格を含む経済的評価の仕方と関連する大きな問題である. そこで, この問題は本書の第7章で取り上げる.

さて資本ストックの対象となる資産が3つのカテゴリーに分かれる1つの理由は, 耐用年数の違いにある. これによって, 企業の資産計算や利益・税務計算に影響が出るからである. そこで, これらの資産ごとの耐用年数をみると, 次のようになっている. ①「建構築物」: 20年. ②「設備機械器具」: 10年. ③「その他」: 5年. ただしこれらは中国税務総局が2000年に発布した「企業所得税税前控除法」第4章第25条の規定に基づくものであり, そこでは細目は明記されていないので, 必ずしも正確でない点もある. しかし仮にこのような区分が適用できれば, 年次ごとの資産の未償却残高つまり資本ストックの算出のための条件はかなり解決されたことになる.

あとは未償却残高の計算の仕方が多少の問題となるが, この点については, 償却額の求め方を定額法, 算術級数法, 定率法のどれにするかをまず決めてからになる. では各々にどのような違いがあるかというと, 定額法は新規投資について, 毎年一定額が償却されるので償却額は時間に対して直線的になる. 算術級数法と定率法は原点に対し凸の曲線になる. しかし曲線的にはなってもこの両者の曲線の弧の形は異なり, 算術級数法がより緩やかな曲線となる. すなわち, 最も弧の深いかたちの曲線を描くのは定率法である. 投資初期ほど, 減価償却が大きいことを意味する. いずれの方法を選ぶかは, 国の税法との関連が深いが, 学術的には算術級数法をとるべきだとの意見もある. しかし, 本書では定額法を採用した. とくに理由はないが, 比較的単純な方法を用いた方が計測しやすいことがあげられる. また, 定額法による場合, 資本ストックがおおまかなものになるとしても, 資本係数の傾向を見るうえでは大きな障碍にならないといえるからである.

また資本ストックを資本係数の計測などのための変数あるいは指標に用いる場合，その資本がどのくらい働いているか，つまり資本稼働率が考慮されなければならないという点は重要である．しかし，稼働率を考慮すると資本係数を測る意味が薄れるという側面もある．資本係数が稼働率の高低に左右される可能性があるからである．そこでここでは，資本係数の額面上の変化を把握する趣旨から，稼働率は無視することとしている．なお，次の点は1980年代から問題になっていたが，ここでは考慮外においている．厳密には，生産性資産のみをもって計測すべきである．もし，生産性資産のみに絞り込む場合は，おおまかながら全投資のうち，非生産性固定資産の割合を乗じればよいことになる．その割合は，地域や投資主体によって異なるが，少なくとも50％はみる必要があるように思う．つまり固定資産投資は1980年代半ばから，すでに住宅建設，教育，文化，衛生事業などの非生産性投資が急速に増える傾向を見せ始めていた．これは，中央，省，市などの各級政府投資に共通する変化である．1984年，中央の非生産投資比率は30％，地方は60％を超えている．とくに市投資の80％は，非生産投資であったという［中国経済体制改革研究所1985：142-3］．

(2) 上昇する資本係数

そのような点を考慮外においた計測結果を表1-5として示した．この表は1981-2005年の計算結果の表示は省略し，資本ストックと資本係数の推移を見るため，1999-2005年の期間のみを掲載したものである．表の見方であるが，表側の年次（1981-2005）は毎年の新規投資と減価償却後のストックの年次別推移（1999-2005）である．起点が新規投資は1981年，ストックは1999年となっているのは，1981年の投資が1999年までストックとして残る投資初年次であるからである．表側（新規投資）2005年の新規投資は8兆8,773.6億元であるが，その資本ストックは表頭（ストック）2005年末が最初のストック計算年である．2005年の新規投資のストックが0になる年は20年後マイナス1年，つまり2024年となる．というのは，新規投資年（2005）の末（2005）にはすでに，その年の減価償却が行われたあとの未償却残高＝ストックが計上されているからである．

表 1-5　全社会固定資産投資ストック（名目価格表示）　　（単位：億元）

新規投資	ストック	1999	2000	2001	2002	2003	2004	2005
1981	961.0	34.5	0.0					
1982	1,230.4	87.1	43.6	0.0				
1983	1,430.1	149.0	99.3	49.7	0.0			
1984	1,832.9	243.5	182.6	121.8	60.9	0.0		
1985	2,543.2	413.9	331.1	248.3	165.5	82.8	0.0	
1986	3,120.6	617.9	514.9	411.9	308.9	206.0	103.0	0.0
1987	3,791.7	866.5	742.7	618.9	495.1	371.3	247.6	123.8
1988	4,753.8	1,239.9	1,084.9	929.9	774.9	619.9	464.9	310.0
1989	4,410.4	1,347.6	1,197.8	1,048.1	898.4	748.6	598.9	449.2
1990	4,517.0	1,504.4	1,353.9	1,203.5	1,053.1	902.6	752.2	601.7
1991	5,594.5	2,152.2	1,823.8	1,641.5	1,459.1	1,276.7	1,094.3	911.9
1992	8,080.1	3,523.1	3,052.4	2,581.7	2,323.5	2,065.3	1,807.2	1,549.0
1993	13,072.3	6,325.6	5,583.9	4,842.3	4,100.6	3,690.5	3,280.5	2,870.4
1994	17,042.9	9,281.9	8,309.7	7,337.6	6,365.4	5,393.3	4,853.9	4,314.6
1995	20,019.3	12,011.2	10,926.3	9,841.4	8,756.5	7,671.6	6,586.7	5,928.0
1996	22,913.6	15,618.7	13,795.0	12,546.9	11,298.8	10,050.8	8,802.7	7,554.6
1997	24,941.1	18,816.2	16,774.6	14,732.9	13,347.8	11,962.6	10,577.4	9,192.2
1998	28,406.2	23,711.8	21,364.6	19,017.4	16,670.2	15,123.6	13,577.0	12,030.4
1999	29,854.7	27,408.5	24,962.2	22,516.0	20,069.7	17,623.5	15,978.4	14,333.3
2000	32,917.7	0.0	30,193.2	27,468.6	24,744.1	22,019.6	19,295.0	17,489.6
2001	37,213.5	0.0	0.0	34,097.4	30,981.3	27,865.2	24,749.1	21,633.1
2002	43,499.9	0.0	0.0	0.0	39,775.2	36,050.5	32,325.8	28,601.1
2003	55,566.6	0.0	0.0	0.0	0.0	50,738.6	45,910.5	41,082.4
2004	70,477.4	0.0	0.0	0.0	0.0	0.0	64,455.2	58,432.9
2005	88,773.6	0.0	0.0	0.0	0.0	0.0	0.0	81,168.6
年末ストック		125,353	142,337	161,256	183,649	214,463	255,460	308,577
名目GDP		86,531	90,965	98,749	108,972	120,350	136,399	160,280
資本係数		1.449	1.565	1.633	1.685	1.782	1.873	1.925

資料：『中国統計年鑑』2006 から推計．
注：1）　耐用年数：建構築物 20 年，設備機械器具 10 年，その他 5 年として計算．
　　2）　表上，資本ストック表記は 1981-98 年まで省略．

　さてこのような形式になっている表 1-5 を見ると，1999 年末の資本係数は1.449，以後毎年上昇して 2005 年末には 1.925 となっている．この間，新規投資は急激に伸び，1981 年の 961 億元から 2005 年の 8 兆 8,773.6 億元まで，急激に増加している．なお念のためであるが，資本係数の推移を把握することに目的があるので，ここでは会計上の方法では原則として名目値原則を採用して

いることもあり名目値を使っている．資本係数は資本ストックをGDPで割った数値であるから，この間の資本係数の上昇の意味するところは，GDP以上に資本ストックが増えたこと，つまり投資が増えたことと同じである．単純に言えば，1単位のGDPを産出するのに投下した資本のストックが増えていることを意味する．または，1単位のGDPを産出するのに，実際に必要とする以上の資本ストックが使われていることと同じである．つまり，無駄が多くなった，あるいは資本効率が低下していることを意味する．また敷衍すれば，継続して増加する新規投資はそれと等しいだけの貯蓄を増加させるから，金融機関の預貯金そのほかの形式での貯蓄が増加したことである．この点は，金融・資本市場指標の点から見た場合の預貸率の長期的低下，金利水準の低下，株式投資の増加，実物資本から見た資本過剰・稼働率の低下などの恒常化などの諸点からもいえる[5]．固定資産投資が増えていることをもって成長の要因とする見方が一般的であるが，その投資は有効需要と連結する必要があり，そうでなければ，消費が追いつかず，過剰生産になるし，この状態が起きている［大久保 2004: 164］ともいう．このような懸念の声は少なくない．資本係数の上昇は中国経済の持続的成長の可能性が懸念されるが，IMFによっても，中国の資本係数が上昇し，限界資本係数は5に達したという点が指摘されている［余 2006］．

中国経済は，このように資本係数の急速な上昇局面に入った．つまり，資本の性質の変化が進み，その配分のあり方に変更を迫っているのである．それゆえ追加的資本の投資は，明らかにその収益性を下げているはずである．収益性が下がる過程で，収益確保のためにより多くの追加的投資を必要とするようになったのが中国経済の新局面である．しかし，必要量を上回る資本の存在あるいは追加的な投資は，資本過剰というダムに貯まっていくのである．飛躍であるが，それはやがて外資不要論へとつながっていくであろう．

6. 資本過剰の鮮明化

(1) マクロ経済恒等式による分析

ここでは資本過剰の構造をマクロ経済恒等式に基づいて明らかにし，中国農

業・農村に見られる投資不足がけっして中国経済そのものによる資金不足のためではないことを述べる．ただし農業部門への投資の資金不足は中国に限ったことではない．農業と工業，その他部門との絶対的生産性格差が存在する限り，農業部門では常に相対的な資金不足を招くことは先進国においても見られる現象である．

そこでマクロ経済恒等式によって，現在の中国経済のマクロ経済表を作り，必要な変数を確認していくことにする．マクロ恒等式によって経済成長要因を分解すると，おおまかに，次のように表現することができる．

$$Y = C + I + CB$$

Y：GDP，C：消費，I：投資（政府投資を含む），CB：経常収支

前出表1-4がそのマクロ経済表であり1978-2006年までの推移が示されている．1978年以降の数字は最近の中国統計年鑑によるものであるが，途中に国民経済計算方式の変更，GDP統計の変更などが幾度かあるので，このような長期統計作成には問題があるが，傾向と構造を把握するうえではそれなりの意味がある．

さて，1978年の例では，消費2,239億元，投資（資本形成）1,378億元，経常収支マイナス11億元なのでGDPは3,606億元である．この計算式に用いる各項目は，中国統計年鑑では明記されている項目もあれば，計算したものもある．順に見ると，GDP，最終消費，資本形成，経常収支は「支出法国内生産総値」，貯蓄合計（総貯蓄）は資本形成に経常収支を加えたもの，貯蓄のうち民間貯蓄は貯蓄合計（総貯蓄）から政府貯蓄を引いたもの，政府貯蓄は税収と一致するので，財政収支とともに「国家財政収支総額及増長速度」である．民間貯蓄超過は経常収支の黒字マイナス財政収支の赤字である（財政収支がマイナスの場合，民間貯蓄超過の増加要因）．経常収支の黒字は，外貨収入を人民元に両替した結果生じる民間所得の増加となり，それは貯蓄増加要因となる．一方財政収支の赤字は，裏返せば民間部門の黒字（徴税不足）を意味するから，民間貯蓄増加の要因となる．

(2) 消費依存型経済からの転換

このように毎年の数値を計算した結果が同表である．その結果言えることは，

第1章　資本の過剰化と農業への視座

中国のマクロ経済統計はケインズのマクロ経済恒等式どおりに，平仄がピッタリ合うように作成されていることである．それ自体，ある種の驚きであり経済活動の実態がマクロ経済学の教科書どおりに，統計上に数字として示されている．そしてこれを受けて，この表を年次別に見ていくと，中国経済の構造的変化の様子をかなり把握することができる．次にこの点について述べたい．

表1-4によって改革開放以来の中国経済の発展の推移を構造的に見ていくと，最終消費依存型の経済から資本形成と経常収支黒字が相当大きな要因を占める経済への移行が進んでいることが窺える．最終消費が最も大きな要因であることはほかの国と変わらないが，年を追うごとに資本形成と経常収支の黒字の寄与率が上昇する変化が確認できる．1980年代まで，最終消費と資本形成（＋経常収支）の相対比率は最終消費1に対して資本形成0.5であった．しかし90年代になると形勢は変化し，90年代の1：0.7から2000年代の1：0.8〜0.9へと大きく変化している．投資と経常収支の黒字が最終消費と同じくらい中国経済の成長を支えるようになったことを裏づけている．この傾向は最近ますます顕著になり，たとえば2006年の場合その比率は1：0.9強となっている．

その2006年の場合，民間貯蓄と政府貯蓄を合わせた総貯蓄は11兆757億元（1元＝15.5円として171兆6,700億円）であるが，うち民間貯蓄7兆2,497億元，政府貯蓄3兆8,260億元である．ここで政府税収を政府貯蓄というのは，政府支出前の政府税収を考えるとよい．実際にそういうことはないが，税収をもし政府が支出することなしにしておけば貯蓄そのものである．また，政府税収は民間からの徴収であるが，納税前は貯蓄そのものである．それゆえ納税とは民間貯蓄の政府への移転そのものである．

ケインズ経済学においては，投資と貯蓄は一致するから，この場合，資本形成と貯蓄は一致するはずである．しかし，同じ年の資本形成は9兆4,103億元，貯蓄は11兆757億元で，1兆6,654億元合わない．言うまでもないが，この1兆6,654億元は経常収支の黒字額に等しいのである．したがって，貯蓄は投資（資本形成）と経常収支を合わせたもの，つまり経常収支は貯蓄の原資の一部となり，実際の投資に回るべき源泉として位置づけられる．したがって，2006年の場合，投資（9兆4,103億元）＋経常収支（1兆6,654億元）＝総貯蓄（11兆757億元）となるのである．

(3) 貯蓄超過経済への転換

次の課題は民間部門が貯蓄超過経済になっているのかどうか，そしてそれをどう確認するかという点である．中国は1990年前後に貯蓄超過経済になったが，その要因は消費の低迷であったという見解もある［大橋2003: 176-8］ので，ここでやや詳しくみておきたい．同表によれば，民間貯蓄超過は，2006年の場合1兆8,817億元となる．民間貯蓄超過が大きく増え始めたのは2002年であるが，主として経常収支の黒字が拡大し始めた時期とほぼ一致する．経常収支の黒字幅拡大の要因は，貿易黒字，サービス収支黒字の両者の貢献が大である．

しかし言うまでもなく，そのことはここでいう貯蓄イコール金融機関貯蓄，あるいはそのほかの金融資産ストックの超過（あるいは過剰）を意味するわけではない．前述の貯蓄額というのはケインズ経済学のマクロ経済恒等式における定義によるものであり，この表から把握しきれない社会全体の民間貯蓄超過はまだほかにもある．たとえばマクロ経済恒等式では補足できない海外直接投資（FDI），人民元相場の上昇を抑えるための元売りドル買い介入や外貨準備の人民元交換などに伴う民間への人民元の大量の流入などである．それらを含めた民間における貯蓄超過の把握は，おおまかには，全金融機関の純債務（預金－融資・その他の運用：純預金残高），国債等債権残高，株式投資元本，投資目的の不動産投資，海外間接投資等々を掌握することである．しかも自己資金による投資の掌握である．しかしこれでも正確ではない．

同時に，貯蓄超過問題を理解する上では，貯蓄主体の変化に注目することも重要である．1990年代からその主体は国から民間，しかも都市，農村の個人貯蓄に移ってきていた［中兼1999: 93］が，最近では，加えて，一部民間企業も資金の出し手として注目すべき存在になってきた．と同時に，個人貯蓄（家計貯蓄）率の構造変化，つまり農村の個人貯蓄率が都市のそれを上回る形勢もみられるようになった［唐2005: 47］．

ケインズによれば貨幣保有は，取引および予備，投機的動機の2種類に分かれるが，この投資から外れる資金はケインズがいう貨幣保有のいずれかに含まれるかどうかである．ここでは表1-4の資本形成の内容が問題になるが，中国国家統計局統計解説によれば有形資本投資＝固定資本投資に限定されている．

したがって，これはケインズ的な貨幣保有ではないことになろう．となると，ここで確認できた投資から外れた資金は，行き場を失った資金であり，一時的な遊休資金でもなければ一時的な滞留資金でもなく，実質的な意味で過剰な資本と考えていいことになる．この問題に関連するが，伊東はヒックスの貯蓄，投資，貨幣の論理構成上の理解についての誤りを指摘している．2種類の貨幣保有と利子率との関連についてのものであるが，いまの問題とも関連する興味深い考察である［伊東 2006: 160-88］．

(4) 上昇する金利

資本過剰と実質市場利子率との関連から，中国経済は利子率の長期低下傾向を余儀なくされるであろう．しかし，一方で資本過剰は眠った資金であるわけではないので，利益の可能性あるところには興味を示す．その結果は，最近の不動産投資や株式投資に向かう資金の原資となっていることに現れており，そのために価格の高騰を招き，それを抑制しようとする金融当局による市場介入を受け，市場金利が本来の方向とは逆に向かって上がる現象が起きている．しかし，このような市場金利の動向は金融の実態を反映したものとはいえない（本来，金利は下がる方向にいくべきである）．と同時に，市中の資金不足下で，借入需資の膨張が起きているのではなく，資金過剰下で起きていることなので，金利の意図的な引き上げ操作がほとんど効果を持たないだろうことも金融の常識である．

このような資本過剰下で必要なことは，外資導入ではない．金融当局が行うべき対策があるとすれば，中国経済の特殊な側面に着目することが重要であろう．資本市場の整備の課題もあるが，金融に限ってみれば，それは，①農業・零細・中小企業金融制度の改革，②資金流通の円滑化政策の取り組みである．これらの対策による需資先への供給円滑化である．もちろん，黙っているだけでは金融リスクが高く，かつ金利確保が難しい需資先へ自然に資金が流れていくはずはなく，そこに金融政策としての制度金融[6]上の措置が不可欠となろう．

(5) 農業・中小企業金融改革

中国の金融機関はほぼ完全な序列化，すなわち政策性，規模，機能，顧客層

などにより類型化されている．国有商業銀行の中国工商銀行，中国農業銀行，中国建設銀行，中国銀行の4大商業銀行は，全金融機関の総資産の60%以上を占める寡占市場である．国有商業銀行以外の「その他商業銀行」は12行あるが，総資産の20%弱を占めるにすぎない．さらに「都市商業銀行」は111行あるが，資産は全体の6%程度にすぎない．外資系銀行は150行程度あるが，業務規制などが課せられてきたこともあり，資産額は2%程度である．金融機関の数の上で圧倒的多数を誇るのは信用社である．信用社は都市信用社と農村信用社に分かれるが，規模は前者が1,000社，後者が3万8,000社である（2007年時点）．しかし資産規模は，都市信用社は総資産の1%未満，農村信用社は10%で，1信用社当たりの資産額は極めて少ない．これら以外に郵便局があるが，金融業務の主体は貯金であるので，ここでは省く．

　これらの金融機関のうち，農業部門や中小企業部門の取引を行うところは，主に2種類の信用社や農村合作銀行である．このほか，農村金融には多様な形式の非正規金融が根強くはびこっている．なお銀行と名のつくところは，農民や中小企業からの預金は吸収するが，彼ら向けの貸付はほとんどしないといえる[7]．

　中国の中小企業の資金調達のうち60%は自己資金あるいは自己調達であり，銀行借入は20%にすぎない．株式発行による資本調達は0.6%で，「その他」が19%である．これはアメリカや日本に比べ，自己資金調達と「その他」が何倍も多く，そのほとんどがいわゆる非正規金融によるものである［李学峰2007］．

　次に農業に関してであるが，西安市郊外農村のある農村信用社支店で2006年に聞き取りをした際，貸付に際しては担保を徴求するのが当たり前だという話を聞いたが，農民は担保物件がないという．農民金融においては不動産担保金融が世界一般の常識であるが，中国の農民の場合は土地所有権がないので，それが成立しない．農民がもつ土地使用権は法律上は物権なのであるが，「農民の土地使用権は抵当権として不十分であり信用社からの借り入れは難しい」［大久保2004: 184］．そこで，連帯保証人を探すことになるが，実際には，有効な保証人のなり手もまた存在しない．ここから，農民が信用社以外の金融機関から借入をする際に，信用社が債務保証をする一種の機関保証制度の設立が

行われつつあるが、実際にその恩恵を受けることのできる農民は皆無なのが実態であった。銀行にしてみれば、信用社が貸さない相手になぜ自身が貸さねばならないのか、という疑問があるにちがいない。

ではなぜ農村信用社は農民に対する貸付に消極的なのか。現地の信用社が答えるには、その理由は貸すだけの原資が十分にないこと、リスクが高いこと（返済不安があること）にある。また、貸出担当職員数が限られ、その事務経験や債権管理・回収技術に問題がある。これらは金融実務あるいは貸付債権管理のスキルの問題であるが、さらに重要な点は、農業制度金融がまったく存在しないことである。そのため、農村では婚姻・就学・住宅や耐久消費財購入などのための生活金融、農業金融、農民の事業資金など広範な需資に応じる金融として、高利貸し、黒社会非合法組織金融などのいわゆる非正規金融がはびこるもととなっている［張ほか2007］。農民がなんらかの必要で借り入れる資金の85％は非正規金融からのものといわれる［饒2007］。中国農業発展銀行には食糧・油・綿花の備蓄貸付、貧困地帯の救済貸付などがあるといわれている［唐2005: 215］が、農民の一体何割が、その恩恵を受けることができているだろうか。

では農村には、そもそも農村の需資に応じる資金がないのかといえば、そうともいえず、農村貯蓄率も貯蓄の絶対額も増加している。しかし、この場合は一般産業が資本係数の上昇による絶対的資本過剰の状態を生んでいるのとちがって、相対的な、将来に向けた備荒的・自己防衛的な、資本投下と生活水準を削って生み出した小農自らによる社会保障的な意味合いが大きい。これを農村資本過剰と見るとすれば誤りである。それゆえ、そのようにして集まった農村資金は饒の指摘するように、農村外部の金融機関へ流れ出るのである［饒2007］。その1つの理由は、農村にはそれを原資として束ねて運用するための、十分な能力を備えた金融組織・機関がないためであろう。

一般に農業金融制度は、東南アジアなどの途上国でも重要な位置を占めているが、容易に発達しがたい側面をもっている。その最大の理由は、農村金融機関が未発達なこと、農村にリスクに耐え得る資金が不足し、農村に預金が貯まらないことにある。中国の農村においても同様の問題があるが、これは以下に述べるような方法で解決していく以外にないと思う。中小企業金融についても

表1-6 農村経済主体の需資現況

	資金需要者		需資の特徴	主要与信形式
農家	貧困農家		生活資金，小規模営農資金	民間小規模金融，政府扶養資金，財政資金，政策金融
	普通農家	一般農家	生活資金，小規模営農資金	民間小規模金融，合作金融機関金融，小規模金融
		市場型農家	専業化，規模拡大資金，生活資金	商業性金融
中小企業	零細・小型企業		初動資金，規模拡大資金	民間金融，リスク投資，商業性与信，政府担保融資，政策金融
	中型企業		市場志向性資金	商業性金融
	竜頭企業	創業直後竜頭企業	専業化資金，技能型規模拡大資金	商業性金融，政府資金，リスク投資，政策金融
		完成竜頭企業	専業化資金，技能型規模拡大資金	商業性金融

資料：張朝暉ほか［2007］．

同様であり，農業金融と合わせた需資をまとめると表1-6のように整理できる．なおここで，政策金融とあるのは，日本のそれとは仕組み的にも，実効性の面でも大差があり，その全体的な効果を，評価できるものではない点に留意が必要である．

(6) 資金流通の円滑化

中央政府と省・市政府が分担して農業制度金融（農民誰もが貸付を受ける権利をもち，長期・低利でリスク回避措置がある）を設けること，そして，その場合，原資が財政資金であるものと民間金融機関のものの2種類を創ることが必要である．2種類の原資は，貸付金利，資金のリスク，期間，資金用途，債権管理，担保などに応じて，分ける必要があるからである．これらは，日本の経験に照らして重要な条件となる．そして2種類の制度に不可欠なことは指導金融制度を設けることであり，資金供給に農業経営に関する技術指導をセットすることである．制度金融の概念には，指導金融が含まれると考えるべきである．もちろん，そのためには，農業金融に関わる職員は金融技術はもちろん，営農技術として経営分析，市場情報分析，農産物価格動向などを含む幅広い経験と技術を備えていなければならない．そうした教育を行うことは，金融機関

ではなく，国または地方政府の負担で行うべきものである．こうした制度金融が手つかずの状態にあるので，中国農村ではいわゆる非正規金融がはびこる根拠をつくっている．

　農業制度金融のあるべき原資は，財政資金と民間金融機関預金である．財政資金は低利・長期の制度資金，資金が固定する土地改良投資をはじめとする大規模固定資本投資に必要な資金供給のためのものである．日本の農林公庫資金のようなもので，財政資金でなければ調達しにくい性格の金融に向いている．これに対して民間金融機関預金は短期・中期，農業機械や建物といった中規模の資金，比較的市場金利に近いものなどに対応することを中心とする．

　では，この2種類の金融原資の分担をどこから調達するのか．その答えは，財政資金部分は表1-4の財政赤字部分を民間から吸収（課税）して調達すべきであり，民間金融機関預金部分は同表の経常収支黒字部分から調達すると考えるのである．なぜかといえば経常収支の黒字部分は民間投資の不足部分からなることを意味し，その多くは民間の金融機関に預貯金として積まれているといえるからである．中小企業金融については，中国の学者のなかには，中小企業銀行，中層企業投資銀行を創設したり，非正規金融の正規金融相互金融機関などへの転換をすべきとの意見もある［李学峰2007］．

　中小企業金融を含めたこれらの考え方は，おおまかなデッサンにすぎなく，さらに詳細な金融理論的展開を加える必要があるが，マクロ経済表の分析を通じて，金融制度のあり方を考えることは，1つの合理的な考えといえると思われる．

　農業金融や中小企業金融の充実を図るべきだとの筆者の主張が出てくる根拠である資本過剰を，中国ではどのように捉えられているか．それは過剰流動性の問題とする例が多いのが現状である．しかし経済と金融の危機として対策の必要性を説く研究者が多く，具体的な対策として法定準備率の引き上げや公開市場操作による資金の吸い上げなどの提言が目立つ［李援亜2007］．またこれを商業銀行における過剰流動性として見て，「走出去」（中国経済の直接投資をはじめとする海外進出）を促進するための金融的支出に回したり，商業銀行の経営環境の整備に使ったりすべきであるとの見解も見られる［武漢市城市金融学会2007］．実態は「走出去」や資本逃避に資金が流れていることも事実であ

る［高橋編 2008］．ただし，過剰流動性の発生原因については基本的な認識不足や誤りがある場合がほとんどである．典型的な例は，武漢市城市金融学会の見方であるが，①市民の貯蓄率の向上，②貿易収支の黒字幅拡大（この点は筆者と同じ），③企業資金についての直接金融の発達（間接金融の機会縮小），④BIS 規程の 8％自己資本比率の達成を果たした銀行が増加，⑤銀行の不良債権の整理をあげている［武漢市城市金融学会 2007］．しかしこれらは，いずれも銀行の財務や金融指標に現れた表面上の理由で，その根底にある中国経済全体の構造的変化をもたらしている資本係数の上昇，そしてそれに基づく資本過剰の存在は看過されていることを付記しておきたい．

注
1) マルクス［1875］．
2) 福地は，土地革命直後の中国農村の人びとの歓喜にあふれた様子を体験談として話している．「土地改革は無産階級に腹がへった時に食を与え，寒い時に着せ，狭くとも楽しく住める住宅を与えました．病気になった時には医療を，学問の好きな人には，どこまでも研究のできる便宜を与えてくれました．現に私の娘も親と離れてひとりぼっちでいるわけですが，元気で幸福に中学校の寄宿舎で暮らしております．それは国家の負担です」［福地 1954: 177］．
3) この解釈はマクロ経済学では一般的なものである．たとえば小宮［1989: 159-67］を参照．
4) 『中国統計年鑑』2006.
5) 高橋編［2008］．そこでは，実際のデータ分析によって実証的に述べている．
6) 「政策金融」とは中央・地方政府がその政策意図を発揮するために設けた金融上の制度で，貸付条件，貸付相手を特定して行う融資を指し，資金使途，貸付金額，貸付期間，担保，金利上の優遇措置を講じたものである．この規定に当てはまる中国農民を対象とした金融制度はいまのところ存在しないとみてよい．
7) 1978 年以来の中国農村金融の推移と問題点を解き，特に農村信用社の制度的改革の必要をまとめた次の論文は秀作である．匡家在［2007］「1978 年以来的農村金融体制改革：政策演変与経路分析」『中国経済史研究』第 1 期．

引用文献
天児慧［2002］「政治」松丸，池田，斯波，神田，濱下編『中国史』5，山川出版社．
石川滋［1960］『中国における資本蓄積機構』岩波書店．
伊東光晴［2006］『現代に生きるケインズ』岩波新書，171-2 頁．
大久保勲［2004］『人民元切上げと中国経済』蒼蒼社．
大橋英夫［2003］『経済の国際化』（現代中国経済 5）名古屋大学出版会．

加々美光行［1999］「中国世界」猪口孝編『21世紀世界政治』3，勁草書房．
郭少新［2006］『中国二元経済結構転換的制度分析』中国農業出版社．
饒華春［2007］「対我国農村金融問題的理論思考」『科学・経済・社会』第1期．
小宮隆太郎［1989］『現代中国経済』東京大学出版会．
J. シュムペーター［1926］塩野谷祐一ほか訳『経済発展の理論』岩波文庫，1977．
高橋五郎編［2008］『海外進出する中国経済』日本評論社．
田島俊雄［2002］「経済」松丸，池田，斯波，神田，濱下編『中国史』5, 山川出版社．
中国経済体制改革研究所編［1988］石川賢作ほか訳『中国の経済改革』東洋経済新報社．
張朝暉ほか［2007］「農村非正規金融的発展与規範」『済南金融』第4期．
張玉林［2001］『転換期の中国国家と農民：1978～1998』農林統計協会．
傳晨［2006］『中国農村合作経済：組織形式与制度変遷』中国経済出版社．
唐成［2005］『中国の貯蓄と金融—家計・企業・政府の実証分析—』慶應大学出版会．
中兼和津次［1999］『中国経済発展論』有斐閣．
任慶恩［2006］『中国農村土地権利制度研究』中国大地出版社．
武漢市城市金融学会課題組［2007］「解決我国商業銀行流動性過剰問題的政策研究」『金融論壇』第5期．
福地いま［1954］『私は中国の地主だった』岩波新書．
マルクス［1875］『ゴータ綱領批判』望月清司訳，岩波文庫，1975．
南亮進［1990］『中国の経済発展』東洋経済新報社．
モーシャー，スティーブン・W. ［1994］津藤清美訳『中国農民が語る隠された過去—1979-1980年，中国広東省の農村で』どうぶつ社．
姚洋［2007］「中国の土地所有制度と問題点」『中国21』（愛知大学現代中国学会）1月．
余永定［2006］「中国の成長見通しと経済調整」深尾光洋編『中国経済のマクロ分析』日本経済新聞社，228-9頁．
李援亜［2007］「流動性過剰背景下的金融構造優化」『中南財経法政大学報』第3期．
李学峰［2007］「正規金融，非正規金融与資本市場—中小企業融資問題的理論分析—」『済南金融』第5期．
李明星［2005］日野正子訳『中国経済の発展と戦略』NTT出版．
Lu Ding [2002] "China's Industrial and Long-term Structural Planning", John Wong and Lu Ding, *China's Economy New Century*, Singapore University Press, pp. 105-106.

第2章

中国農業とアジア経済

1. 進む東南アジアとの農業緊密化と対立

(1) 中国農産物貿易：青を売って白を買う

　中国の農産物貿易は輸出も輸入も増加する傾向にある．表2-1に見られるように，品目別に，輸出品と輸入品とが明瞭に分かれるのが特徴である．まず主要な輸出品は生鮮野菜，肉製品（加工品），加工野菜および加工果物──以上，色彩からみて青い農産物──などで，2006年の貿易収支黒字は各々30億ドル，12.5億ドル，36億ドルである．これに対して輸入品は油脂製品・飼料用副産物，その他農産物，精肉──以上白い農産物──などである．貿易収支の赤字額は各々100億ドル，75億ドル，15.6億ドルである．輸入品のうち大きな金額を占めるその他農産物には，一部の穀物も含まれている．野菜と果物を売って，油脂と肉，穀物を買う（青売白買），というのが中国の農産物貿易の構造である．この傾向は，今後も変わらないといえよう．

(2) FTAと中国農業への影響

　中国農業の国際化を考える場合，東南アジア諸国との間の農産物貿易の動向を抜きにはできない．中国農業はインドネシア，マレーシア，フィリピン，シンガポール，タイつまりASEAN 5カ国との農業緊密化を急速に強める方向に流れている．農業緊密化とは，鉄鉱石が竈で溶け込みやがて一塊の純粋の鉄になるようなことを意味せず，各々の比較優位の農産物を維持しつつ，国際市況の変化，技術変化，気象変化などの日常継続して起こりうる自律的・他律的条件の変動に応じて，貿易の中身がこの双方の地域で，一定のワイダー・バウ

表 2-1　主要農畜産物輸出入

(単位：万ドル，%)

	輸　出			輸　入			収　支	
	2005	2006	増減	2005	2006	増減	2005	2006
生きた動物	32,877	33,304	1.3	10,891	6,346	−41.7	21,986	26,958
肉および内臓	54,839	57,968	5.7	25,230	22,355	−11.4	29,609	35,613
家禽および内臓	19,442	16,709	−14.1	33,441	46,234	38.3	−13,999	−29,525
乳製品その他畜産品	26,742	30,199	12.9	46,236	56,519	22.2	−19,494	−26,320
その他畜産品	101,160	99,559	−1.6	22,143	19,282	−12.9	79,017	80,277
生鮮野菜	305,224	371,490	21.7	52,369	75,553	44.3	252,855	295,937
生鮮果物	106,718	128,076	20.0	65,748	73,827	12.3	40,970	54,249
穀　物	141,246	103,801	−26.5	139,378	82,082	−41.1	1,868	21,719
油脂製品，工業薬草，飼料等	138,327	132,559	−4.2	816,083	811,724	−0.5	−677,756	−679,165
油脂およびその分解品	28,400	39,099	37.7	331,074	392,118	18.4	−302,674	−353,019
肉製品	117,954	126,565	7.3	299	682	128.1	117,655	125,883
糖およびその製品	41,839	46,244	10.5	45,140	61,767	36.8	−3,301	−15,523
製粉，菓子	75,972	86,112	13.3	23,996	35,932	49.7	51,976	50,180
加工野菜，加工果物	309,493	378,145	22.2	15,657	19,823	26.6	293,836	358,322
食品工業残渣，動物飼料	47,806	51,521	7.8	130,578	129,725	−0.7	−82,772	−78,204
その他農産物	72,022	81,501	13.2	645,724	835,418	29.4	−573,702	−753,917
(家禽肉産品)	135,564	132,613	−2.2	45,513	58,073	27.6	90,051	74,540
(畜産品)	210,284	223,630	6.3	359,495	379,801	5.6	−149,211	−156,171

資料：中国商務部．
注：（　）は外書き．

ンドのなかで変化しあう関係の成立を指している．

　現在，中国とASEAN 5カ国との農産物貿易は拡大の一途をたどり，今後，2004年のFTA締結の効果が誰しも納得できるかたちで明確に表れていくに従い，ますます勢いを得ていくに違いない．しかし，ここに現れる形式的現象は2つだと思われる．

　1つは，中国とASEAN諸国との間に形成される農業の水平分業であり，2つは，品目ごとの国際分業関係の成立である．前者をややくわしく解説すれば，主要な農産物は中国でもそしてASEANでも生産され，価格や輸送の利便性，つまりは利益幅の季節ごとの変化や生産・物流インフラ基盤の整備状況，さらには技術変化に伴う流通の変化が起こることなどによって，時に中国で，時にASEANで生産されるという意味での水平分業の形成である．後者の場合は，ちょうどEU農業のような地域間の作目分業がほぼ固定的に形成され，それを

1つの農業政策＝CAPがコントロールするようなものをいう．

このいずれが中心になるのか，現段階では必ずしも明確とはいえないが，筆者はEU式よりも，前者の農業貿易の自然調整的な結果生まれた限定された水平分業に向かう可能性がかなり高いと見ている．つまり農業の共存であると同時に競争が存続し，対立を生むという図式である．中国とASEAN5カ国の間の農産物貿易は基本的には市場経済原理に依拠する以外になく，EU式のようなかたちの地域統合はかなり困難で，せいぜいFTAかEPAであろう．気の早い見方には，明日にでも「東アジア共同体」ができそうに言うものもあるが，東南アジアの農村を歩いてみれば，いまの段階では，それは「理想」であることを誰もが知るところとなるのではないか．そういう意味で，中国とASEAN5カ国が作目毎に分業するような関係は，すぐにはできにくいだろう．

WTO加盟後，中国農産物貿易は急増し，輸入超過の気配もある．長期的に見ると，消費構造の変化によって輸入が増加する品目，たとえば小麦，大豆などが見られる一方，高齢化に伴い消費量の増加抑制効果が働き，土地投資が維持されれば輸入が大きく増加することはないと見られる．しかし，そこに国際的な政治的配慮が働くとなると話は変わってこよう．

そしてFTAが中国とASEANのなかの有力な農業国の1つであるタイの農業・農産物貿易に与える影響については未確定な部分が多いが，次のような効果とともに，問題があることは早くから指摘されていた［周，宋2004］．中国とタイは2003年10月からアーリー・ハーベストを実施，野菜108品目，果物類80品目の無関税化をスタートさせた．

その効果としては，タイの熱帯果物や野菜の中国への輸出増加，一方では中国北方の果物，リンゴ，ナシなどのタイへの輸出増加がある．それは，双方にとって新しい市場の開拓という恩恵をもたらすものということができる．しかし他方，問題も多い．実は中国とタイとの間には，競合する輸出農産物が非常に多いという点である．競合するとは，非常に多くの類似の農産物が両国で生産されているという意味である．それは，中国の国土の広さから由来する，気候・風土の東南アジア諸国との類似性である．中国の南方地域，たとえば海南省，広東省，雲南省，福建省などは，タイをはじめとする東南アジア諸国と似ているので，農産物も競合することになる．その類似度は最近は平均で63％

である(総農産物輸出品目に占める類似品目出現度).こうした類似度はタイとの間だけではなく,ほぼ気候・風土の共通する東南アジア全域に及ぶ問題であり,南方と北方などと産地が異なる農産物について,FTA はその相互の浸透を図るという意味では効果があるといえるが,そうでない類似度の高い農産物については互いに輸出入が競合し,やがては優勝劣敗が明らかになろう.

こうした問題に危機感をもつ地域では,たとえば雲南省農業当局のように,アーリー・ハーベスト対策を講じたところもある.具体的には特徴のある農業の育成=緑色農業の育成,外資や香港・マカオ・台湾などの資本を利用した農業竜頭企業(第4章参照)の育成による農業産業化である.これによって全省的な財政的支援を行うというものである.たとえばこの対象品目として畜産物,馬鈴薯,野菜,花卉,コーヒー,甘藷,茶,ゴムを取り上げ,パイロット建設を行い始めている.また雲南省優秀農産物として 15 品目を選定し緑色農業の推進品目として交通庁,公安庁,農業庁,商務庁,財政庁など関係部門が一体的に取り組むことにした.これらの品目は FTA に対抗するための競争力向上を図る意味を期待されたものである[王,李ほか 2007].

(3) 進展する CA 5 の水平分業

以下においては,特定の農産物を取り上げ,中国(C)と ASEAN 5 カ国(A5)との相互貿易を考察し,上述の根拠を探りたい.

まず結果から先に述べると,HS1992 の年ごとのデータを 1989 年から 2002 年までの期間について,中国と ASEAN 5 カ国との間の貿易特化係数を分析したところ,年を追うごとに巨大な 2 つの市場は水平分業に収斂していくことが把握できた[高橋 2004].HS (Harmonized System) とは「商品の名称および分類についての統一システム」のことで 1988 年 HS 条約として発効,現在約 120 カ国が採用している.それゆえデータの起点は 1989 年が最も古いものとなる.本書で利用している最初のデータが 1989 年となっているのもそのためである.

貿易相手国または貿易相手地域に対する貿易特化係数は次式で把握できる.

$$\frac{\text{相手国への } i \text{ 財の輸出額} - \text{相手国からの } i \text{ 財の輸入額}}{\text{相手国への } i \text{ 財の輸出額} + \text{相手国からの } i \text{ 財の輸入額}}$$

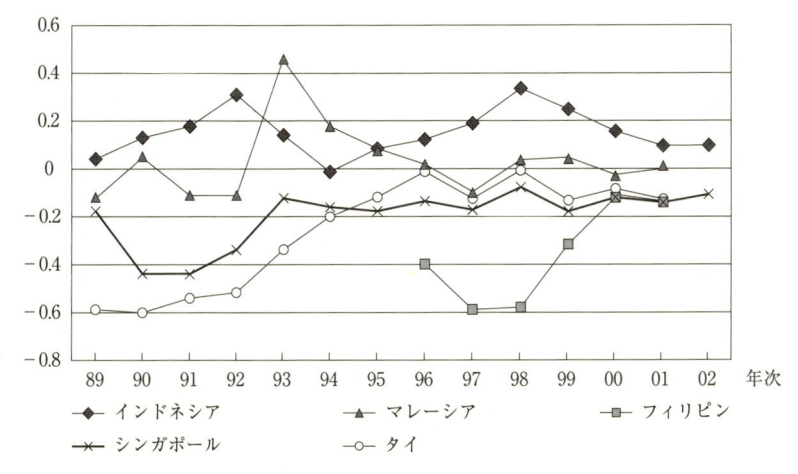

第2章　中国農業とアジア経済　　　　　　　　　　　41

図2-1　ASEAN 5カ国の対中国貿易特化係数の推移

貿易特化係数を C とおけば，次式のような関係が成立する．

$$-1 \leqq C \leqq 1$$

ここで，$C=-1$ のとき i 財は相手国から全量輸入され（貿易赤字），$C=1$ のとき相手国へは輸出だけが行われることを示す（貿易黒字）．$C=0$（貿易収支0）のとき完全な水平貿易が成立していることを示している．貿易特化係数は貿易関係国の間の比較優位や比較劣位を直接意味するものではないが，その結果を示す指標という性格は認められる．貿易特化係数よりも比較優位，比較劣位を示すのに効果的といわれるのが顕示比較優位指数（RCA）であるが，理論的な枠組みとして自由貿易を前提とするので，やはり現実の優位，劣位を十分に把握できない点で大差はない．

中国と ASEAN 5カ国の貿易全品目の特化係数を見たものが図2-1である．個別の国ごとの解説をするまでもなく，時間が最近に近づくにしたがって，全体として0に収束する傾向にあることが分かる．現在，この地域との中国の貿易特化係数はなお中国が赤字の状態にあり2005年にマイナス0.042を示すが，傾向的に0に近づく動き方をしている．つまり，中国と ASEAN 5カ国は貿易全体として水平分業の方向へ向かっているということができる．

次に，貿易特化係数を使って，中国と ASEAN 5カ国，中国と世界，中国

表 2-2 電子部品特化係数

	インドネシア	マレーシア	フィリピン	シンガポール	タイ	世界	日本
1996	0.81658	0.00158	0.68567	0.05174	0.16632	0.03123	−0.27071
1997	0.66285	−0.09964	0.64091	0.15044	0.02691	0.05507	−0.25741
1998	0.19319	−0.19622	0.38953	0.00164	0.05014	0.01099	−0.24347
1999	0.47243	−0.45297	0.04949	0.07303	−0.10130	−0.03356	−0.31527
2000	0.38593	−0.38702	−0.32514	0.09002	−0.32484	−0.04831	−0.33139
2001	0.26721	−0.37513	−0.55781	0.13453	−0.21841	−0.04275	−0.27058
2002	0.30918	−0.47366	−0.67041	0.06094	−0.20129	−0.05877	−0.31348
2003	0.29223	−0.63796	−0.65400	−0.09045	−0.38131	−0.07757	−0.38030
2004	0.22283	−0.64231	−0.62063	0.02753	−0.39733	−0.04655	−0.36774
2005	0.26101	−0.65484	−0.72116	0.02175	−0.37242	−0.00726	−0.35538

注：HS1996，品目85.

と日本の貿易関係を見てみよう．ここで使うデータはHS1996である．

個別の貿易品目をみると，国ごとに各々特徴を見せている．たとえば，電子部品あるいは電化製品である．ここで電子部品を取り上げるのは，農産物との比較をするためである．表2-2を見ると，貿易が中国に有利に展開している国・地域はインドネシア，シンガポールで，マレーシア，フィリピン，タイ，日本との間ではやや分が悪い．これは電子部品あるいは電化製品生産や消費が地理的な散らばりをもつという性格に由来していると思われる．マレーシア，フィリピンやタイとの間でマイナスが目立つ理由は，これらの国ではある種の電子関係部品の生産が行われ，中国は，企業がそれを輸入して加工するケースが多いためである．

電子部品についてのACFTA（ASEAN＝Aと中国＝C間のFTA）の効果はまだ出ていない．ACFTAは2001年11月に，中国・ASEANとの間で合意され，2004年11月に貿易協定調印，2005年7月発効という国際協定である．しかしこの効果は，ここで掲げた表にはまだ表れていない．論者によっては，効果自体を危ぶむ声もあるが［石川 2007］，そういうことはないであろう．かなり長期的には中国とASEAN間の貿易のみならず投資促進はやがては共通市場圏の形勢に向けた体制整備を取り始める可能性は捨てがたく，そうした行動や経済外交的アナウンスだけで共通市場圏の形成効果があると思われる．

(4) CA5 農産物貿易

次は野菜であるが，タイを除き中国はプラスでしかも1に近い場合が目立つ(表2-3)．この点は対世界，対日本にも当てはまり，中国野菜の輸出がいかに国際的な広がりの大きなものであるかを示している．タイとの間では1997年からマイナスになっており，2001-03年にはほとんど輸入する一方であったが，最近になって少し変化が見られるようになってきた．2004年，2005年とマイナスが小さくなって，－0.68程度に縮小している．しかし，タイを除くとこの10年間，大きな変化は見られない．世界や日本から中国に輸出する野菜はほとんどない状態であるし，タイを除くASEAN諸国は輸入一方という状態が続いている．つまり，この点に関する限り，中国とASEANとの間で2004年度以降始まった，188品目に上る中国側の農産物輸入関税引き下げ効果，いわゆるアーリー・ハーベストの効果は，現在のところそれほどではないともいえる．しかし，中国側のこれらの国々からの青果物輸入が急増したことは事実であり，今後，顕著なかたちでその効果が現れ始める可能性がある．

次に動物性油脂について見ておきたい．表2-4がそれであるが，野菜と異なり，ASEAN 5カ国との間に関するかぎり，ほぼ中国の輸入超過である．唯一シンガポールとの間では，最近になって輸出超過という変化が見られるようになったが，基本的には世界を含め輸入超過である．参考までにいえば，日本との関係は輸出超過である．中国は基本的に油脂製品や油脂の需要が多いことを

表2-3 野菜の特化係数

	インドネシア	マレーシア	フィリピン	シンガポール	タイ	世界	日本
1996	0.49246	0.92528	0.98891	0.99716	0.53464	0.90545	0.99609
1997	0.57584	0.99504	0.99559	0.99963	－0.45372	0.90634	0.99900
1998	0.00018	0.99205		0.99994	－0.65348	0.90826	0.99890
1999	0.03258	0.98961	0.99974	0.99968	－0.55503	0.89606	0.99905
2000	0.33634	0.99864	1.00000	0.99661	－0.10559	0.89940	0.99917
2001	0.60648	0.99944	0.99975	0.99831	－0.93000	0.78553	0.99793
2002	0.74397	1.00000	0.99843		－0.86190	0.81304	0.99725
2003	0.90419	1.00000	0.99984	0.99956	－0.80884	0.80030	0.99886
2004	0.63894	0.99992	0.99994	0.99934	－0.73806	0.72480	0.99910
2005	0.64148		0.99880	0.99977	－0.67953	0.70715	0.99708

注：HS1996，品目7．

表 2-4　動物性油脂の特化係数

	インドネシア	マレーシア	フィリピン	シンガポール	タイ	世界	日本
1996	−0.99136	−0.98290	−0.99040	−0.36193	0.55543	−0.63183	0.54704
1997	−0.99462	−0.91627	−0.86492	−0.69667	0.24247	−0.42274	0.63211
1998	−0.99863	−0.96478	−0.71133	−0.05109	0.12937	−0.63886	0.80484
1999	−0.99581	−0.96283	−0.95910	−0.90094	0.85192	−0.81181	0.70478
2000	−0.99559	−0.98285	−0.97450	−0.67484	−0.16661	−0.77607	0.53119
2001	−0.99788	−0.98715	−0.98486	−0.35435	−0.68073	−0.73507	0.41417
2002	−0.99767	−0.99382	−0.97325	−0.34966	−0.80506	−0.87197	0.25103
2003	−0.99890	−0.98712	−0.98820	−0.08015	−0.56404	−0.91641	0.25656
2004	−0.99879	−0.98678	−0.86062	0.36301	−0.65802	−0.92749	0.37761
2005	−0.99495	−0.95906	−0.76745	0.55282	−0.20277	−0.84199	0.58878

注：HS1996，品目15.

反映したものである．ただしシンガポールや日本との間では，ほかの国々と逆の関係にあるが，この点は，日本のような先進国あるいはそれに近いシンガポールに対しては輸出し，発展がやや遅れた国々からは輸入するという国際分業関係があるものと推定できる．おそらく価格，品質面での差が，こうした水平分業のような関係を生んでいるのであろう．

　一般的にいえば，国際水平分業とは同じ商品コードに属する財・サービスが互いに輸出入されることを指している．しかしまったく同じ財・サービス，たとえば農産物を例にとれば，同じ味，形状，栄養など品質面だけでなく，品種，価格や生産性までも同じであるスイカやメロンが，同じ季節に，互いに国境を越えて輸出入されることは原則的にはないとみてよい．一般にいう水平分業とは，あくまでも国際商品コードが同じ分類に属する財・サービス群の交易のことであり，葉物野菜とか柑橘類といった，一定のバスケットに入ったものについての輸出入を指すのである．したがって，細かな商品分類，その典型はたとえば銘柄，つまり陸奥とか富士（リンゴ），温州ミカン，ひとめぼれといったような狭い品種的な区分を行った財が国境を越えて，恒常的な輸出入が行われることを指すわけではない．まったく同じモノが2つの国で，価格と季節の差以外の理由で，輸出入されることはありえない．ここでも，水平分業はそのような意味で使っている．

(5) 類似国家間貿易の意味

以上中国とタイとの関係に見られるように，中国とASEAN諸国は農業貿易において水平分業を進めていくような過程にあるが，かといってこれはまだ共通市場の形成過程ではなく，せいぜいのところ，その準備過程でしかないというべきであろう．中国とASEAN諸国との農産物貿易において類似度が高いことは，確かに共通市場を形成するための環境としては有利な面がある．しかしこの点は，逆に言えば，国家間の分業体制の構築に当たり多くの調整を必要とすることを意味する．モジュラー型製品などはその典型であるが，水平分業ができやすく安定しやすい工業製品とは異なり，農産物の場合には多くの困難がつきまとう．工業製品の場合は設備と技術の国家間の統一や標準化がしやすいが，農業の場合は，土地，気候，労働，技術など同一性よりも差異の方が大きく，品目別の国際水平分業の阻害条件は大きい．一般的に，中国はASEAN諸国に比べ，これらの要素を比較すると多くの面で劣っている．このような状態におかれているとき，無関税化を実施すれば，輸入農産物と類似の品目をつくる地域の農業は負ける以外にない．

中国が，ASEAN諸国とのFTA締結に当たり政治的配慮からASEANに譲歩しており，それは中国への農産物の輸入増加をもたらす作用をしている．このような経済外的な要因が強く働くときにも，一定の期間は水平分業のような現象が起こるのであり，現実はこの影響を強く反映したものとなっている．しかし，個別の細分類された品種や品目が水平分業を維持すること，つまり共存することは困難で，この点はヘクシャー・オリーンの定理が象徴するような世界均質化はありえないという考え方が妥当しよう．

2. 外資導入と農業部門

(1) 外資の農業投資

中国は毎年，数百億ドルに上る海外からのFDI（海外直接投資）を受け入れている．2006年までその額は累計6,000億ドルを超えて，世界トップクラスの投資受入国に成長した．しかし，その投資先のおよそ70%は製造業であり，そしてその役割は終えつつある．一方，農業部門への投資は極めて少ない．表

表 2-5　対農林漁業部門海外直接投資
(万ドル，%)

	合計	農林漁業	農林漁業比率
1998	4,546,275	62,375	1.4
1999	4,031,871	71,015	1.8
2000	4,071,481	67,594	1.7
2001	4,687,759	89,873	1.9
2002	5,274,286	102,764	1.9
2003	5,350,467	100,084	1.9
2004	6,062,998	111,434	1.8
2005	6,032,469	71,826	1.2

資料：『中国統計年鑑』各年.

2-5は最近のその推移を見たものであるが，農業部門に対する投資は全体の2％未満にすぎず，現段階ではその比率が急速に上昇する気配は見えない．中国が受けるFDI総額は近年，実行ベース年額600億ドルを超えているが，農業部門に対するそれはわずか7～10億ドルである．

　製造業に比べて，農業部門への投資が遅れた理由はさまざま考えられる．最も大きな理由は，政府の投資規制を別にすれば農業部門自体に投資資金が不足していたためである．直接投資は，投資対象国や投資対象部門の資金の有無には基本的に関係がなく，投資回収率やリスクの高低が問題になるにすぎない．投資回収率の不信や投資リスクの存在はもちろん大きな問題であるが，外資企業による投資に制約があるなかでは，中国側パートナーに一定の資金負担力がなければならない．しかし，中国の農業部門の企業の場合，あまりにも投資資金に欠けていたのである．つまり投資相手が求める資金の負担能力が乏しすぎたので，相手側が投資を組む相手を国内で見出しにくかったのである．また中国側パートナーのレベルが外資のレベルを大きく下回り，提携の共同成果を期待しにくかったためである．多数の小規模農家が農地利用を占めていた段階では，外資が参入する余地はほとんど見出しにくかった．しかし最近，状況に変化が訪れた．それは，農家の減少あるいは空洞化であり，農業の担い手の変化であった．農業竜頭企業や農業企業の誕生と普及が，農業技術と経営管理，農業の産業としての可能性を広げることに貢献した．その結果，外資にとって参入しやすい環境が生まれ始めたわけである［諸2004］．

　また外資に対する税制上の優遇措置が，農業部門では受けることができないという制度上の制約もあった．多くの外資系製造業の場合，通常の33％の法人税率が個別に結ぶ租税条約を加えれば10％程度に軽減され，かつ，保税区を利用するなどにより実質的に無税になる場合も多い．これは，外資系製造業

が中国で造った物品は輸出を義務づけられていたこととも関連している．ところが，農業部門の場合には一部の農産物加工業を除き，規制が多いので，輸出を志向する外資にとっては魅力が薄い部門であった．ただし，中国国内への農畜産物供給を志向する外資にとっては別の論理が働き，今後はこのような動機をもつ外資による投資が増える可能性が大きい．

なお農業部門に対する投資絶対額自体は，2004年まではそれなりに増加していたのだが，表2-5に見られるように，2005年には大きく減少している．元高が続く傾向にあったため，中国で生産した農畜産物を輸出する志向性の高い外資は参入動機が減退したと考えられる．

しかし，中国農業部門にとって7～10億ドルの直接投資はけっして無視できない金額である．たとえば，2004年度の農業部門のGDPは2,620億ドル程度であるが，これに対して同年の農業部門に対する直接投資は10億ドルなので，比率は0.4%である．因みに工業部門の同じ比率は5.2%に相当しており，投資効率や安全性から，外国の投資家が製造業を優先するのは当然のことである．

(2) 農業投資の増加への動き

現段階では，このように農業部門に対する海外からの直接投資はけっして大きなものではない．また，投資先は農産物加工業が大部分であるが，この点は，第4章で取り上げる農業竜頭企業の今後の動向によれば，さらに顕著になる可能性がある．また，国内の投資地域が広東省，江蘇省，福建省，山東省といった沿岸東部に投資額の70%が集中している．ただし，今後は，農業生産そのものに外資の目が向く可能性も否定できない．その結果，沿岸部だけでなく中西部の条件のよい地区にも投資が起き，世界の食品供給構造が変化するという可能性も十分にあろう．

第7期5カ年計画（1986-90）以前，農業部門における利用外資の大部分は無償資金援助や借款，つまり間接投資であり直接投資は20%程度であった．大きな変化が起きたのは90年代以降であり，第8期5カ年計画期間（1991-95）には直接投資の占める比率は62.8%になった．さらに第9期5カ年計画期間（1996-2000）に増加し，現在はほぼ100%が直接投資になっている．いまや，対中農業直接投資の担い手は，香港・台湾・マカオ，韓国，東南アジア

諸国，アメリカ，日本，ヨーロッパに及んでいる［魏ほか2006］．

そして，直接投資には内容的にも大きな変化が起きている．これまでの投資対象は農産物加工や販売・流通関係に重点がおかれていたが，徐々に農産物生産それ自体に対する投資が増え始めている．その背景には，農業竜頭企業や農産物販売企業が直接農業生産に参入するような変化が起きていることも大きな要因である．日本企業によるこのようなスタイルの投資も注目を集めるようになった．その例がアサヒビールと伊藤忠商事，住友化学による1,300ムー（87ha）におよぶ広大な土地を利用した温室栽培と酪農経営への参入である（山東省）．この事業のため，中国側は酪農経営に500ムー（33ha）の土地を提供し，3年間地代免除，電力・道路の現物出資，加えて所得税等の優遇措置を講じている．日本企業側は20年の契約期間のうち最初の5年間，地代を年間1ムー（6.67a）当たり800元（12,000円）に減免された．このような事例は枚挙にいとまがなく，世界ランキング500位以内に入っているフランス企業は，6億元を投資して，ジュース加工向けの柑橘栽培を重慶で始めた．栽培面積は1万haと広大である[1]．

外資系企業は中国産の農産物輸出に強い関心を抱いているが，その実績を示したのが表2-6である．これによると，2006年の中国の農畜産物およびその関連品輸出の43%は外資系企業（その中心は中外合資）によって担われている．外資系企業による輸出額は2005年に比べ，15.1%の増加であり，特に独資企業の増加が目立っている．

表2-6 中国産農産物輸出企業

（単位：万ドル）

企業性質	2006年1-12月金額	2005年1-12月金額	同比増減（%）
国有企業	672,958.6	743,666.3	-9.5
外国企業	1,343,208.4	1,167,131.5	15.1
中外合作企業	87,168.0	88,298.5	-1.3
中外合資企業	685,497.3	597,515.9	14.7
海外独資企業	570,543.2	481,317.1	18.5
集団企業	141,145.8	132,946.4	6.2
私営企業	942,974.6	674,394.9	39.8
個人商工業者	2,291.4	207.4	1,005.0
その他	8.8	50.5	-82.7

資料：商務部資料から作成．

(3) 自由な農業国

このように，中国農業生産へ外資参入が今大きな動きを見せているのは，そもそも，日本の農地法のような農外部門や外資を排除するような法律がないことに一因がある．政府が直接関係する事業の場合，大規模な農地集積がそれほどの手間をかけずに可能な土地制度になっているからでもある．しかし最大の要因は，農業部門の技術革新や農業経営手法の吸収，農産物に対する国民の新しい需要の広がりへの対応といった，農業部門についての多様なニーズが生まれ，一方では外資の期待とうまく噛み合ってきたという動きではないかと思われる．

もちろんその背景には，外資が各種優遇措置の恩恵を受け，さらに広大な農地を確保できれば，生産コストの大幅な低下を見込むことができ，国際競争上の優位性が増すという経済的読みがあるからでもある．そのため，外資自らが，農地改良，農業基盤施設建設，農産物加工施設建設，灌漑施設整備，革進的農業技術の導入など，中国農業のハード・ソフト両面の整備のための投資を行う例さえ生まれているという［魏ほか 2006］．これとは対照的に，章によると，中国企業がロシアなど海外に農業開発投資をする動きも最近活発化しているという［章，高橋ほか 2007］．総じて中国農業部門への直接投資や海外投資は，今後急成長をする可能性があろう．

3. 農業技術移転と農産物貿易への貢献

(1) 外国式農業の導入

中国農業部門に対する海外直接投資を受け入れ，あるいは引きつける力が働く要因には，中国側にも進んだ農業技術や経営管理，農産物管理，物流技術などさまざまな面で技術の移転が欲しいという思惑がある．一般的に見て，海外からの直接投資が行われる背景には，外資あるいは合弁企業が生産した商品を当該国で消費する場合と輸出する場合，あるいはその双方の場合がある．こと農産物に関しては，当該国での消費と輸出の2つの背景がある．中国の場合はこれに当てはまる．たとえば，中国に進出した日本企業の多くは，国内・海外消費地向けの加工品原料と日本向けの生食用野菜などの栽培を行っている．日

本への中国からの野菜の2006年度（1〜12月）の輸入は162万トン，2,125億円で傾向として毎年伸びているが，その大半を輸出するのは，日本企業が絡んだ輸出業者である．輸出業務とそのための作付け，肥培管理，収穫，包装などの作業は，日本の消費者の嗜好や輸入後の流通・物流事情に精通していなければできないことだからである．

　外資系企業が中国農業生産部門に投資する際，企業はF1種子など特許種子を持ち込み，肥培管理技術を伴って栽培を行う［吉田，李2007］．日本企業の場合は，農産物の形状や等級が一定になるように栽培し，その結果収穫された生食用農産物は，ほぼ日本国内で栽培されたものと変わらない品質をもち，卸売市場へ卸されていく．一方中国側は合弁企業をつくるが，それによって栽培技術や農産物管理，等級基準など，得るものがある．農産物輸出を促し，農産物の国際ブランド化の構築など，国際競争力を高める農産物生産企業の対中投資は，このように双方に利益があって初めて実現するものである．

　直接投資を通じて，中国農業は徐々に農業生産の旧い体制から脱却して，農産物の質と量，農業生産の社会的な経営的管理手法を確立していくであろう．これは，農産物貿易のあり方に大きな変更を迫る要因となるにちがいない．WTO加盟は，中国の農産物価格水準の国際化を促し，それによって初めて，農産物のなにが比較優位・劣位なのかという序列化が可能になった．農産物のすべてが比較優位をもつということはありえず，資源配分や技術水準のあり方，つまりは生産構造の差はあらゆる品目に洗礼を浴びせ，その結果，各種の農産物を含む品目ごとの序列化が始まった．主要国とのWTO加盟交渉に際して，中国は輸入制限してきた大豆，大麦，柑橘類，牛肉などの輸入関税化，米，トウモロコシ，小麦など，中国の基幹食糧についても低関税輸入を受け入れた．

　中国農業の国際化はこうして始まり，国際化に伴う競争の結果が貿易に反映されるようになった．比較優位をもたない商品は農産物であろうがなかろうが，輸入増加の機会を与えるのである．厳が「土地利用型の農産物，なかでも小麦，大豆，トウモロコシなどは北米，オーストラリアの強い攻勢にとても耐えられないと見られている」［厳2002:197］というとき，結局このようなことを意味するのにほかならないだろう．国際化の過程で，土地利用型農業が不利な立場におかれるのは，中国の「土地」にではなく，「土地制度のあり方」に国際的

不利さをもたらす理由があるからにほかならないし，資源配分と技術水準のあり方がもたらす結果でもある．

(2) 農業国際化から国際農業へ

WTO 自体は壁に突き当たっている．現在取り組まれているドーハ・アジェンダの先行きは不透明であり，おそらく所期の目的を達成した合意を得ることは難しい．農業とそれ以外の産業の対立軸は国家を超えた性格を持ち，現在のような国家間調整の手法では行き詰まることは目に見えている．中国が発揮しているのはあくまでも国家のイデオロギーであるが，これもまた行き詰まるであろう．しかし，現実の世界では，中国も WTO という国際看板を掲げたのだから，その成果を見せることに邁進したことは事実である．

中国農業の国際化は WTO 加盟を契機にして始まったともいえるが，実はすでに「国際化」の過程は終局し，「国際」農業の一環に組み込まれているのである［高橋2005b］．その意味は，WTO 加盟を果たし，ASEAN などと FTA を締結した中国農業は，日本農業以上に国際化という点では先行している．その象徴は，ASEAN と結んだ200品目に近い農産物の関税撤廃である．中国農業と日本農業の根本的問題は同じく土地制度にあるが，中国はそれでも自由化を急ぎ，その逆に，日本はできるだけ遅らせようとしている．日本農業が国際化を果たすには，農地法を廃止することが必須であるが，長期的展望を欠く日本の政治・行政の体質を見る限り，その道のりは遠い．となると，農業に関しては，中国が日本を追い越すであろうことは否定しようがない．

4. 「東アジア共同体」と中国農業

(1) 三農問題の視点から

中国経済の国際的地位の向上は，今後一層進むと思われるが，その際念頭に浮かぶのは，将来の東アジア共同体の形成，あるいはその構想のなかに，中国農業がどのような関わりをするか，という点である．

中国は2001年の WTO 加盟以後の，最近の ASEAN を中心とする東アジア諸国との FTA 交渉の過程で多くのものを獲得しつつある．その一方では大き

な犠牲を伴っている．獲得しつつあるものはこの地域における信頼と政治的・経済的地位であり，それに伴う犠牲は国内農業である．時期的には特にWTO加盟以後，中国ではいわゆる「三農問題」がマスコミや研究者の間で盛んに議論されるようになった．農業・農村・農民を括るこの言葉は，解決の糸口が容易に見出せないというジレンマと深刻さを語感に滲ませている．通例，経済学ではこれら3つのカテゴリーは，一括して「農業問題」と表現されるが，あえて三農問題と言うのには，農業，農村，農民各々の問題は別ものであり，独立した固有な性格を持っているという含意がある．

なぜ，このような表現をとるのか．これには，面積が広大で農業生産条件や民族構成が多様な中国で，農業，農村，農民各々が一括りできない多様さを持っており政策自体が均一化できないこと，仮に農業を近代化しても依然としてそこから外れる多数の貧困農民の存在が予見される可能性が高いこと，また農業や農民が一定の発展段階に達したにしても，それによって農民や地域住民の自由な地域間移動を管理する政策，つまり戸籍制度の解消には一定の段階的整備が必要なことなどがある．農村・都市戸籍制度は「居民戸籍」（都市戸籍と農村戸籍の廃止，あるいは一元的戸籍のこと）制度への転換が始まる一方で，移動地域制限緩和の拡大も徐々に進んでいるが，払拭するには至っていない．

中国はWTO，FTA交渉をすすめる過程で，深刻な農業問題の存在とその解決の難しさを認め，あえてこの問題を世界に向かって露呈し，強行策によって乗り越えようとしているように見える．この交渉を通じて，中国は国内農業を犠牲にする姿勢を見せているが，ここではこうした「国際化」のなかの中国の農業問題の実態とその展望に焦点を当てる．

(2) G20としての中国

現在，中国はインドやブラジルなど有力途上国G20メンバーの一員として，WTOドーハ・アジェンダに臨んでいる．メキシコのカンクン会議（2003）での合意失敗の轍を踏まぬよう各国は精力的な取り組みをしているが，各国がよほど譲歩しないかぎり合意形成は厳しい．G20の構成はブラジル・アルゼンチンなど農産品輸出国とアフリカ諸国など純輸入国の利害の対立する国々からなるが，先進国の大幅な農産品関税の引き下げや農業補助金・非関税障壁の解消

など，主な要求は統一されている．つねに批判の矛先が向けられるのは，補助金農政をやめようとしないアメリカやEU，そして日本やスイスなどG10に対してである．輸出国から構成されるケアンズグループ（18カ国）とも一線を画し，途上国の利害代表グループとして，影響力のある活動を展開している．中国は巨大な農産品輸入国であり，同時に輸出国であるという2つの顔を併せもつが，WTO交渉の枠内では，途上国の輸入国，輸出国としての利害を代表する立場をとっている．

WTOには151の地域・国が加盟し（2007年10月時点），内部にこうした有力なグループが形成され，各々の主張を受け入れるかたちでの利害調整は困難な局面に陥っている．こうした現状を前に，各国は徐々に合意の相手が少数で，交渉内容も独自に定めることができるFTA交渉に軸足を移してきた．WTO交渉は，加盟国全体の合意を必要とし，同一条件国には合意内容も結果として同一である原則が適用される．いわば競争条件が相対的に均等化されるので，各国には平均的な結果が課せられる．そのため，各国間に貸し借りといったような政治的取引は生まれにくいといってよい．一方FTA交渉の場合には当事者間に譲り，譲ってもらうという関係が生まれやすい．中国はWTOの場で途上国の利害を代表するグループに属し，交渉の中心的役割を占めてはいるものの，WTO交渉の難しさを承知しつつ，つまりはその実質的成果よりも，自国の途上国内における存在感をPRする効果を狙っている節がある．その点は，農産品の輸出大国としての利害に徹するブラジルやアルゼンチンとは異なる．

しかし中国の狙いははっきりしている．貿易・投資ルールに関する自由化の実質的交渉の場はFTAにあり，そこで経済的・政治的利害の結果を得る，という狙いである．これから見るように，中国のFTA交渉にかける熱意は日本をはるかに上回るものであるが，それにはこうした背景がある．

(3) WTOの限界

東アジアの現状をみると，すでに地域内のEPA/FTA締結の方向は動かしがたく，現状は中国とASEANがそれを先導し，日本，韓国が追い上げるという構図がみられる（日・ASEANは2007年に大筋合意）．

EPA/FTA に典型的な地域経済協定は経済のグローバル化の必然的な産物で，しかも①EU は別格としても NAFTA, MERCOSUR, EFTA といった先行する地域経済協定とならんで，②地政学的至近性あるいはその境界を越えた性格をもつ二国間協定（日本・メキシコ，アメリカ・シンガポールなど），あるいは③ ASEAN＋3 など地域協定と個別国間協定など多様な協定が生まれている．これら後二者に見られる協定の形態は当該 2 国間の自由化，また先行する協定外に置かれた場合，関税上および市場アクセス上，協定外部の国が不利になることを回避するための措置という性格が強い．しかも，単に 2 国間協定にすぎないようにみえる場合でも，背後には当該 2 国間＋その一方が加盟している地域協定との融合ないしは同等化，つまり＋α 国は当該地域協定に加盟していなくとも，実質的にはその一員に等しくなるような効果をもつ場合がある．

さらにここで挙げた EPA/FTA の 3 つの形態はいずれも，WTO を補完するか WTO の限界から生まれたケースが多い．カンクンでの失敗例を見るまでもなく WTO 交渉の成立難易度は極めて高く，このようなケースが今後ますます増える傾向にある．

FTA やそのほかの地域協定は貿易の増加，相手国同士の市場アクセスの利便改善等に集約できるメリットがあるが，結局はモノの生産の場合は，各国が純粋な生産費や資源の賦存条件で製品の国際市場支配を競い合うことを意味する．理論的には純粋な比較生産費による勝敗が競争上の基準になる．関税削減あるいは無関税化の議論において，原産地規則が重要な関心事になるのは，この点と深く関連するからである．サービスも基本的に同様の性格をもつが，むしろ品質や信頼がより重要な基準になることが多い．モノやサービスを通じた自由化は，つまるところ有限の物的・人的地球資源をいかに効率的に使うかという理念に帰着する．

(4) 先行する中国

中国と ASEAN は 2002 年 11 月「中国 ASEAN 包括的経済協力枠組み協定」に調印，2004 年 6 月に協定締結，10 年以内の交渉妥結を予定する合意に達した．日本にとっては衝撃的であったが，中国・ASEAN 双方に最も関心

のある農産品無関税化を，中国がアーリー・ハーベストとして取り組んだ点に象徴される．

2005年7月，中国とASEANはFTA協定に署名，農産品8分野ではアーリー・ハーベストとして2006年までの自由化を実施，随時その対象分野を拡大しつつ，2010年までのFTA完成すなわち関税撤廃を目指した（カンボジア，ベトナム等ASEAN新規加盟4カ国とは2015年完成）．農産品の一部は2006年を待たずに関税引き下げが実施され，たとえばタイとの間では農産品200品目に近い自由化がスタートした．中国のスーパーには，すでにところ狭しとタイ産果実が陳列されている．全体的な雰囲気もノーマルトラック品目の自由化交渉の加速や相互のセンシティブ品目の削減に向けて，極めて前向きの姿勢を確認し合っている．インドネシアが中国との2国間交渉の過程で，SLを350品目，HSL[2]を50品目選定するなど国情に配慮した現象も垣間見られるが，中国・ASEAN間貿易自由化の基本的な流れは止めることができない．これを加速させるための中国の対応も機敏で，ASEAN以外に対しても，2005年1月からHSコード分類による7,750品目のうち980品目の関税を引き下げ，平均関税率工業品9.0％（マイナス0.5ポイント），農産品15.5％（同0.3）とするなど，WTO加盟時の約束の着実な履行の姿勢を示していた．

このように，中国の対ASEANのFTA交渉では，非常に思い切った姿勢が見られる．特に農産品については，無関税化に果敢に取り組んでいる点は日本と大きく異なる．中国の場合，国内農業にどんなに大きな犠牲を払ってでもFTAを成就し，地域の先頭に立とうとする姿勢が見える．ここには，FTA交渉をてこにして膨大な農業人口と進まぬ農村改革を何とか成し遂げようとする意気込みをうかがうことができる．

日中韓FTAの発端は2002年11月に行われた日中韓首脳会談の席上における中国からの提案にあり，各々の研究機関が参加する共同研究を開始するというものであった．各々の研究機関はこの提案に基づいて3カ国FTAの可能性を多方面から研究することが合意された．しかし，日中韓FTAについての日本の姿勢は，現段階では必ずしも積極的とはいいがたい．中国については，まずサービス分野での市場アクセス改善や知的所有権保護等を中心とするWTO加盟時の約束事となっている事項の履行を迫っている．

(5) 東アジア貿易と中国の地位

表2-7は，東アジア貿易の現状をマトリックス状に概観したものである．中国と東アジアの貿易額は輸出入合わせて4,200億ドル（2004年），日本の4,500億ドルとほぼ同額であるが，両国の経済規模を念頭におけば大きな差とはいえない．ASEAN4との間では，輸出入で中国470億ドル，日本1,000億ドルで，これは中国は日本のほぼ半分である．貿易収支面から見ると，対東アジア（日本を除く）で中国550億ドルの赤字，日本780億ドルの黒字，対ASEANで中国16億ドル，日本12億ドルの黒字である．

日中とも対ASEAN4では黒字であるが，対東アジア（日本を除く）となると日本の大幅な黒字に対して，中国は大幅な赤字となる．中国の対東アジア貿易の場合，タックスヘイブン（租税回避）地域としての香港のもつ貿易上の関係があるが，2004年の経済貿易緊密化協定（CEPA）締結により，両者の一体化はさらに強まると予想される．そしてこの地域内の貿易では，やがて中国が日本を凌駕することは確実で時間の問題と見られる．いくつかの要因があるが，中国自身そのための強い意思を持っていること，これに呼応できる華人・華僑ビジネスの存在やそのネットワークが中国に有利にできあがっていること，そして何といっても価格競争力の強さであり，中国ブランドの形成と浸透が始

表2-7　東アジア相互貿易の現状（2004年）

（単位：100万ドル）

輸出＼輸入	日本		東アジア		
			アジアNIES	ASEAN4	中国
中国	73,514	180,810	156,394	24,416	—
日本	—	262,329	136,900	51,512	73,917
東アジア	184,020		351,882	136,379	236,169
アジアNIES	60,281	411,979	—	80,838	213,348
ASEAN4	50,225	131,642	77,696	—	22,821

中国から見た対アジア貿易		日本からみた対アジア貿易	
対東アジア貿易収支（除日本）	554億ドルの赤字	対東アジア貿易収支（除中国）	783億ドルの黒字
対アジアNIES	570億ドルの赤字	対アジアNIES	766億ドルの黒字
対ASEAN4	16億ドルの黒字	対ASEAN4	12億ドルの黒字
対日本	4億ドルの赤字	対中国	4億ドルの黒字

資料：ジェトロ．
注：ASEAN4とはインドネシア，タイ，マレーシア，フィリピン．

第2章 中国農業とアジア経済　　　　　　　　　　　　　　　57

表2-8　各国農水産物輸出入比率

(単位：100万ドル, %)

			1999	2001	2003
輸出	インドネシア	総輸出額	52,562	59,874	64,964
		うち農水産物	3,896	3,557	3,905
		農水産物比率	7.41	5.94	6.01
	マレーシア	総輸出額	86,453	90,094	107,599
		うち農水産物	1,941	2,089	2,630
		農水産物比率	2.25	2.32	2.44
	タイ	総輸出額	68,318	75,026	91,488
		うち農水産物	9,895	9,913	11,158
		農水産物比率	14.48	13.21	12.20
	フィリピン	総輸出額	36,278	33,510	37,870
		うち農水産物	1,241	1,360	1,639
		農水産物比率	3.42	4.06	4.33
	ベトナム	総輸出額	14,806	19,147	n
		うち農水産物	3,264	4,118	n
		農水産物比率	22.05	21.51	n
	中国	総輸出額	206,545	280,220	457,363
		うち農水産物	11,614	14,122	19,136
		農水産物比率	5.62	5.04	4.18
	韓国	総輸出額	146,496	152,949	196,434
		うち農水産物	2,811	2,515	2,617
		農水産物比率	1.92	1.64	1.33
	日本	総輸出額	419,745	406,405	474,360
		うち農水産物	2,135	3,042	2,364
		農水産物比率	0.51	0.75	0.50
	アメリカ	総輸出額	691,965	719,246	707,759
		うち農水産物	49,805	53,243	56,431
		農水産物比率	7.20	7.40	7.97
輸入	インドネシア	総輸入額	27,753	33,980	36,224
		うち農水産物	3,750	3,018	3,673
		農水産物比率	13.51	8.88	10.14
	マレーシア	総輸入額	68,193	76,748	86,590
		うち農水産物	3,253	3,669	3,849
		農水産物比率	4.77	4.78	4.45
	タイ	総輸入額	52,866	65,271	79,581
		うち農水産物	2,557	3,214	3,776
		農水産物比率	4.84	4.92	4.75
	フィリピン	総輸入額	35,150	33,981	42,229
		うち農水産物	2,582	2,623	2,686
		農水産物比率	7.35	7.72	6.36
	ベトナム	総輸入額	12,333	17,151	n
		うち農水産物	591	933	n
		農水産物比率	4.80	5.44	n
	中国	総輸入額	171,465	253,010	425,725
		うち農水産物	5,766	9,457	12,965
		農水産物比率	3.36	3.74	3.05
	韓国	総輸入額	126,677	149,593	188,873
		うち農水産物	6,926	8,496	10,047
		農水産物比率	5.47	5.68	5.32
	日本	総輸入額	356,518	394,630	430,098
		うち農水産物	46,524	45,330	46,646
		農水産物比率	13.05	11.49	10.85
	アメリカ	総輸入額	1,106,521	1,230,869	1,364,313
		うち農水産物	47,301	50,795	59,222
		農水産物比率	4.27	4.13	4.34

資料：International Trade Center 資料より作成。
注：農水産物には，農水産物加工品（酒類を除く飲料）を含む。

表 2-9　各国農水産物貿易収支

(単位：100万ドル)

			1999	2001	2003
収支	インドネシア	貿易全体	24,809	25,894	28,740
		うち農水産物	146	539	232
	マレーシア	貿易全体	18,260	13,346	21,009
		うち農水産物	▲1,312	▲1,580	▲1,219
	タイ	貿易全体	15,452	9,755	11,907
		うち農水産物	7,338	6,699	7,382
	フィリピン	貿易全体	1,128	▲471	▲4,359
		うち農水産物	▲1,341	▲1,263	▲1,047
	ベトナム	貿易全体	2,473	1,996	n
		うち農水産物	2,673	3,185	n
	中国	貿易全体	35,080	27,210	31,638
		うち農水産物	5,848	4,665	6,171
	韓国	貿易全体	19,819	3,356	7,561
		うち農水産物	▲4,115	▲5,981	▲7,430
	日本	貿易全体	63,227	11,775	44,262
		うち農水産物	▲44,389	▲42,288	▲44,282
	アメリカ	貿易全体	▲414,556	▲511,623	▲656,554
		うち農水産物	2,504	2,448	▲2,791

資料：表2-8に同じ.

まったこと，などによる．表2-8および表2-9は中国をはじめとする東アジアのいくつかの国にアメリカを加えた，農水産品貿易の短期推移を見たものである．このうち2003年の輸出を見ると（表2-8），総輸出額に占める農水産品の比率の高い国でタイの12%，低い国で日本の0.5%，中間値は概ね3〜5%程度とみてよい．アメリカは農業国としての顔も持ち8%に達する．中国の場合，4%と概ね中間値に位置するが絶対額は大きい．韓国も低いが1.3%で，日本はこれに比べても極めて低い水準にある．次に輸入であるが，総輸入額に占める農産品輸入比率の中間値は4〜6%程度とみてよい．最も輸入比率の低い国が中国で3%程度，アメリカは4%程度，タイは5%程度，日本は11%でインドネシアをやや上回る高さである．農水産品を輸出できる国は限定されるが，輸入する国は多いという，農産品の性格を反映した構図となっている．

以上を合わせた収支（表2-9）から黒字傾向の国を挙げると中国，インドネ

シア,タイのみで,マレーシア,フィリピン,韓国,日本は恒常的な赤字国であり,アメリカも 2003 年に赤字国に転落している.中国の農水産物貿易は黒字を計上している.しかし,その見通しはけっして楽観を許すものではない[高橋 2005b].

(6) 緊密化進む中国・ASEAN

こうした貿易関係のもとで,今後さらに,中国と ASEAN の関係緊密化が進むと見られる.そして現に,その傾向は別の面からも確認することができる.HS コードデータによる長期貿易特化係数分析によると,中国と ASEAN 5 カ国の貿易はこの 10 年余りの間に収支均衡化を急速に進め,相互が重要な貿易パートナーとして認め合う関係に成長している.前掲図 2-1 は ASEAN 5 カ国と中国との間の貿易財全体について,長期貿易特化係数を算出した結果を描いたものである.

この図は,各産品の中間財や部品などの派生商品あるいは完成品を縦横に並べて算出した結果を示すものではないが(それをこのような図で示そうとすれば,HS 桁数×品目数の図という膨大になる),全体として,ASEAN 5 カ国と中国との貿易が 0 に収れんしている傾向を読み取ることができる.貿易特化係数が 0 に収れんするとは,ASEAN 5 カ国全体と中国の輸出額と輸入額が同じになるということであるから,ASEAN 5 カ国全体と中国は国際的なレベルでの分業体制ができつつあることを意味する.つまり,一部品目では各々の国別に黒字,赤字はあるが,製造業のみならず農業分野においても,全体として相互依存関係ないしは協調体制が構築されつつあるといえる[高橋 2004].

(7) 中国僻地農村の荒廃

ASEAN 各国はいま中国と日本の対応を比較し,日本に比べ重大な国内農村問題を抱える中国の方が,はるかに前向きで多くの犠牲を払っているとの認識を抱くようになっている.先年,日本の国連常任理事国入りに際して,ASEAN 各国は中国に気兼ねした姿勢をとり続けたが,その背景の 1 つになったのもこうした認識であろう.GDP は日本の 70% 程度,農業 GDP は 15 兆円と日本の 1.7 倍程度ではあるが,中国では農業就業人口が 3 億人以上,農

民1人当たり年間所得5万円程度,労働生産性は日本の数分の1,農村には失業者が溢れ,3戸に1戸は空き家の農村を抱える村もある［高橋2005c］.

とくに最近,中国農村では過疎化が広がっている.中国農村の過疎化（農民の離村,人口の空洞化,農村集落内の戸数減少等）を把握することは難しく,全国的な情勢を数値によって測るには限界がある.政府統計を見る限り村の数はここ数年急速に減少しているが,それは主に合併のためと見られ,実質的な増減の実態は不明である.郷村人口の絶対数が増加したため,1村当たりの人口は1999年からの3年間だけでも1万人増加し約4万人に達しているので,統計から過疎化の正確な実態を知ることは難しい.しかし,実際に中国農村を訪れると,空き家となった農家は数多く見ることができる.

1979年から始まった一人っ子政策の影響が端的に現れているところが農村であり,郷村によっては農民の市民化政策によって農民を集団で都市に移住させているところもあるが,都市では仕事が見つからずあまり成果は上がっていない.結局多くの農民は,子どもが家を出て行き,後継者を失った家がやがて途絶える運命をたどっている.その結果が農村空き家の増加である.では,その農地はどうなるかといえば所有権をもつ村民委員会に戻るが,かといって村にはそれを引き受ける者はいないので,耕作放棄地となる以外になく,当然のことであるが農地は荒廃していく.

農村の過疎化は,農業労働力の問題を生んでいる.量的に見ればまだ懸念する段階にないが,質の問題つまり農業担い手の高齢化が極端に進んでいる.2005年の武漢市のある村では,すでに中国の高齢年齢である60歳以上が全体の20%を超え,さらにその比率が高まる傾向にあった.これは全国的傾向で,後に述べる労働依存の極めて高い中国農業では,人口構成の高齢化と少子化の影響が最も大きく現れる構造になっている.

(8) 低下する農業純収入

農産品貿易の自由化が本格化する数年後には,おそらく中国農村は激動の時代を迎えるであろう.今後,中国産よりも安く,品質の良い農産品,とくに果実,野菜,米,畜産品（酪農品を含む）が今以上に,大量に輸入されるようになるに違いないからである.

中国産農産品の品質改良は進んでいるが，生食輸出品目としては見劣りがする．その最大の理由は出荷調整が可能な近代的な選貨・集出荷システムや設備を備えた卸売市場制度が未発達で，保管倉庫や物流システム，これを支える商流システムが不完全なためである．このため，形状や品質の統一が容易でなく，輸出先の海外では輸入後にまず届く卸売市場で有利な価格を付けることは難しい．筆者が見学した各地の卸売市場にはセリ制度がなく，価格形成は相対取引で，結局買い手市場である．また冷凍倉庫や保管倉庫が未整備なため，収穫したものはすぐに出荷しなければならない．そのため，一時に大量の農産品が市場に集まり，価格は常に低いところで定まらざるをえない．日本の開発業者が関わる一部の野菜農家あるいは昆明等一部地域の花卉を除けば，中国の農産品の国際競争力は低い．

一方では，中国産よりも安い農産品が現に大量に輸入されつつあるが，その影響はやはり農家に及んでくる．表2-10によれば農民1人当たりの年間農業（耕種農業）純収入は800元程度であるが，実際の現金収入はこの8割程度と見られるから640元程度にすぎず，これがさらに低下する可能性がある（2003年）．実際，ピークは1997年前後で730元程度，現在はそれよりすでに10％以上下がっているが，今後も楽観できない．中国農業の中心を占めるのは耕種農業であるが，この部門からあがる収入はこの程度であり，農民と都市住民の所得を比較する際の数字として引用される農村住民1人当たり収入（2005年で約3,255元）はあらゆる非農業収入を含めたものである．純粋な農業収入はその4分の1にすぎない．その意味では，農業のみを営む農民と都市住民の所得格差は15倍程度とみてよいであろう．

中国では労働力不足が起きているとの説もあるが，全体のGDPが日本の70％程度で，しかも膨大な労働力を抱える中国で労働力不足が起こるとすれば，それは高度な技術が要求される一部業種に限られよう．多くの底辺労働を吸収し尽した結果とは考えられない．筆者が聞いた複数の中国人学生の話によれば，2006年の新規大卒者の30～40％は失業状態だという．

農業収入の低下が進めば，質の高い労働力確保が困難になる恐れがある．後に見るように，労働依存の極めて高い中国農業は，以下に述べる固定資本投資水準の低さとあいまって，深刻な問題に直面する可能性があると思われる[3]．

表 2-10 農業 GDP/農業部門投資の現状

年次	耕種農業 GDP (億元)	耕種農業 固定資本投資額 (億元)	農業労働投入額 (億元)	農業労働力 (万人)	農業純収入 (1人当たり) (元)
1981	1,247.4	29.8	159.2	29,004	55
1982	1,391.5	37.6	365.2	29,959	122
1983	1,601.0	37.2	492.1	30,931	159
1984	1,789.8	35.3	576.4	31,685	182
1985	1,820.3	33.6	581.2	30,352	192
1986	2,093.1	29.5	624.6	30,468	205
1987	2,612.2	33.2	641.5	30,870	208
1988	2,678.5	36.4	698.9	31,456	222
1989	3,205.3	41.2	779.2	32,441	240
1990	3,369.8	56.6	1,100.4	33,336	330
1991	3,621.6	73.2	1,105.9	34,186	324
1992	4,216.8	99.6	1,150.1	34,037	338
1993	5,738.8	130.8	1,456.7	33,258	438
1994	7,135.7	158.3	1,928.7	32,690	590
1995	7,983.0	197.7	2,505.9	32,335	775
1996	8,579.0	291.5	2,982.2	32,260	924
1997	8,508.2	379.3	3,058.6	32,435	943
1998	8,391.5	566.0	3,024.5	32,626	927
1999	8,188.7	697.2	2,902.8	32,912	882
2000	8,491.1	723.5	2,748.7	32,998	833
2001	8,790.0	669.1	2,628.5	32,451	810
2002	8,749.8	847.2	2,585.2	31,991	808
2003	9,400.7	829.7	2,579.0	31,260	825

資料：高橋五郎「中国農業資本ストック・資本係数の研究」（愛大国際問題研究所紀要125号，2005年3月），中国統計年鑑および中国農村統計年鑑．
注：1) 農業労働投入額には林・漁・農外就労，財産収入を含まない．
　　2) 農業純収入，1981-83年は実績値を基にした推定値．

　既述した農産品貿易黒字に見られる価格競争力の強さの背後には，いわゆる飢餓輸出に似た現実が隠されている．確かに飢餓で苦しむ農民は現段階ではいない．しかし，労働の対価としての現金収入はきわめて低く，その上に，いまなお多くの経済負担が生きている．統計的な純収入は自家消費した農産物は市場価格に換算後，純収入に含まれる．もし，市場価格が上昇すれば純収入も増えるが，販売価格の上昇や販売量の増加による実際の現金収入の増加を意味するとは限らず，見掛けの収入である．多品目栽培が中心の中国農家の場合，純

収入の相当部分は自家消費に充当されている．2005年「全国コスト調査」によると，穀物の商品化率は55％なので，農家純収入の約半分は自家消費分を含んだものである．

(9) 低迷する農業固定資本投資

　中国農業部門のより深刻な問題は，農業基盤を支えるはずの農業固定資本投資（主に土地資本投資）が極端に少ない点にある．最近，灌漑工事を中心に上向き傾向にあるが，それでも極端に低い．これは土地合体資本の少なさを意味する[4]．中国の著名な学者のなかにも，次のような指摘がある．「その原因は農民自身による投資の不足にある．その直接の原因は，農業投資に対する回収効率の悪さにある」［樊 2003: 96-7］．

　この20年余りの耕種農業固定資本投資の推移を表2-10に示した．以前に比較すれば最近の増え方は急速であるが，毎年830億元（1ha当たり13,000円）程度にすぎない．固定資本投資が少ない最も大きな理由は，投資資金の不足，農村の弱体化の進行と，その根本的背景にもなっている農地所有制度にある．「中国土地管理法」は法律が規定する国家所有地以外は農民の自留地を含め，村民委員会が所有すると定めている．この法律に基づき，農民には土地使用権（耕作権）が保証されている．もしこの使用権のある土地を公的機関が収用する場合は，原則として収用する年の前3カ年の平均産出額の10倍以下（15倍を超えない範囲で裁量がある）の補償を行うことになっている．しかし，産出額の10倍といっても先に見たように，農民1人当たりの純収入は年間800元程度なので，8,000元にすぎない．しかも，実際に全額補償されているのか疑問もないではない．加えて，請負農地を規定する「中国農村土地承包法」は耕地の請負期間を最長30年（草地は50年）としているが，この期間内でも土地の収用権発動の不安は消えない．つまり回収期間が長期にわたる多額の固定資本投資が，未回収のままに終わる農民の懸念は消えない．

　こうしたことから農民自身の手による土地改良等の土地投資はほぼ期待できないという問題が起きてくる．では農民に代わって，土地所有権者たる村民委員会が投資をするかといえば，莫大な資金的余裕は彼らにはないので，結局，投資を行うものは一部の灌漑工事を除いていないことになる．あるいは，農民

自身の手による投資はいずれにしても限られるということになる．その結果が，表2-10に現れた毎年の固定資本投資の少なさである．しかもWTO加盟以後，これまでの伸びを下回る現象が起きている．固定資本投資の伸びの低迷は，土地生産性に直接影響を与え，労働投入依存を深めることになろう．しかし，労働の質が悪化する傾向にあるので，労働生産性がますます低下し，将来，中国の食糧生産に大きな影響を及ぼす恐れがある．この兆候は，食糧生産量の伸びの低迷となって，すでに表面化しつつある．

(10) 農業機械化投資，農民間格差

上述した諸問題に加え，特に考慮すべきは土地に対する農業税問題，農民間格差等である．

農業機械化は社会主義時代の大きな課題であったが，集団経営における装備をいかに行うかという性格のものであり，現在の家族経営でいかに普及を図るかという課題とは異なる．機械化はそれなりに進んでいるが，家族経営単位で農業労働を軽減し効率化を図ったり，深耕を図る目的の機械化は遅れている．この遅れはやはり農業固定資本の乏しさを結果しているが，その理由は，中国農業に適した小規模農業機械の開発の遅れ，個人経営における資金蓄積の乏しさや農村正規金融制度の遅れ等にある．いずれもすぐには解決できそうもない問題である．

このほか，農民が払う農業税の廃止問題がある．農業税の廃止が実施されたことは，農民の負担軽減から歓迎されている．しかし一方で，県や鎮，郷など地方行政機関の収入減により医療や教育面で深刻な問題が起きている．J.ケネディは農業税の廃止や農民負担の軽減措置が続いたことで，農村の学校が減少し，その影響から就学児童の減少を招くとともに，医者およびヘルスワーカーの極端な減少が起きていることを述べている [Kennedy 2007]．この点は，農民負担の軽減の陰で，農民の日常生活の維持にかかわる問題が起きていることを示すもので，新たな問題の発生である．

また，農民と都市住民の所得格差の問題のみならず，農村内での格差つまり「農一農格差」の拡大が見られる．この問題は農村の都市化との関係もあるが，さまざまな事業に進出して豊かさを享受する農民がいる一方で，農業経営で食

べている多くの個人農は，中国経済の発展から取り残されているということである．この動きは最近になってとくに顕著である．

以上のように，中国農業は，WTO 加盟と現下の FTA 交渉の過程のなかでますます疲弊する可能性をはらんでいる．この意味で「三農問題」は解決の糸口さえ見出せない可能性があるという点では，それなりの理由をもつ表現形式ということができる．

(11) 農業貿易自由化の功罪

このような中国にして，農産品貿易自由化を推し進めようとしているのである．その結果，中国農業は大きな犠牲を被るのは確実であるが，中国がどのような農業構造を展望しているかは見えにくい．

人民公社解体後進めてきた請負制を中核とする借地型の小規模家族営農制度は，明らかに行き詰まりを見せている．中国農業の主体は土地と労働が一体となったいわゆる自作小農経営でもなく，かといって大規模借地型経営でもない．土地所有権と安定的な耕作権を欠き，かつ土地所有権と労働所有権が分離したある意味で近代的な一面は持っているといえる．株式会社的な農業や大規模農業が見られなくもない［清水 2002: 312］が，範疇的には，一元的な国家所有の土地に対して家族労働が小土地片ごとに割り当てられた，前近代的な農業構造である．

最も望ましい農業形態は，農地所有制度の自由化つまり私有化であり，株式会社や市場経済的な協同組合的経営，個人経営による大規模経営を目指すことといえよう．しかしいかなる形態が生まれようとも，農業固定資本投資が少なく，労働の質の悪化を伴っている中国農業の場合，それが実現できてもすぐに優れたものができるわけではないし，そこに至るにも相当の時間と費用を覚悟しなければならない．

それでも，農産品貿易自由化を中国は日本より早く，日本より深く広範に進めようとしている．そして，そこまでの犠牲を払ってまで自由化を進めてくれる中国は信頼できる国であるという共通認識が，東アジア各国の間に広まりつつあるのである．ASEAN との FTA 締結によって，東アジアのなかで政治的・経済的優位に立とうとする認識は，中国の識者の間にもすでに浸透してい

るといってよい［葉2004］．

5. 日中の米生産費の比較

(1) 米生産費比較の目的

　本節では，米を取り上げ生産費の日中比較を行う．米を例に，国際農業のなかで，中国は日本や主要国に比べどのくらい生産費が低いのか検証したいからである．また米生産費を通じて，国際農業のなかでも地位を高めつつある中国産穀物の競争力を，日本と比較することで見当をつける意味もある．

　中国の主要生産穀物は米，小麦，トウモロコシであり，それは地域的な主食と関連している．大きく括ると，揚子江から南は米，それより北および西部は小麦と分けることができる．しかし，現在は東北地方や山東省などでも米を作付けする農地が増え，北でも米食が一般化しつつある．中国の米は大きく籼稲と粳稲の2品種に分かれる．籼稲は淮河以南で栽培されるうるちの南方米で，粳稲はそれ以外のうるち米を指す．この2品種以外に糯稲（もち米）があるが，主食用ではない．

　生産費を考察する際注意を要するのは，第1に土地費用，租税公課をいかに取り扱うか，第2に中国の費用と日本の費用の概念や中身の違いをどう理解するか，第3に公式的な費用以外の項目，たとえば提留費（積立徴収金）や，いわゆる「両工支出」（義務労働費と蓄積労働費：いずれも無償労働提供）を生産費に含めるか否かである．

　まず土地費用，租税公課をいかに扱うかについてである．この問題は中国の土地制度，税制度と各国の制度に差があるために生まれてくる．土地費用としては通常，地代（支払地代，自作地地代），土地改良費などが該当する．地代については，ほかの農家から使用権を借りた場合（土地使用権の貸借は「農村土地承包経営権流転管理規則」(2005) で認められている）と借りた場合に換算した自家地代が費用として生じる．ただし使用権を借りた場合と自家地代とでは地代計算の方法が異なる[5]．土地改良費は土地費用に参入され，当該土地が使用権を借りた者である場合，「農村土地承包経営権流転管理規則」第14条の規定により，貸付の相手から，投資未回収部分についての補償金を得ること

ができる．

　中国が国際的な農業費用項目とやや異なっていることは，制度の違いを反映したものである．この点は土地費用，租税公課をいかに扱うかという問題と重なる点もあるが，最も大きな違いは自己資本利子がないことである．土地改良費も計上されているかどうかはっきりしない．一応「土地費用」項目はあるが中身は明瞭ではない．

　租税公課の農業税は2006年1月から廃止された．加えて，年50元程度の農家直接補償が行われることになったので，農家にとっては所得増加要因が2つ増えた．しかし，いわゆる「統筹費」「提留金」「義務工」「蓄積工」などの税外負担金が果たして完全に消滅したかどうか，不明である．農業税が公式に廃止された後の2007年の山東省農家調査によれば，まだ村に収める負担金があるとのことであった．しかし農家自身が，その費目名を把握していない状態であった．

(2)　生産費国際比較

　時期はやや遡るが，最初に，大まかな米生産費の国際比較をしておきたい．表2-11は1997-99の中国米と台湾，アメリカ，日本，タイ，ベトナム5カ国の米収量と生産費を比較したものである．まず収量は中国うるち米（北方米）が最も多く1ha当たり7.21トン，2位のアメリカを3%上回り，日本を10%以上も上回る．同じ中国の北方米である黒竜江省米は日本をやや下回るが，中国米は収量の高さに特徴がある．食糧自給を優先したきたので，多収穫米の栽培が主流であったことを反映している．同表には掲載していないが，南方米（籼稲）は7.11トンであり，やはり収量は高い．

　キログラム当たり生産費は，黒竜江省米0.66元，中国うるち米0.88元で，タイ米およびベトナム米をやや上回っている．アメリカ米の約2分の1，台湾米の3分の1以下である．因みに日本米と比較すると17～18分の1程度である．現在でも小売段階では，この程度の差がある．生産費の中身については後述するが，ここで生産費に占める労働費の比率を比較すると，中国うるち米42%，黒竜江省米25%と差があるが，これは作付規模の差（黒竜江省が大）を反映したものである．台湾米は29%と中国うるち米より低く，タイ，ベトナ

表 2-11 米生産費の国際比較 (1997-99)

	収量 (t/ha)	生産費 (元/kg)	生産費に占める 労働費比率 (%)
中国うるち米	7.21	0.88	42.0
黒竜江省うるち米	6.38	0.66	25.0
台湾米	6.50	3.14	29.0
アメリカ米	7.00	1.55	9.0
日本米	6.55	15.17	40.0
タイ米	5.08	0.60	37.0
ベトナム米	5.07	0.64	50.0

資料：朱 (2003).

ムは黒竜江省米より多くを占める．これは黒竜江省の労賃の安さと耕作面積が大きいことを反映している．しかしアメリカとは比較にならないほど多くを占めるが，経営規模の圧倒的差をそのまま映している［朱2003］．

同表にはないが，中国うるち米と韓国うるち米生産費を比較した潘によると，中国米は韓国米の5～6分の1（2002年）である．生産費のうちこの両国で最も異なる点は，農薬費，機械費，労賃である．農薬費は中国米が韓国米の6.6分の1，機械費は10分の1，労賃は3分の1にすぎない．これらの費目は生産費全体に占める比率も高く，結局，生産費の差の大きな原因となっている．しかし，中国米が韓国米を上回っている費目もある．それは畜力費，灌漑費である．畜力費は中国米が20.5ドル（1ha当たり），韓国米の0.4ドルを大きく上回り，灌漑費は66.0ドルで韓国米の4.6ドルの14倍である．また化学肥料は中国米118.5ドル，韓国米141.1ドルで拮抗している［潘2005］．灌漑費が高いのは，中国農村における水確保の難しさを示している．

(3) 最近の米生産費と収益性

農産物一般についていえることであるが，生産費を中国全土平均でみても実態から乖離した数字を見るに等しいという問題はある．しかし，ここでは大まかな目安として位置づけていることで了解されたい．そのような前提で，表2-12は1978年から2005年までの費目明細を加えた，うるち米の10a当たり生産費を示している．

まず10a当たり収量であるが，2005年は646.5kgであり，2003-05年までの

3カ年平均収量は，645.4kg である．2005年の生産額は1,029元，うち副産物が24.9元である．2004年の生産額は収量が増加したことも一因であるが，基本的には米価格が前年比30％も上昇したことによる．この反動で2005年価格は下落したので収量の減少とあいまって，生産額は7～8％減少した．

この年2005年の10a当たり総生産費は740元（11,100円）で，生産額（日本流の表現では農業粗収益）1,029元からこの額を控除した289元がこの年の純利潤（経営利潤）である．総生産費740元は，生産費640.5元に土地費用99.5元を加えたものである．生産費の内訳は，物財費363.7元と労働費276.8元であり，労働費276.8元は自家労賃243.7元に雇用労賃33.1元を足したものである．土地費用99.5元の内訳は借地料14.3元と自家地代（注5参照）85.1元である．以上からこの年の10a当たり現金収益（農業所得）を算出すれば，自家労賃243.7元，純利潤289.1元，自家地代85.1元を合計した617.9元（9,270円）となる．純利潤の生産額に対する割合（経営利潤率）は28.1％，現金収益率（農業所得率）は60.0％に達する．日本の稲作農家の平均農業所得率は30％以下であるから，中国の米生産は日本の2倍の高収益性農業である．

実際には，特に近年までは，さきに述べた生産費外支出が発生するので，農家手取り額はこれを下回ることになる．

次に2005年の60kg当たり生産費を見ると，以下のとおりである．生産費合計は93.2元（約1,400円）で，物財費と労働費を合わせた生産費67.0元，純利潤は58.0元である．また現金収益は37.2元（約560円）となる．日本の60kg当たり米生産費は17,000円弱（2005年度）だから，中国は日本の12分の1程度ということになる．

(4) 中国米生産費の詳細：肥料と労働

表2-13は生産費のうち最も多様な費目からなる物財費の内容とその経費状況をみたものである．物財費は生産のために直接投下した直接費用と生産から外れた経営費用である間接費用からなる．直接費用と間接費用を比べると，圧倒的に直接費用が大きいが，これらの点を含め，日本の生産費の費目構成とほとんど変わらない．しかし生産費の実態をつぶさにみると，中国米生産農家の特徴が浮かび上がる．

表 2-12 米生産費 (単位：元)

	1978	1985	1990	1995	2000	2003	2004	2005
10a 当たり								
収量（kg）	417.6	565.4	621.2	612.3	622.7	613.2	676.4	646.5
生産額	103.5	218.0	396.7	1,053.8	677.6	770.9	1,109.6	1,029.0
主産物	91.0	197.9	361.9	1,005.5	644.3	736.5	1,079.7	1,004.1
副産物	12.6	20.1	34.8	48.3	33.2	34.4	29.9	24.9
総生産費	98.9	132.5	253.9	587.1	602.5	625.0	682.0	740.0
生産費	94.9	122.8	237.5	531.3	527.5	540.2	596.5	640.5
物財費	49.2	73.5	147.8	323.2	298.8	311.1	339.4	363.7
労働費	45.7	49.3	89.6	208.1	228.7	229.1	257.2	276.8
自家労賃	45.7	49.3	89.6	208.1	210.0	210.0	225.4	243.7
雇用労賃	0.0	0.0	0.0	0.0	18.7	19.1	31.7	33.1
土地費用	4.0	9.7	16.5	55.8	74.9	84.8	85.4	99.5
借地料	0.0	0.0	0.0	0.0	6.3	3.8	11.5	14.3
自家地代	4.0	9.7	16.5	55.8	68.6	81.0	74.0	85.1
純利潤	4.6	85.6	142.7	466.7	75.1	146.0	427.6	289.1
現金生産費	49.2	73.5	147.8	323.2	323.9	334.0	382.5	411.1
現金収益	54.3	144.5	248.8	730.5	353.7	437.0	727.1	617.9
農業所得率（％）	52.5	66.3	62.7	69.3	52.2	56.7	65.5	60.1
60kg 当たり								
総生産費	13.1	21.0	35.0	98.5	62.1	72.1	95.8	93.2
生産費	12.5	12.8	22.4	54.9	55.2	58.4	58.9	67.0
純利潤	12.0	11.8	20.9	49.7	48.3	50.5	51.5	58.0
現金生産費	0.6	8.2	12.6	43.6	6.9	13.6	36.9	26.2
現金収益	6.2	7.1	13.0	30.2	29.7	31.2	33.0	37.2

資料：「全国成本調査」より作成.

　さて具体的に 2005 年を例にとると，直接費用 347 元（5,200 円）のうち多くを占めるのが化学肥料 127.7 元（直接費用の 36.8%），農薬 43 元（12.4%），雇用労働 115.3 元（33.2%），機械作業労働 62.3 元（18.0%），灌漑排水 27.5 元（7.9%）などである．圧倒的に多くを占めるのが化学肥料と雇用労働であるが，この点は，中国耕種農業全体に共通し，化学肥料と労働多投型農業の一面をよく示している．その背景に，開墾による耕地面積拡大，農耕用土壌における地力の低さがある．化学肥料の構成や投下量については後述する．また労働多投型農業の背景には，中国の農耕地の地形や土壌に適した中・小型農業機械開発の遅れや普及の低さがある．農業機械の型式や作業機部分は，地域農業の自然

第2章　中国農業とアジア経済

表 2-13 米生産費明細（10a 当たり）　　　　　　　　（単位：元）

	1978	1985	1990	1995	2000	2003	2004	2005
物財費	49.2	73.5	147.8	323.2	298.8	311.1	339.4	363.7
1. 直接費用	40.4	61.1	125.0	270.1	248.6	254.3	300.6	347.0
種子	5.6	7.1	15.5	34.1	22.9	22.6	25.0	30.5
化学肥料	11.9	21.9	47.4	108.2	85.5	88.0	109.2	127.7
自家肥料	8.7	7.1	9.7	13.5	10.6	9.2	12.4	12.3
農薬	2.6	4.0	10.3	20.7	22.3	26.2	33.3	43.0
ビニール	0.0	0.0	1.6	4.3	4.2	3.5	4.6	5.5
雇用労働	7.9	17.1	32.9	65.8	86.4	90.6	103.2	115.3
機械作業労働	1.6	2.7	7.5	18.9	32.0	36.9	49.0	62.3
灌漑排水	2.2	4.7	9.0	18.3	27.0	28.8	27.5	27.5
うち 水	0.0	0.0	0.0	0.0	0.0	0.0	13.2	14.1
畜力作業労働	4.1	9.7	16.4	28.6	27.5	24.9	26.6	25.6
燃料動力	0.0	0.0	0.0	3.4	0.1	0.0	1.5	0.8
技術サービス	0.0	0.0	0.0	0.0	0.0	0.0	0.2	0.2
生産資材	0.0	0.0	0.3	0.8	0.7	0.6	5.0	5.3
修繕・維持	2.2	2.4	4.0	8.2	6.3	5.9	3.4	3.4
その他直接費用	1.6	1.6	3.3	11.0	9.6	7.9	3.0	3.0
2. 間接費用	8.8	12.4	22.8	53.1	50.2	56.7	38.7	16.7
固定資産償却	2.3	3.0	5.7	11.8	11.1	10.9	10.7	10.1
租税公課	4.0	6.5	9.6	27.0	27.9	41.5	22.0	0.2
保険料	0.0	0.0	0.0	0.0	0.0	0.0	0.4	0.8
管理費	2.5	2.5	6.4	12.0	6.9	1.1	2.4	2.0
財務費	0.0	0.0	0.0	0.0	0.3	0.2	0.5	1.0
販売費	0.0	0.4	1.2	2.4	3.9	3.1	2.7	2.7
労働費	45.7	49.3	89.6	208.1	228.7	229.1	257.2	276.8
自家労賃	45.7	49.3	89.6	208.1	210.0	210.0	225.4	243.7
雇用労賃	0.0	0.0	0.0	0.0	18.7	19.1	31.7	33.1

資料：表 2-12 に同じ.

的・社会的構造と密接に関連している［高橋1981］．その開発は地域性や技術の土着性を伴うのであるが，中国が広大でそれらの条件があまりにも多様なゆえに，発達しにくかったことがある．もっとも，同表によれば生産費に占める機械作業労働費は少なくないが，農家単位では機械装備率が低いことを反映したものである．加えて豊富な農業労働力の存在は，単価の安い農業労働を大量に投入できる条件を持っている．それが，雇用労働費の大きさにつながっているといえる．

次に間接費用であるが，金額的には直接費用に比べはるかに少ない．そのな

かで主なものを挙げると固定資産償却で10元（1,500円）程度である．ただし2005年以前は租税公課をこの数倍（30～40元）計上していたが，農業税の廃止に伴いゼロに近くなっている．しかし前述した2007年の農家聞き取りの際に確認できたように，実態もゼロなのか確証はない．固定資産償却が少ないのは，農家自身による固定資本投資が少ないことを反映したものであるが，これは先ほど述べたこととの関連で農業機械の問題があるし，建構築物や車両投資が少ないこと，土地投資や灌漑投資が私的資産に属さないという社会制度を反映した，中国の会計制度に基づいている．

(5) 際立つ化学肥料多投

中国の稲作農業は表2-14に示したように，化学肥料の単位当たり投下量が多く，10a当たりで30kgを超える．これは先進国の2倍以上の水準である．内訳は窒素が最も多く半分以上を占め，リン，カリがほぼ同量である．窒素が多いというのは，ある種の荒らし作りといえなくもない．窒素は速効性が高く，これを撒いておけばほとんどの植物は元気に育つからである．

しかし，単肥は少なく，肥料・農薬販売店を訪ねると，店に並ぶ肥料のほとんどは複合肥料である．10a当たり30kgという量は実は少なく見積もられており，実際の肥料投下量は少なくとも，その倍以上になると思われる．30kgというのは金肥を指していると思われ，それ以外にも自家肥料（有機肥料，糞尿肥料など）があるはずである．しかし生産費という点から見ると，費用は無視できる程度となるので算入されていない可能性が大きい．

(6) 年次別の特徴と問題

表2-12から生産費の時期的変化をみてみよう．生産費ではないが，大きな変化は単位当たり収量の増加である．1978年417kgであった米収量は2005年には1.5倍，85年以降も年により変動はあるが傾向的に増加して今日に至っている．生産額は価格政策の変化に伴って変動しているが，近年では市場の需給を反映したものとなっている．

総生産費については，1990年代後半にかなり増えたが，物財費とくに化学肥料，農薬，雇用労働，畜力作業労働などが増えたためである．化学肥料は国

表 2-14　米生産肥料投入（10a 当たり）

年	1998	1999	2000	2001	2002	2003	2004	2005
全体（金額：元）	98.0	96.0	85.5	84.3	85.7	88.0	109.2	127.7
窒素	58.4	55.7	49.4	46.9	47.9	48.2	59.4	65.1
尿素	36.9	34.9	30.4	29.4	30.3	31.4	42.7	46.5
硫安	21.3	20.6	18.9	17.3	17.3	16.6	16.4	18.2
その他窒素	0.1	0.2	0.1	0.2	0.3	0.1	0.3	0.5
リン	11.4	11.2	10.4	10.4	8.9	8.8	7.4	8.9
うちリン酸カルシウム	11.4	11.2	10.4	10.4	8.9	8.8	6.5	7.3
カリ肥料	6.9	6.6	6.9	6.2	5.8	6.7	8.3	11.4
うち塩化カリ	6.9	6.6	6.9	6.2	5.8	6.7	7.1	9.7
複合肥料	21.2	22.6	18.8	20.9	23.0	24.5	29.4	41.3
合成肥料	17.3	18.6	16.0	18.2	19.7	21.6	26.9	36.5
うちアンモニア系	4.4	4.9	3.6	3.2	3.5	4.3	4.5	4.1
混合肥料	3.9	4.0	2.8	2.7	3.3	2.8	2.5	4.8
その他肥料	0.0	0.0	0.0	0.0	0.0	0.0	4.7	0.9
全体（量：kg）	30.3	30.8	30.9	30.6	31.7	31.5	29.3	31.3
窒素	18.4	18.6	18.6	17.6	17.9	17.3	17.0	16.4
尿素	11.3	11.1	11.0	10.5	11.0	10.4	11.4	10.8
硫安	7.0	7.4	7.7	6.9	6.8	6.9	5.5	5.4
その他窒素	0.0	0.1	0.0	0.2	0.2	0.0	0.1	0.1
リン	3.5	3.4	3.8	3.9	3.8	3.8	3.1	3.3
うちリン酸カルシウム	3.5	3.4	3.8	3.9	3.8	3.8	2.7	2.6
カリ肥料	2.4	2.3	2.7	2.4	2.4	2.6	2.5	2.8
うち塩化カリ	2.4	2.3	2.7	2.4	2.4	2.6	2.3	2.6
複合肥料	6.0	6.5	5.9	6.8	7.7	8.0	6.7	8.9
合成肥料	4.9	5.3	5.0	5.9	6.6	6.9	5.6	7.9
うちアンモニア系	1.3	1.3	1.1	1.1	1.4	1.4	1.2	1.0
混合肥料	1.1	1.2	0.9	0.9	1.1	1.1	1.1	1.1

資料：表 2-12 に同じ．

内供給不足から価格が上昇したことを反映し，1990 年代後半まで生産費のうち化学肥料は 100 元内外となった（表 2-13）．この時期は，中国の穀物生産が増加しつつあったが，その背景にはこうした化学肥料価格の上昇とその多投傾向の強まりがあった．雇用労働や畜力作業労働の増加は，主に大都市近郊の稲作地帯で，本人は他産業に従事，自らの田の農作業を地方からの出稼ぎ農民に委託した結果生まれた畸型的な現象であるが，これ自体は中国稲作農業の担い手変化を示すものであるにすぎない．

数字自体は小さいが注目されるのは，修繕・維持，間接費用のうちの固定資産償却の少なさ，あるいはその傾向的な減少である．これが意味するところは，80年代，農家家族経営が中心となったことと関連していると思われる．農地の維持管理や環境保全は法律（「中国農村土地管理法」など）で義務づけられているが，実は，農家にはその余裕がなく，しかも土地は借り物という意識のもとで，そうした理念は行動として実現しにくい構造が生まれていた．つまり，農家は田畑や水利施設のための支出をしなくなったことの反映とみることができる．化学肥料や農薬の多投は，この裏返しである．そしてこの点に，長期的に見た場合の中国稲作農業の不安が潜んでいるのである．

6. 中国で増え始めた日本産の農産物消費

(1) 食卓にみる変化

中国農業の国際化とは，都市を中心とする家庭の食卓に，海外からの食料や関連食品がのぼることでもある．この意味では，中国の家庭にはすでにさまざまな輸入品が入り込んでいる．穀物や肉類のみならず，果物や加工食品，各種調味料が急速に浸透しつつあるのが実態である．最近は，日本の農産物や加工食品の消費が，中国本土でも急速に増えつつある．以前から，香港ではこのような傾向が見られたが，最近は大陸でも同様の動きが窺える．特に北京や上海，大連，アモイといった先進的な都市部だけでなく，そのほかの大都市でもこうした動きが見られるようになった．ここでは，最近筆者が見た北京と天津での動きを追い，その背景や今後の見通しを探ってみたい．

日本産農産物に限ってみると，中国本土へ輸出されているのはリンゴを中心とする果実程度と見られがちであるが，実際はリンゴ以外の果実，野菜，穀類など幅広い農産物や加工食品，日本酒など伝統的アルコール類にも及んでいる．

(2) "中国農産物"の「対中輸入」と統計

まず，財務省貿易統計から中国・香港輸出の最近の動向を紹介することから始めよう．中国と香港を並列して取り上げるのは，双方が別地域ではなく，貿易に関しては相互に補完する関係にあり，一体として見た方が実際的だからで

ある．特に1997年の香港の中国返還，2001年のWTO加盟，2004年の中国と香港の貿易協定締結，など一連の動きを経る過程でますます一体化を進めている．農産物やその加工原料に限らないが，香港は中国の輸入窓口という一面があり，まず香港に輸出され，つぎに中国本土に陸送ないしは海上輸送され，中国本土の最終消費地や加工基地に送られるというパターンである．

その背景には，香港は一種のタックス・ヘイブンであり，輸出する方は価格的に有利であり，輸入する方も，その後のさまざまな便益が確保できる利点があるからである．ただし，中国がWTOに加盟して，いよいよ輸入関税の引き下げ実行を迎えつつある最近は，特に香港を経由しなくても，直接本土で輸入しても障碍がなくなりつつあるので，香港の輸入基地としての地位は相対的に弱まりつつある．そこで，1999年から2004年までの動きを示した表2-15に見るように，一部農産物については香港輸出の減少，中国本土輸出の増加，という現象が起きているのである．しかし，税制面の都合からだけでは，中国と香港の貿易関係の実態を説明することには限界がある．中国の輸入統計には「中国から輸入」という不思議な項目があるが，これには香港が介在していると見られる．つまり，中国製品が原産地規則を守りながら，香港へ輸出され，再度，香港から中国へ「再輸出」されることがある［増田2007］．同様に，ある国から香港へ輸出された農産物が，中国大陸へ「再輸出」されることもありうる．本来，ある国から輸入されていないはずの物品が，実際に輸入されていたりすることがあるのはこのためである．この場合，原産地規則がどうなるのか疑問もないではないが，原則として，この規則の運用は紳士協定的な性格があり，中国と香港間の貿易になった場合，厳密な遵守・運用は信用するしかない．一般に原産地規則には個別品目および貿易手続きに関する両面があり，FTAなど2国間協定の場合は，相互に，逐一定めるのが通例である．

この表で中国への日本産農産物の輸出に着目すると，穀類・同調製品，果実，野菜の増加傾向がはっきり見られる．まだ量的・金額的には少ないものの，穀類・同調製品はこの期間，2,000トンから5,000トン，2億円から5億7,000万円強へ，果実は本土輸出を追い越して170トンから10倍以上の2,300トン，2,700万円から4億6,000万円へ，野菜は23トンから130トン，7,000万円から3億7,000万円へと各々大幅な増え方をしている．肉類・同調製品の動きは

表 2-15 日本産主要農産物の対中国・

		1999 数量	1999 金額(千円)	2000 数量	2000 金額(千円)	2001 数量	2001 金額(千円)
中国本土	穀類・同調製品 (t)	1,913	196,438	1,990	270,712	2,052	267,794
	米 (t)	0	310	1	3,329		
	果実 (kg)	167,993	26,836	468,807	128,280	486,728	76,944
	リンゴ (t)						
	温州ミカン (t)						
	野菜 (kg)	229,240	71,133	393,067	98,815	702,447	216,349
	肉類・同調製品 (t)	523	159,656	206	76,094	123	38,185
香港	穀類・同調製品 (t)	228,532	9,885,261	207,624	8,800,655	219,146	9,870,384
	米 (t)	50	22,457	62	26,075	51	27,407
	果実 (kg)	4,096,055	1,428,340	2,843,940	875,170	2,752,905	781,095
	リンゴ (t)	296	126,320	307	115,273	223	75,665
	温州ミカン (t)	77	14,033	65	11,286	91	15,631
	野菜 (kg)	1,793,679	1,672,488	1,215,107	781,044	1,036,331	715,210
	肉類・同調製品 (t)	4,009	846,953	3,758	888,429	3,242	710,778

資料：財務省貿易統計．

鈍く，年次によってばらつきが大きい．このように，日本から中国本土への農産物輸出は確実に増える傾向にあり，今後の動向が注目される．

中国本土との貿易一体化を進める香港は，品目によって異なるが，数字の上では中国本土をはるかに上回る日本産農産物の輸入が行われてきた．いまや穀類・同調製品は20万トン，78億円，果実は1,000トン，4億円，野菜は1,300トン，6億7,000万円，肉類・同調製品は630トン，7億円程度，などとなっている（2004年）．

ここで注目されることは，香港への輸出が減少傾向にある一方，中国本土へのそれは増加傾向にある点である．これは，従来日本から香港へ迂回輸出されていた農産物の一部が，中国本土への直接輸出に振り代わった結果と思われる．振り代わっただけでなく，中国への輸出が実質的に増えた影響でもあるといえる．このような，中国本土と香港に見られる変化は，香港の中国貿易における役割の変化を示すものともいうことができ，今後の対中輸出を占ううえでは参考になろう．

中国への日本産農産物輸出はいまに始まったことではなく，実はいままでも，

香港輸出推移

2002		2003		2004	
数　量	金額(千円)	数　量	金額(千円)	数　量	金額(千円)
3,143	351,948	4,277	453,312	4,903	573,780
		0	1,193	18	4,575
1,213,171	181,325	1,251,628	410,397	2,323,763	457,497
				258	92,527
				0	550
1,490,192	350,896	1,753,131	337,177	1,290,137	369,484
255	73,450	766	209,527	196	61,036
205,847	9,354,308	202,158	7,986,722	198,744	7,799,538
78	41,751	75	41,879	115	65,165
2,615,336	810,781	1,477,415	536,475	1,004,635	416,670
332	98,328	258	92,527	258	92,527
138	22,320	97	16,320	72	14,971
1,356,814	680,328	882,569	561,562	1,303,145	664,055
3,197	549,398	3,251	716,879	628	715,859

香港を経由して，相当量が中国本土へ輸出されていたと見ることができる．そうした目に見えなかった中国輸出が，中国経済の国際化の進展の影響を受けて，表面化し始めたと理解することができるのである．リンゴはその典型的な品目であり，従来も中国のデパートやスーパーの店頭では，日本産の富士や陸奥は高値で売られていた．しかし，中国本土への直接的な輸出は数字の上では現れていなかったのである．その点では，米も同じかたちを取っていると筆者は見ている．つまり，貿易統計上，言い換えれば輸出実務上は存在しないか少量にとどまる米輸出であるが，実態は，香港を経由して，中国本土で消費されている部分があると考えられる．しかし，香港に輸出される米の量はまだ少なく，中国本土での日本産米の消費が本格的に受け入れられていると見るのは早計である．2007年8月，北京と上海で，新潟産コシヒカリと宮城産ひとめぼれ計24トンが現地米の20倍の価格で販売され，それでも好評のうちに完売したニュースが流れた．おそらく一般の消費者の購入は少なく，高級飲食店や日本人家庭などであろうが，それでも輸入が再開された意義は小さくない．

　しかし，量的にはまだまだ少量であり，日本産米の消費拡大は緩慢にしか進

まないであろう．その背景には，中国人の米についての認識には日本人とは差があることである．そもそもこれまでの中国人の主な米消費地域は南方であり，北京や東北部など北方では麦やコウリャンを素材とするものが主流であった．また米を主に食べる南方でも，米のおいしさに差を求める意識は乏しく，米はおいしいだのまずいだのという対象ではなかった．また，主食という概念は持ちにくく，日本人のように，ごはんを主食に，総菜を箸でつまんで食べる習慣はなく，ごはんもほかの料理も基本的な立場に変わりはない．さらに，いい米でも，価格は日本の平均的な米の軽く10分の1程度で，いまのところは，高い日本産の米を買うのは一部の消費者にすぎないのが現状である．ごはんを特別視する日本人には理解できない点がはなはだ多い．しかし，魚沼産コシヒカリなどの日本でも容易に手が出ない米でなく，値段が手頃の普通の米ならば，もっと輸入は増える可能性は十分にある．

(3) 日本産農産物消費の実態

都会人の食生活　北京に住むサラリーマン世帯（共働きがほとんどだから，正確には給与生活者）の食生活は大きく変化しようとしている．この変化は，ほかの大都市でも大差ないとみてよい．まだ多くの中堅サラリーマン世帯は職場が提供する集合住宅に住み，近所の，賑やかで何でも揃う青空市場で食材を買い，調理する古いタイプの生活習慣を守っているが，そこにも変化がある．郊外に持ち家を確保し，自家用車を買い，洋風の生活を送る者が増え始めたことである．北京の場合は，もはや10世帯に1台の割合で自家用車を持つようになったが，ただし駐車場確保が極めて困難で，車の販売規制などのため，最近普及スピードは鈍っている．多くの人びとにとって住宅を郊外に持ち，自家用車で通勤するのが当面の夢である．

　食生活は，日本とはかなり異なっており，若い世代を中心に変化が起きている．最も大きな違いは，日本にくらべ，外食の頻度がはるかに高いことである．職住一致世帯が多いので，昼食は家に帰って摂る者も多いが，吉野家や日本式ラーメン店（日本人が経営する場合はまれであるが）や簡単な食堂で中華料理を食べる者が増えている．夜は，外で家族一緒に焼き肉，中華式のしゃぶしゃぶ（冷凍の豚や牛肉，キャベツやタマネギなど豊富な野菜にキムチなどを添え

る）を食べたり，薄暗い露天食堂などで中華料理を食する例が一般的である．どんな都市へ行っても，食堂が軒を連ねるように多いのはそのためでもある．

　筆者の知人の1人は新聞社で働く妻と3歳の子どもの典型的な核家族世帯だが，家で調理をしたものを食べることはほとんどないという．彼らは平均的な中堅世帯，月収約6,000元（約8万円）だから，家で夕食を調理するときは比較的高い食材を使い，優雅な気分で食べる．このようなときが日本産農産物や加工品の出番である．朝は饅頭かパン，コウリャンのお粥と質素で，たまに牛乳を摂る．因みに牛乳を飲む習慣が普及し始めており，街のスーパーには紙パック入りの牛乳や乳製品が必ず置いてある．乳牛は粗飼料で飼育されることが多く，日本のような配合飼料飼育は少ないので，牛乳の味は淡泊，青臭い香りが抜けていないものが多い．

　もう1人の知人は，夫が技術者，5歳の男の子と3人暮らしである．20階建ての民間マンションの150m²の家に住み，やはり共働きの世帯である．夫は自家用車を持ち，妻はたまに日系のデパートやスーパー（そごうやイトーヨーカドーが家から近い）へ出かける．月収は明かしてくれないが（中国の人は，所得を話したがらない．その理由には，実はいろいろな所得源があることもあり，言いにくいことも理由の1つだ），1万元は優に超えていると思う．彼女は，日本産の果物が好きだ．特に，リンゴやナシは最高の味だといい，量販店の地下を探し回るほどである．しかし，リンゴはあるが，日本産のナシはなかなか見つからないようである．確かに，よくデパ地下で見かけるのは，韓国産の長十郎である．この2人の共通点は，日本産は品質・味が良いという印象を持っていることである．

　別のある知人は，最近マツダ車を買って通勤している40歳近い男性である．彼の大好物は吉野家の牛丼である．中国では，牛肉が豊富なので牛丼は大人気である．店はどこも満員状態である．

街角に見る日本食品　北京そごうの地下1階で売られている日本産農産物や食料品は，納豆（日本からの輸出品と現地生産の2種類．輸入元は北京保林食品公司），日本酒と焼酎（いずれも日本産．日本酒は最近，中国産が販売され始めた），醤油（香港に進出した日系メーカー産），チューブ入りわさび，固形カレー，味噌，うどん（なぜか，"札幌うどん"．生の麺類は全

部中国産),柴漬け(日本産)などである.定番の豆腐はなぜか,売られていない.中国産の豆腐は,どこでも手に入るから置いていないのであろう.コーナーでは,実演の巻きずし,にぎり寿司が置かれ,太巻きは1本50元(700円)だが次々と売れる.買う人の多くは地元の中国人である.日本人も多いが,主流客ではない.

さて,果物であるが,北京の1人当たり果物消費量は年間100kg程度に増加した.品質に優れる輸入品,広い中国の南方で作った果物が非常によく売れる.きれいな陳列台に,ナシ,リンゴ,イチゴ,バナナ,ブドウ,パパイヤ,マンゴー,スイカ,メロン,リュウガン,ドラゴンフルーツ(北京人はあまり好まない),ドリアン,柑橘類,サクランボなどが並ぶ.ナシ(長十郎)は韓国産,リンゴ(富士)は中国産,紅玉はアメリカ産,ほかはベトナムや中国南方産である.

サクランボ以外は,日本産は見あたらない.サクランボの価格は1パック180元(約2,700円)と非常に高価である.サクランボ以外,日本産がないのはなぜかというと,日本産はいち早く売れてしまうからである.今年は丸紅が陸奥を輸出し,やや大げさだが店頭に並べた途端に売り切れたという.直接中国に輸出され始めた日本産の富士は1個600gもあり,中国産の3倍の重量,値段は中国産の30倍もするが,売れ行きは非常によい.中国産リンゴの産地は大連など東北地方であるが,小粒で,甘みも少ない.大連近郊ではリンゴの木を生産請負制にして農家に生産を委託する.7年前のことだが,日本では果汁にもならない品質で,農家でいただいたのに悪いが,とても食べる気がしなかった記憶がある.

北京中心部で外国人もよく行く新東安市場地下売り場の場合,食品売り場とは別に,高級果物ばかりを販売するコーナーがある(薬で有名な同仁堂が経営しているようだ).ここには,1個98元(約1,500円)の日本産富士,1パック35元(約500円)のイチゴ(ひらがなで,"日本いちごあきひめ"というラベルが貼ってあるが,偽物くさい),1箱171元(約2,500円)の日本産箱入りサクランボなど,眼にもあざやかな果物が並ぶ.2人いる販売員に,こんな高い果物が売れるのか聞いたところ,非常によく売れると,笑顔で返事をしてくれた.

第 2 章　中国農業とアジア経済　　　　　　　　　　　　81

　北京から急行電車で 1 時間 20 分の天津市のガルフ（スーパー）では，日本産の農産物はまだ見かけない．果物売り場には，大玉・小玉のスイカ，ウリ，メロン，青リンゴ，アメリカ産紅玉，中国産富士，マンゴー，キンカン，キウイフルーツ，ドラゴンフルーツ，ブドウ，ミカン，ザボン，ナシなどが豊富に陳列されている．天津は北京ほど所得水準が高くなく，日本産は現地人の間であまり一般化している様子はない．

贈答品「蜘蛛の巣」理論　　中国では，贈答品として日本産農産物などを贈る例が多い．高級品を好み，面子を重んずる風土が，いまなお健在であることもその背景である．贈答品を専門とする商店も街角に見かけるし，デパートはそれを大きくした側面もある．贈られた贈答品はどうなるかというと，そのまま食べる人は少なく「贈答品回収業者」に回っていくことが多い．

　つまり，高級な果物や贈答品を貰った人は，それを自分で消費せず売るのである．それを仕入れた街角にある回収専門業者は，利益を確保して，それを小売市場や卸売市場に売りさばく．それを一般の市民が買ったり，再度，贈答品として使うのである．それを繰り返すと，最終的な値段は当初に比べ格段に安くなり，値頃なところへ蜘蛛の巣理論を絵に描いたようにして落ち着いていく．

　同時に，無駄も省けることになる．このように，比較的高価な贈答品には通常の市場原理の枠内に位置するが，その趣旨と性格を異にする市場ができているのである．

　注
1) 中国商務部外国投資管理司「2006 年農業利用外資概況」.
2) SL：センシティブ品目（交渉除外もしくは先延ばし品目），HSL：高度センシティブ品目.
3) $Y = A + x_1 K + x_2 L$ とすれば，
　　　$Y = 762.59$ 億元 $+ 1.3105 \times K + 2.5673 \times L$.
　　　K：固定資本投入額，L：労働投入額.
　つまり，GDP 形成上，労働依存投入は固定資本投入依存の 2 倍近くに達する.
4) 高橋五郎 [2005a]．筆者と同様の問題意識を持ち，78 年から 95 年までの資本効率計算を試みた好著に次がある．樊勝根ほか [2003]『WTO 和中国農村公共投資』中国農業出版社.

5) 1ムー当たり土地費用の計算の仕方は次のとおりである．①すべて自営地の場合：地域の1ムー当たり使用権貸借料の半額を自家支払貸借料（自家地代）とみなす．②すべて使用権借地の場合：支払った貸借料．③自営地と使用権借地の併用の場合：自営地の自家支払貸借料と使用権借地に対する貸借料を分けて計算したのちに両者を足す．前者の場合，地域の1ムー当たり使用権貸借料に，自営地面積と使用権借地面積を合わせた合計農地に対する割合を乗じた額，後者の場合，支払った貸借料に，使用権借地面積の合計農地（自営地面積＋使用権借地面積）に対する割合を乗じた額（「全国コスト調査」による）．

引用文献

石川幸一［2007］「ASEAN と中国の FTA は効果があるのか」『東亜』9月．
王国平，李見明，馬騰飛［2007］「"早期収穫"計画与雲南―東盟農産品貿易」『東南亜』第1期．
霍偉東［2005］『中国―東盟自由貿易区研究』西南財経大学出版社．
魏守富，張建紅［2006］「我国農業発展中的外資利用」『甘粛農業』第9期．
葉輔靖主編［2004］『走向 FTA―建立中国東盟自由貿易区的戦略与対策』中国計画出版社．
厳善平［2002］『農民国家の課題』（シリーズ現代中国経済2）名古屋大学出版会，197頁．
清水美和［2002］『中国農民の反乱』講談社文庫，313頁．
周応恒，宋海英［2004］「中泰農産品協議対農産品貿易的影響分析」『農業経済問題』第1期．
朱希剛［2003］「中国稲米国際競争力分析」『世界農業』8月．
章政，劉光明，高橋五郎［2007］「内なる改革と国際化」『中国21』（愛知大学現代中国学会）1月．
諸廷助［2004］「我国農業外商直接投資存在的問題及対策」『市場週刊・管理対策』12月号．
高橋五郎［1981］「農法の多様性と農業機械」『農林統計調査』8月．
高橋五郎［2004］「水平分業化する中国と ASEAN 5 カ国貿易―財別長期貿易特化係数分析による考察―」『愛知大学国際問題研究所紀要』第122号．
高橋五郎［2005a］「中国農業資本ストック・資本係数の研究―50年間の計測と土地資本ストックの問題について―」『愛知大学国際問題研究所紀要』第125号，3月．
高橋五郎［2005b］「国際化進む中国農業への視座―食料品貿易の分析を中心に―」『中国21』（愛知大学現代中国学会）3月．
高橋五郎［2005c］「過疎化・荒廃進む中国農村」中日新聞，10月20日夕刊．
中兼和津次［1999］『中国経済発展論』有斐閣．
潘偉光［2005］「中韓粳稲生産成本及其結構的比較」『農業経済問題』第3期．
樊綱［2003］関志雄訳『中国 未完の経済改革』岩波書店．
増田耕太郎［2007］「中国の『中国』輸入と香港の中国向け再輸出との関係」『国際貿易と投資』No. 68.

楊貴言［2005］『中日韓自由貿易区研究』中国社会科学出版社.

吉田義明, 李梅［2007］「中国園芸における育成者保護問題と産地化の課題」『中国21』(愛知大学現代中国学会) 1月.

Kennedy, J.J. [2007] "From the Tax-for fee Reform to the Abolition of Agricultural Raxes: The impact of Township Governments in North-west China", *The China Quarterly*, March.

第3章

少子高齢化・産業高度化と食料・農業

1. 少子高齢化の農業生産に対する影響

(1) 「人手論」のつけ

　2005年の中国の総人口は，20年前に比べ約2億5,000万人，23.5％増え13億800万人に達した．出生率から死亡率を差し引いた自然増加率は一人っ子政策のため毎年低下し続け，現在は年0.6％前後となっている．人口の絶対的増加は今後も続き，2033年にピークに達しその数は15億人程度になるとの見通しがある［趙兵2006］．1979年に一人っ子政策を始めてから4半世紀が経ち，その影響が社会経済の隅々におよび始めてきた．その最大の問題が少子高齢化であり，中国の伝統的観念である「多子多福」は強制的に背後に押しやられ，上からは「稀生，優育」（少なく産み，優秀な子を産む）が押しつけられるような時代が続いている．1950年代の末期馬虎初により提起された中国の人口問題は，毛沢東によって「人手論」（馬理論は人口を見て人手を見ず，労働力の増加の社会発展に対する貢献を軽視しているとする意見）として批判されて以降，基本的に野放しにされ，増えるに任せる状態が続いた．

　そうした状態が改善されたのはようやく文革終結以後のことであった．1980年代になると中国国内において人口抑制問題をめぐる議論が高揚するが，その時すでに，将来，深刻な高齢化社会が到来することを予測する議論も出ていた．たとえば1980年3月18日付「人民日報」は，2027年には中国人の4人に1人は65歳以上の高齢者になるという記事を掲載し，警告を発していた[1]．また一人っ子政策が採用された数年後には，日本の中国専門家の間でも，将来の中国がどのくらいの人口になるかを予測した研究が少なくなかった[2]．中国の

人口はなお増加中で，2007年現在では13億人を超えた人口大国である．人口増加は，中国の食糧問題に深刻な影響をもたらすだろうとの見方は消えていない．またすでに中国は，日本以上に深刻な少子高齢化社会に突入しつつある．ある推計は65歳以上の高齢者が2020年に1億6,400万人，2037-40年には4億人に達すると見ている［李影2007］．

　こうした予測のもとで，当然のことながら少子高齢化が中国の将来の農業生産のあり方にどのような影響を投げかけるか，という問題が生まれてくる．しかし中国国内の論壇では，まだこうした農業生産構造への影響と関連させて議論する問題意識は多くはない．しかし少子高齢化は中国の農業労働力の質的悪化を招き，膨大な人口を有する中国の食卓に届ける食糧の安定供給に，マイナスの影響を与えるという見方が成り立つ．だが農業技術の改革や進歩によっては，起こりうるマイナスをかなり抑えることは可能である．日本でも高成長の過程で"三ちゃん農業"と称して，食料生産の危機であると声高に叫ばれたが，その後の推移は，農業技術の進歩や食料消費構造の変化が起き，さらには海外からの安価な輸入農産物の安定化が実現され，基本的に食卓は満たされるようになった．中国農業においても，農業土地改良投資の増加や肥料・農薬の適正な散布，各地の農地の土壌質や形状に適した農業機械の開発と低廉化が進めば，農業生産性はさらに上昇する可能性がある．また，生産した農産物の集荷・保管・販売・生産の地域調整等のソフト技術やハード面での改良が実現すれば，農業労働力の劣化を補い，さらに発展する条件を手にすることができる．そうすれば，農業労働力が少子高齢化によって劣化することが農業生産を大幅に低下させてしまう事態は，防止することができる．

(2)　少子高齢化の普遍性

　少子高齢化は中国だけでなくヨーロッパでも起きており，どの国も農業労働力の平均年齢は高いが，農産物の生産量は変わっていない．それは，農業技術の変化が少子高齢化による生産構造の劣化に代替してきたからである．農業技術の改良は日進月歩である．日本の愛知県豊橋市やそのほかの農業地帯では，担い手の高齢化に対応する，ある大手農機メーカーが開発した「ナプラシステム」が効果を挙げているという．この技術の最大の特長は，過酷な農作業から

の解放を優先していることである．中国農業の場合，農地傾斜度が大きい場合が多く，地域によっては段差の大きい農地が大部分という劣悪な環境のもとにある．中国の耕地の定義の1つは傾斜度が25度以下であるという規定があるが，技術開発の内容次第で，農作業のあり方も大きく変わりうる．

　たとえば，日本の果樹園，その典型は柑橘園であるが，傾斜度の制限はない．しかも，10aの樹園地に地権者が5～6名いることもある．柑橘栽培は土地条件や日差し，風向や風量などは微妙に異なり，それが柑橘類の出来不出来を左右する．江戸時代の割地制度が続いてきた土地柄に，突然，小作制の廃止と私有化が土地所有権の固定化をもたらしたことが上述のような多くの地権者を生み出してきた要因ともいわれている．ところが，多くの樹園地が転換しあるいは輸入柑橘類に押されて耕作中止に追いやられるなかで，生き残り，経営を発展的に継続する地域がある［高橋 1993］．そこで最も重要な役割を担ったのは，農業に使命感をもつ地域リーダーの存在である．中国農村の現状で最も欠けているのはこのようなリーダーの存在であるが，その育成とともに農業技術の進歩が実現すれば，農業生産現場における少子高齢化の影響は阻止できるのではないかと思う．

(3) 少子高齢化・産業高度化と食料消費の関係

　次に，都市における少子高齢化の進展と農業部門の関係について考えてみよう．この課題は，食料消費問題が農業生産にどのように影響するか，という視角に立っている．まず最初に，中国の人口構造の最近の特徴を確認しておきたい．1979年以来の一人っ子政策の影響は最近になって，統計上においても顕著に現れるようになってきた．

　表3-1は1987年，90年，95年，2000年，03年，04年，06年について0～4歳から95歳以上まで5歳刻みの年齢別人口とその構成比の推移を見たものである．当然，時代が遡るほど若い世代の人口が多くなり高齢者層の人口は少ない．1987年から2006年までの19年間という短い観察期間に，数字として大きな変化を認めることは不可能であるが，中国ではこれらの数字に，明白な変化が起こったのである．その変化とは国連の定義による高齢化社会，つまり65歳以上の世代の全人口に占める比率が7％以上となった社会であるが，

表 3-1　年齢区分別人口の変化

年齢区分	1987 実数	1987 構成比	1990 実数	1990 構成比	1995 実数	1995 構成比	2000 実数	2000 構成比
合　計	1,067,928	100	1,131,088	100	1,236,695	100	1,242,612	100
0～4歳	99,268	9.295	116,438	10.294	90,126	7.288	68,978	5.551
5～9	96,910	9.075	99,337	8.782	132,023	10.675	90,153	7.255
10～14	110,989	10.393	97,277	8.600	108,474	8.771	125,397	10.091
15～19	128,072	11.993	120,158	10.623	91,273	7.380	103,031	8.291
20～24	121,514	11.378	125,761	11.119	108,061	8.738	94,573	7.611
25～29	74,364	6.963	104,268	9.218	125,780	10.171	117,602	9.464
30～34	89,705	8.400	83,876	7.416	109,089	8.821	127,314	10.246
35～39	71,375	6.684	86,876	7.681	85,935	6.949	109,147	8.784
40～44	52,663	4.931	63,708	5.632	91,695	7.415	81,243	6.538
45～49	46,952	4.397	49,088	4.340	68,519	5.541	85,521	6.882
50～54	46,112	4.318	45,620	4.033	52,412	4.238	63,304	5.094
55～59	39,507	3.699	41,709	3.688	47,578	3.847	46,370	3.732
60～64	31,947	2.992	33,976	3.004	42,918	3.470	41,704	3.356
65～69	24,241	2.270	26,333	2.328	33,782	2.732	34,780	2.799
70～74	17,226	1.613	18,051	1.596	24,272	1.963	25,574	2.058
75～79	10,155	0.951	10,934	0.967	14,222	1.150	15,928	1.282
80～84	4,997	0.468	5,353	0.473	7,235	0.585	7,989	0.643
85～89	1,562	0.146	1,908	0.169	2,551	0.206	3,031	0.244
90～94	303	0.028	352	0.031	646	0.052	784	0.063
95～	66	0.006	65	0.006	105	0.009	188	0.015

資料:『中国人口統計年鑑』各年より作成.
注:「合計」は,総人口を意味しない.年齢構成を母集団特性とする推量.

　中国はすでに 2000 年には高齢化社会になった.2006 年時点で 9.08％ であり,この比率が 14％ を超えると本格的な高齢社会となるが,この表から,中国はあと 10 年でその仲間入りをすることが予想できる.子どもの絶対的減少だけがその原因ではなく,平均寿命が伸びていることも大きな原因である.中国政府統計によると,1990 年時点の平均寿命は男性 66.84 歳,女性 70.47 歳であったが,10 年後の 2000 年には各々 69.63 歳,73.33 歳と,いずれも 3 歳ほど伸びている.

　また図 3-1 は表 3-1 に基づいて,1987 年,2000 年,2004 年に限って,[0～4 歳] から [90～94 歳] まで,5 歳刻みの間隔をおいて,人口構成比の変化を視覚で把握しやすいように作ったものである.一瞥して明らかなように,統計年次が最近になるにしたがって,(1)若年齢層を示すグラフの軌跡が下方に

第 3 章　少子高齢化・産業高度化と食料・農業

(単位：1,000 人，％)

2003		2004		2006	
実　数	構成比	実　数	構成比	実　数	構成比
1,260,498	100	1,253,065	100	1,192,666	100
62,977	4.996	61,874	4.938	60,556	5.077
81,127	6.436	76,221	6.083	70,588	5.919
112,240	8.904	103,771	8.281	89,136	7.474
104,716	8.308	109,259	8.719	105,023	8.806
80,596	6.394	79,604	6.353	76,160	6.386
93,892	7.449	88,490	7.062	74,110	6.214
123,497	9.797	117,954	9.413	93,398	7.831
123,252	9.778	122,574	9.782	113,952	9.554
91,467	7.256	100,595	8.028	115,781	9.708
94,314	7.482	89,609	7.151	76,496	6.414
81,679	6.480	86,438	6.898	90,607	7.597
57,472	4.559	61,775	4.930	68,277	5.725
46,023	3.651	47,599	3.799	48,886	4.099
41,710	3.309	40,062	3.197	39,996	3.353
31,484	2.498	32,538	2.597	32,692	2.741
19,310	1.532	19,159	1.529	20,632	1.730
9,832	0.780	10,469	0.835	10,825	0.908
3,687	0.293	3,727	0.297	4,142	0.347
1,026	0.081	1,115	0.089	1,130	0.090
197	0.016	234	0.019	279	0.000

下がり，(2)グラフ全体の形状が右方に，徐々に移行してきている．これは少子高齢化を端的に示すと同時に，構成比上最も多くを占める年齢層が徐々に高齢化していることを示している．一種のトレンドであり，いつまでそれが続くかは不明であるが，一人っ子政策に変化がないかぎり続く可能性がある．ただし，平均余命が伸びるにしたがってグラフの形状は，富士山の裾野のようになめらかに右方に拡大していくはずである．

　この図では詳細な数字の変化が分かりにくいので，この図の特徴を示すものを図 3-2 として併せて掲げた．この図を掲げたのは，構成比が最大を占める年齢層が，年を追うごとに高くなっていることを詳細に示すためである．見られるように，1987 年［15～19 歳］，90 年［20～24 歳］，95 年［25～29 歳］，2000年［30～34 歳］，04 年［35～39 歳］というように，3～5 年おきに 5 歳程度ず

図 3-1　年齢別人口構成の推移

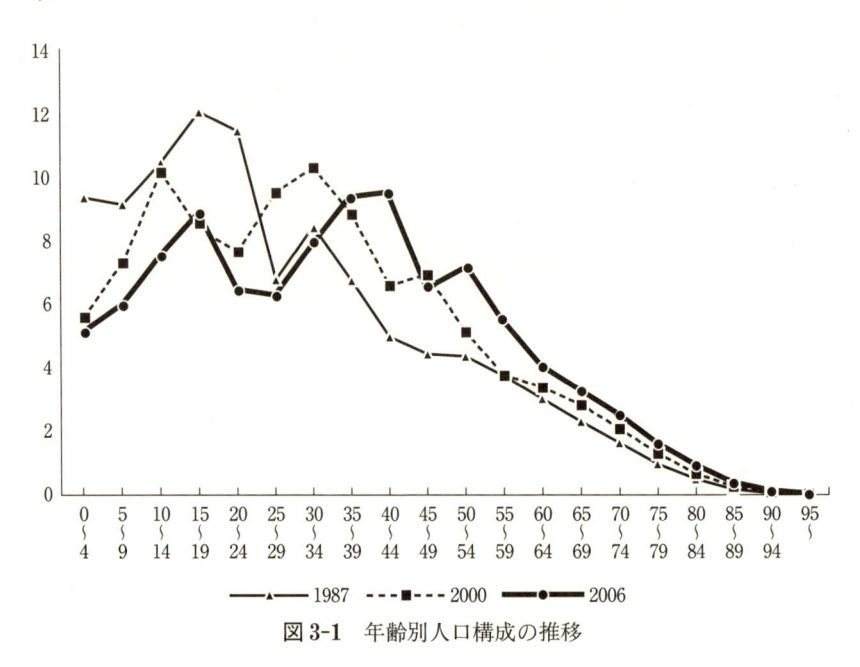

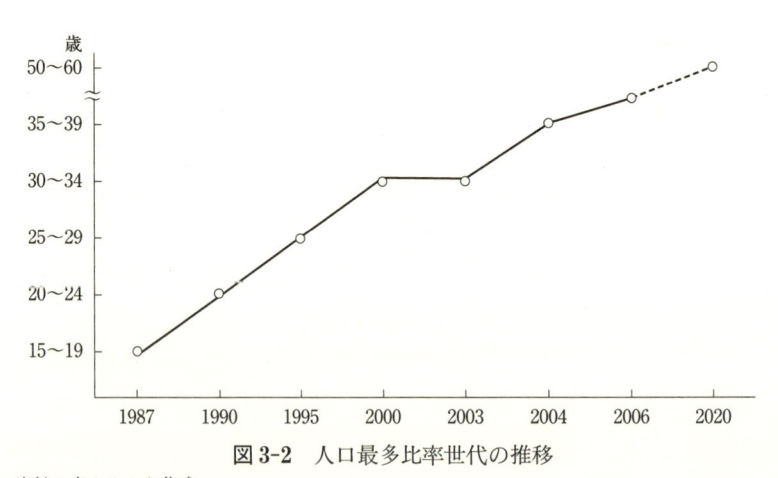

図 3-2　人口最多比率世代の推移

資料：表 3-1 から作成．

つ，年齢が高まっているのである．この結果，相対的に高齢者が増加，若い層が減少するが，年を経るにしたがい，構成比の増減の境となる年齢層が30代から40代に移行する傾向を読み取ることができる．そしてこのまま推移すると，2020年には最も構成比が多い年齢層は50代になる可能性も否定できない．中国の人口構造は単に少子高齢化といって済まされない状況，つまり，若い層のみならず，中年層までも相対的に減少する一方で，より年齢が高い層が増えるという老人大国といってもよいような状況に近づきつつある．

(4) 少子高齢化と食料消費構造

このような傾向を食料消費との関係からみてみよう．国民全体のなかで若い世代が減り，今後は中高齢者が増えることで食料消費構造の変化を引き起こす可能性がある．それは，年齢別の必要摂取カロリーの差を考えれば容易に想像できることである．必要摂取カロリーは若い世代，15～20歳代までが多く，それ以降では徐々に少なくなる．若い世代の人口が減少傾向にある中国では，明らかに1人当たりカロリー供給量が停滞から減少へ変化している．

通説では，中国は食料消費が増加しやがて大きな社会問題となり，それが世界の食糧価格に甚大な影響を与えるといわれてきた．その典型的な議論はレスター・ブラウンの『誰が中国を養うのか』(今村奈良臣訳，ダイヤモンド社，1995年) という本であったが，この本が出て10数年後の今日，彼が危惧するような事態にはならなかった．むしろ，事態は基本的にはD.O.ミッチェルたちが著した『世界食料の展望─21世紀の予測─』(高橋五郎訳，農林統計協会，1998年) が示した予測や，筆者が同書中に訳者解説として述べたような方向に進んできた．では，なぜブラウンは中国の食糧需給見通しを誤ったのであろうか．その理由はそれほど複雑ではない．(1)文明の進化が肉食や乳製品の消費を増やすには違いないが，水産物消費の拡大や多様な青果物の増加など，消費する食品の範囲が広まったこと，(2)中国の産業構造の変化──労働集約型産業が減り資本集約型産業が増えた──により，満腹感のある食べ方を必要とする労働者が減ってきたこと，(3)中国の政治が安定化し，農民の食糧生産もまた安定化し，生産が増加傾向を見せたこと，(4)彼はマルサス人口論を中国にほぼそのまま適用しようとしたこと，などである．

表3-2 都市住民1人当たり食料消費量

(単位：kg)

	穀物	野菜	植物油	豚肉	牛羊肉	鶏肉	卵	水産品	乳製品	果物
1990年	130.72	138.70	6.40	18.46	3.28	3.42	7.25	7.69	4.63	41.11
1995	97.00	116.47	7.11	17.24	2.44	3.97	9.74	9.20	4.62	44.96
1999	84.91	114.94	7.78	16.91	3.09	4.92	10.92	10.34	7.88	54.21
2000	82.31	114.74	8.16	16.73	3.33	5.44	11.21	11.74	9.94	57.48
2004	78.18	122.32	9.29	19.19	3.66	6.37	10.35	12.48	18.83	56.45
2005	76.98	118.58	9.25	20.15	3.71	8.97	10.40	12.55	17.92	56.69

資料：『中国統計年鑑』2006.

まず1990年から2005年までの都市住民1人当たり食料消費内容の変化を表3-2によって見よう．穀物は90年の130kgから2005年には77kgに，42%という大幅な減少を見せた．この減り方は，日本人の米消費量の変化より大きく，かつはるかに速いものである．野菜は139kgから119kgへ14%の減少，植物油は6.4kgから9.3kgへ，絶対量は少ないものの47%増加した．豚肉は18kgからわずかに増えて20kgである．牛羊肉は3.3kgから3.7kgで，これもわずかな増加にすぎず，豚肉と牛羊肉は意外に増えていない．やや増加しているのは鶏であり3.4kgから9kgへ約2.6倍である．卵も7.3kgから10.4kgへ増加している．卵以上の増え方を見せたのは水産品であり7.7kgから12.6kgへ64%の増加である．絶対量は少ないものの大きく増えたのが乳製品で，4.6kgから18kgへ約4倍となった．畜産品は鶏，卵，乳製品の消費が増加する傾向にあるが，豚肉と牛羊肉は実はそれほどではない．一般には，畜産品は飼料向けのために穀物消費を増やすと言われる．たとえば，1kgの食肉生産に要する穀物は牛肉13～14kg，豚肉6～7kg，鶏3kgであり，大型家畜であればあるほど穀物消費効率は悪くなる．しかし，表3-2にあるとおり，都市住民の1人当たり穀物消費は増えていないどころか，大きく減っている．

その理由は，中国の家畜生産はまだ配合飼料や濃厚飼料の消費が少なく，牧草やトウモロコシ茎，藁など粗飼料飼育が多いことに一因がある．筆者が最近訪問した湖北省，黒竜江省，陝西省の酪農家，養豚場，肥育牛経営農家の場合，畜舎の中に積まれた飼料袋の中身のほとんどは単実であったし，基本的には豊富な粗飼料がとれるので，それを餌にしていた．サイロを設けて発酵飼料を与えている農家もあったが，中身はトウモロコシ茎であり，サイロが小さなプー

ル形式なので，素人目にはゴミだめとしか見えないほどであった．黒竜江省に進出しているある日系の乳製品メーカーは，近隣の数十戸の酪農家と専属集荷契約を結んでいるが，農家の給餌が粗飼料中心なので，牛乳が青臭いと嘆いていたことを思い出す．このように，中国の畜産物生産における穀物依存度はまだ低い段階にあることが分かる．穀物消費が減少した一方で，水産品や果物が大きく増えた．このように，穀物中心の消費生活が多様な食料に広がることからも，穀物への負荷が減ったといえそうである．

(5) 産業高度化と食料消費構造

中国の産業高度化は，人間を重労働から解放し，必要摂取カロリーを縮小させていることも，穀物消費を少なくした要因の1つである．図3-3は，中国の1人当たり摂取熱量が頭打ちになり，むしろ減少する様子を明瞭なかたちで示している．中国のそれは1997年頃に現在の水準に達し，1人当たり摂取熱量は2,900～3,000kcalの水準となった．2,327kcalだった1980年から97年までは動物性摂取熱量の増加を内包しながら急速に増加してきた．動物性摂取熱量の増加について見ると，1980年には170kcal程度であったが1990年に

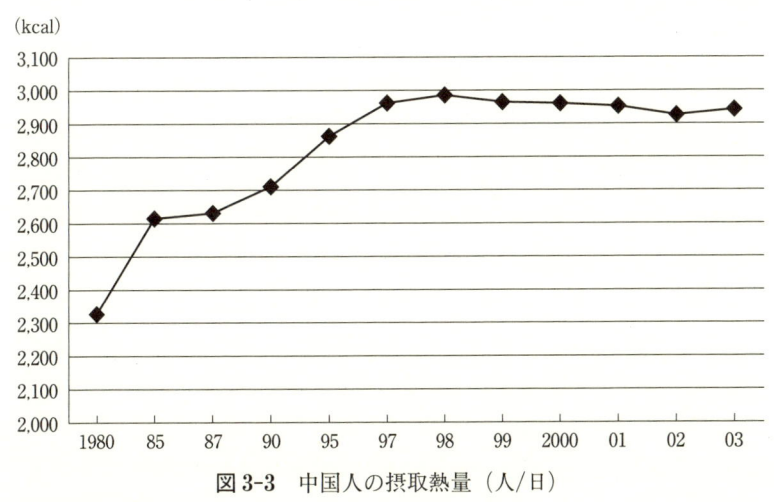

図3-3　中国人の摂取熱量（人/日）

資料：FAOSTAT．

300kcalを超え，1997年には510kcalと大きな増加を見せたのである．

　言い方を換えれば，この間の摂取熱量の増加は，動物性摂取熱量の増加がもたらしたものである．たとえば，1980年の摂取熱量2,327kcalに1997年の動物性摂取熱量511kcalを足すと2,838kcalとなるが，これは1997年の1人当たり摂取熱量2,960kcalにほぼ近い数字となることからも裏づけられる．したがって，今後，中国の1人当たり摂取熱量を予測する場合，動物性摂取熱量をどのように見通すことができるかに大きく依存すると考えられる．

　さて摂取熱量の変化と関係の深い要因を挙げると，所得，食生活，人間のエネルギー消費などが主なものである．このうち，所得は相対的に高級食品や嗜好性の高い食料消費と関係が深く，所得弾性値も高い．しかし，この点は伝統的な食生活や調理方法などとの相関も強く，たとえば，日本の場合に当てはまるような，所得が上がると牛肉消費が増えるといったようなことは，中国でも当てはまるとは限らない．この食生活の国別固有性を無視すると，レスター・ブラウンのような誤解と一面的決めつけをすることにもなりかねない．表3-2でみたように，中国でも牛肉消費は増加しているが，それほど大きく伸びていない．したがって，所得の増加が消費の増加をもたらす主な食料品は，中国では乳製品（特に牛乳やヨーグルト）と豚肉である．1980年以降，増えた動物性摂取熱量はこの2つの食料品消費の増加によるとみていいであろう．

　つぎに「食生活」の変化についてである．「食生活」の科学的定義はないが，一般には，食事の1日当たり回数，時刻，調理素材，調理方法，味，食事の摂り方，食器類，食卓のメンバー等々，かなり広い意味として使われている．このような広い内容を含む食生活は，家族や家庭のあり方，健康管理意識，ライフスタイルなどと深い関連があり，これらから独立した食生活の変化は考えにくい．しかしとりあえず摂取熱量と食生活そのものの変化との関係という視点から見た場合，特に素材の変化，調理方法の変化，食事の摂り方が大きな要因であるように思われる．この3つと大きな関係にあるのが加工食品の普及と中食・外食の増加である．まず加工食品の増加は各家庭で原形態の素材調理の際と比較して，大量に発生する廃棄部分について見ると，加工メーカーではほかの食品への再利用を行いうるので，素材の有効利用度が高まることになる．その分，素材の社会的需要量が節約できるので，1人当たり摂取熱量も減る結果

になる．中国の加工食品生産量は急増しており，これを裏づけている．『中国統計年鑑』[2006] によると，農産品を原材料とする加工品製造企業数は1995年3万711社，生産額3,045億元（GDPの約5％）であったが，2004年になると企業数は2倍強の約7万社，生産額は3倍強の9,544億元（約1兆3,000億円．GDPの約6％）に増加した．この間の物価の上昇分を除いてもかなりの増加である．このほかに食品製造業を加えると，さらに大きな意味をもつことになる．もちろん生産された加工品には輸出される部分も含まれているが国内消費も多い．

　中食・外食の機会が増えている地域はとくに都市部で顕著である．都市部の中国人はもともと外食志向が強く，主に朝食に利用されていたが，職住一体型の生活スタイルのもとでは，長い昼休み時間を利用して帰宅して摂るのが一般的であった．しかし最近は，徐々に職住一体型の生活スタイルが崩れ，職場と住居が物理的に離れる傾向が強まった．また夫婦の職場がまったく違う場所にあることが珍しくなくなった．それらの結果，昼食も外食で済ます傾向が強まった．あるいは，昼食の全部または一部を外で買って食べるようなスタイルも増えている．新婚家庭には，調理器具や食器をそろえない場合も増えている．それは，今見た食品加工を増やすことに直結するので，素材に関しては，同様に社会的需要量を減らす結果を生む．摂取熱量の頭打ち現象は，こうした背景のもとで生まれたものと考えられる．

(6) 労働強度と摂取カロリー

　最後に，人間の労働強度と摂取熱量との関係である．専門分野から見ると，この分野は一般に労働科学や栄養管理学に属する．労働科学は産業構造の変化と労働の関係を研究する分野であるが，そこでの重要な概念は「労働強度」であり，生産現場における労働の仕方あるいは労働エネルギー放出の仕方を主要な構成要因とする概念である．栄養管理学の観点から見ると，労働強度と摂取熱量との間には，一般に次のような関係があるとされている．これは日本人を標準にしたものであるが，人種や民族の違いはあまり考える必要はない．

　　摂取熱量（kcal）＝（身長（m）の2乗×22kg）×労働強度（kcal）

　労働強度とは体重1kg当たり必要熱量で次のとおり．高齢者（室内生活者）

表 3-3 労働強度と必要カロリー

			軽い	中程度	やや重い	重い	
女 性		20代	1,800	2,000	2,400	2,800	
		30代	1,750	2,000	2,350	2,750	
		40代	1,700	1,950	1,950	2,700	
男 性		20代	2,250	2,550	3,050	3,550	
		30代	2,200	2,500	3,000	3,500	
		40代	2,150	2,400	2,900	3,400	
男女計	実数	20代	2,025	2,275	2,725	3,175	
		30代	1,975	2,250	2,675	3,125	
		40代	1,925	2,174	2,425	3,050	
	20代=100 とした指数	20代	100.0	100.0	100.0	100.0	～1995
		30代	97.5	98.9	98.2	98.4	2000～2010
		40代	95.1	95.6	89.0	89.7	2010～2020
	重い=100 とした指数	20代	63.8	71.7	85.8	100.0	
		30代	63.2	72.0	85.6	100.0	
		40代	63.1	71.3	79.5	100.0	

――――――――――→ 1998年まで
←―――――――――― 1999年以降

注：「軽い」…デスクワーク中心の人，家にいる主婦など．「中程度」…立ち仕事や営業，小さい子どものいる主婦など．「やや重い」…1日1時間程度運動する人，農業，漁業などを主にしている人．「重い」…1日1〜2時間激しい運動をする人．農業の刈入れなど特に忙しい時期．
資料：厚生労働省．

20〜25kcal，ホワイトカラー・専業主婦（乳幼児なし）・教師・医師等25〜30kcal，専業主婦（乳幼児あり）・小学校教師・看護師・デパート店員・調理師等30〜35kcal，農繁期農民・操業中の漁業者・自動化されていない工場労働者等35〜40kcal．また表3-3は，やはり標準的に労働の強度別に測った摂取カロリーを男女別かつ年齢層別に示している．上の標準摂取熱量を測る方法では，男性と女性との区別はできないが，この場合はたとえば20歳代男性の「軽い」労働の場合は2,250kcalに対して，女性は1,800kcalのように，かなりの差をもって示すことができる．また同年齢層の間でも労働強度が重くなるほど，必要摂取熱量の差は大きくなる特徴がある．もう1つの特徴は加齢とともに，必要とする摂取熱量が減少することであり，女性の「軽い」労働の場合，20歳代1,800kcalに対し，40歳代は1,700kcalとなる．その様子は，20

歳代を100とする指数で示してある．

　以上掲げた2種類の指標の意味するところは，中国の産業の高度化（中国の産業の高度化はどのような産業への従事者が増えているかを見ればよい．ここでは，農民の半分が余剰労働力となったこと，非農民の場合は，製造業，採掘業など第2次産業の主要な部門の減少，金融・保険業，社会サービス業，不動産業，教育・文化事業などの部門従事者の増加を挙げておく）[3]と人口構造の少子高齢化という，2つの「高」（産業高度化，高齢化）が顕著なかたちで存在するようになったことである．そのことが国民全体の必要摂取熱量の増加を抑制し，あるいはむしろ引き下げる要因となったのである．図3-3は，その結果をかなり明確に証明しているといえる．さらに言えば，このような2つの「高」がさらに進む中国では，人口の絶対数はしばらくは増えるが，その増え方ほどには食料消費量，したがって需要量は増えないと見通すことができるであろう．

2. 農業就業者の高齢化問題：農業担い手の減少と対策

(1) 高齢化の地域差

　中国全体の人口高齢化の進行はすでに見たとおりであるが，その典型が農村地域である．表3-4は，この点を確認するための表である．1995年と10年後の2005年のほぼ1％人口抽出調査のうち，15～64歳までの生産年齢人口に対して65歳以上人口が何パーセントいるか，この10年間にその割合がどのくらい増えたかを示している．つまり生産年齢人口が養わなければならない人口がどのくらいいるかを示すものである．そしてこの表は，中国農村部の高齢化を示している．

　1995-2005年の間，この割合は中国全体では10.6％から12.71％へ2.11％ポイントの増加であり，生産年齢人口の負担が増えたことを意味する．と同時に，全国的な傾向を概観すれば，特に農村部での増え方が大きいことが分かるであろう．たとえば，内蒙古，黒竜江，安徽，湖北，湖南，広西，四川，貴州，陝西，甘粛，青海，寧夏などでは，3～5％ポイントの増加となった．これら地域では，高齢者人口の絶対的増加が生産年齢人口にとっての負担増となってい

表 3-4 生産年齢人口に占める高齢者人口比
(単位：%)

	1995	2005	増加ポイント
全　国	10.60	12.71	2.11
北　京	10.81	13.70	2.89
天　津	11.69	12.48	0.79
河　北	9.97	11.02	1.05
山　西	9.10	10.86	1.76
内蒙古	6.82	10.57	3.75
遼　寧	10.19	12.86	2.67
吉　林	7.87	9.85	1.98
黒竜江	6.36	9.80	3.44
上　海	16.00	15.14	−0.86
江　蘇	11.52	14.77	3.25
浙　江	12.42	14.39	1.97
安　徽	10.22	15.10	4.88
福　建	10.22	12.03	1.81
江　西	10.09	12.69	2.60
山　東	10.92	13.42	2.50
河　南	10.26	11.66	1.40
湖　北	9.43	12.75	3.32
湖　南	10.90	14.23	3.33
広　東	11.50	10.39	−1.11
広　西	10.67	14.32	3.65
海　南	10.24	12.60	2.36
重　慶	—	16.04	—
四　川	10.63	16.24	5.61
貴　州	8.62	12.93	4.31
雲　南	8.90	11.01	2.11
西　蔵	8.18	9.26	1.08
陝　西	8.74	12.01	3.27
甘　粛	6.46	10.41	3.95
青　海	5.25	8.64	3.39
寧　夏	5.84	8.85	3.01
新　疆	6.79	9.26	2.47

資料：『中国統計年鑑』1996, 2006.
注：生産年齢15〜64歳，高齢者65歳以上．

る．この傾向は今後さらに進むので，農業の担い手確保の点から見ても重大な課題を提起しているといえよう．

現在中国の農業就業者は約3億人であるが，一般に，そのうち余剰労働力が半分，そして約2億人が農民工として農村外部で働いているといわれる．ここでは，高齢化が農業部門，とりわけ生産に関してどのような問題が起きており，それをどう見るかについて述べることにする．

(2) 高齢化が招く農地荒廃

中国内でこの問題を扱った研究は非常に少ない．そのようななかで水利問題や灌漑施設管理問題，土壌劣化問題に着目した李宗才の研究報告は注目に値する［李宗才 2006］．同論文は農業労働力の高齢化が農業用排水溝・溜池などの灌漑施設の補修・管理労働の不足を招いていること，特に中部丘陵地域の農村においては高齢化により体力が弱まったため，堆肥などの有機肥料の投下が減り，土壌の劣化などの問題が深刻であると述べている．またトイレの糞尿を堆肥化する労働力がないため外部に流れ出し，悪臭，水質や土壌の汚染等の環境問題を起こしている．この問題は，土地資本投資の維持と

その主体のあり方という筆者の問題意識に通じる．

このような問題に対して，李は次のような対策を提案している．(1)県・郷政府は責任請負制のもとで農家の権利・義務の関係を明確にして，農地の補修管理・有機肥料づくりとその投下を指導する．(2)青年農民層の地元での兼業機会を高め，その結果農村に留まることができるよう地元農村の工業化を進める．(3)農民に対する教育機会を増やし，農業技術の高度化を進める．教育の機会創出の重要性についてはほぼ共有され，たとえば趙国棟は教育によって労働力の質的改善を図ることが高齢化に代替するための方策であると指摘している［趙国棟 2002］．

このうち最も困難を伴うのは(2)の兼業機会の創出である．この点は第11期5カ年計画（2006-10年）でも謳われているが，具体的な方策は各地方との協調なしでは生まれないし，どこでも農村の工業化が進むわけでもない．地理的な条件や産業基盤などの社会的条件の整備から始めるにしても，地域的な難易度の差が大きく，実現には相当の困難が伴うことは間違いない．

(3) 高齢化の後

中国の農業就業人口は過剰であるが，高齢化は，一定の年月が経てば過剰人口の消滅をもたらす．同時に今度は，農業の担い手不足を一挙にもたらす懸念が消えない．農村の高齢化は少子化とセットで進んでいるので，農村では，高齢化イコール担い手不足という問題へ転化しやすいのである．現在の農業の主な担い手は夫婦である．子どもは，出稼ぎあるいはほかの職業へ就業している場合が多い．子どもに農業を継がせたいと願う両親は少なく，むしろ，事情が許せば都市で生活をして欲しいと思っているようである．さまざまな地域の農家調査を通じてのことであり，根拠に乏しい面もあるが，筆者は子どもに農業を継がせたいと願う両親に会ったことがない．都市から離れた農村では，空き家となった農家あるいは跡継ぎがいない農家がいかに多いことか，実態に接してみて驚くのが現状である．これは，日本の中山間地域の農家と非常によく似ている現象である．

しかし担い手の不足に対して有効な対策はまだなく，農業経営の会社化や村民委員会が指導する共同作業による方法が採用されているにすぎない．担い手

不足対策は，結局は若い担い手の育成，所得の確保，農業技術の改善，住環境や地域環境の整備など多面的な対策が必要であることは，欧米や日本の経験からも明らかになっている．特に西ヨーロッパ農業地域の家族経営農業の実態を見れば，その重要性はさらに納得できるように思われる．

3. 高齢化農村の社会保障制度の現状と変化

(1) 農民の社会保障

中国農村では，農民の社会的・経済的地位の安定，日常の生活水準の向上と安定を目的とする農村養老保険制度や健康保険制度など，広い意味での社会保障制度の充実が喫緊の課題になっている．国有農場制やいまなお残る人民公社方式の集団農業を除けば，個々の農民に依るべき社会保障制度はなく，政府の農村養老保険制度や2003年に再度始まったばかりの衛生部所管の農村新型合作医療制度に加入する以外にない．

農村新型合作医療制度は発足以来実験中であり，2007年にようやく本格的な年を迎えた．農民の自由加入制度で，目標では全国80％の行政区域をカバーすることになっている．中西部の農民には年当たり20元の保険料補助を行い，農民の負担を軽減することになったが，その農民人口カバー率は50％に及ぶという．保障範囲は入院費用，特定の診察受診費用，1年1度の健康診断費用である[4]．

保険料は標準保険料について市が加入者1人当たり20元，県が15元，郷・鎮が10元の補助を行う．加入者個人は1人1件当たり年30元，2件目15元の負担である．加入者が増加するたびに，各級行政機関の保険料負担が増加することが大きな問題である．

養老保険制度については，国有農場制などの場合，国有企業と同じように男性60歳，女性55歳の定年制が敷かれ，「退職」後には，退職前の給与の少なくとも50％以上の年金が毎月支払われる．それ以外の農民，しかも圧倒的多数の農民は自力で自分や家族を守る以外に方法はない．新型農村合作医療制度も不十分のままの再スタートになりそうである．

経済成長著しい中国でこれまで農村社会保障制度が手薄の状態が続いた背景

として，農民1人ひとりに対し与えた農地こそが，国家が農民の生活に対して施した社会保障政策だという考えがある．つまり，中国社会主義革命の理念を実現するために国家が「農民に土地を」与えてきたから，二重の社会保障は不要ということである．しかしこれは形式論であり，農民に与えた実際の土地はあまりにも狭くそして劣悪である．食べるための農業生活，換言すれば農業を生業として位置づけるにも，土地はあまりにも不十分であった．一般的に言えば，社会主義経済の象徴だった農村人民公社が公式には1982年に解体され（「公式には」，というのは，実際はその名残やほぼそのままの村民委員会が，各地にかなり現存し活動しているからである），市場経済が押し寄せ，家庭責任請負制が普及するようになって，そのような考え方は実体として意味をもたなくなってきた．拡大する都市と農村の格差，そしてそれに劣らぬほど広がりつつある農村内あるいは農民間格差は，農民を対象にした社会保障制度の早期の整備・確立を必要とするようになった．最近の中国の社会保障問題の専門家の間では，まだ多数意見には至っていないが，受益者負担の原則を貫徹しながら都市と農村を一元化した養老社会保険制度を確立すべきだとの主張も見られるようになった［趙兵 2006］．

(2) 村で見る農村社会保障の現状

　中国の農村社会保障制度を司る中央官庁は民生部であったが，1997年から現在の労働社会保障部へ移管された．労働社会保障部で取り扱われるようになった行政範囲は，日本の厚生労働省と似て労働者の各種社会保険，労働行政であり，各省，区，直轄市に「地方労働保障庁」が設置されている．労働社会保障部の創設の契機の1つでもある農村社会保障問題が政府の大きな課題になったこと，事務職員および労働者の増加に伴う各種社会保険制度の主務官庁が民生部とは独立して必要になったことが背景にあると思われる．労働社会保障部が所管する主な法律は，「中国労働法」（1994年7月，第8回全人代常任委員会第8次会議）であり，法律以外では，社会保障制度に関する各種方案，通知である．

　ここでは，農民に対する社会保障制度について見ていく．最初に一般的評価に関する結論をいえば，農民に対する社会保障制度は多くの問題をはらんでい

ることは事実である．なかでも老後の生活保障，医療・高齢者介護対策などは，65歳以上の人口が占める割合が9.1％に達し（2005年，全国1.325％抽出調査）[5]，高齢化社会が急速に進むなかで深刻な状況を呈している．筆者はこれまで，昆明（雲南省），アモイ（福建省），大連（遼寧省），ハルピン（黒竜江省），武漢（湖北省），西安（陝西省）などで，農村に設けられた公的老人福祉施設の敬老院を訪れたことがある．これらの中には日本でいうデイ・サービスを含む施設と入居型専用施設とがあったが，経営は村民委員会，郷・鎮あるいは県が行う例が多く，財政負担は本人家族またはこれら公的機関との共同負担である例が多かった．入居者の収容規模はほとんどの施設が100名以内で，入居年齢層は70歳以上が大部分である．入居型の場合，事実上，家族・親族とは縁遠くなるのが通例で，西安の敬老院の場合，ある高齢の品のいい入居者は，遠く山東省から来たとのことだった．自分の意志でここに来たのかと聞くと，息子が紹介したものであるという答えであった．寂しくはないかとの筆者の問いに，「寂しくはない」と大きな声で答えたのがかえって印象的だった．また，アモイで訪れたある敬老院は，入居老人がベッド1つの個室に住み，食事は共同の食堂で摂る形式で入居者が50名程度の小さな施設であった．寝たきりの老人はいるかと尋ねると，寝たきり老人は入居できず，仮にそういう身体になったときは，親族がいない者（五保制度の条件の1つに該当）以外は，退去するのだと言う．中国農村の類似施設で，筆者は寝たきりの老人のいる施設を見たことがない．見えないところには，無数に近い要介護老人が片隅で生きているに違いないが，その実態は不明である．

(3) 加入者難の公的社会保障制度

中国には農村に限らずこうした高齢者用施設があるが，そこに入居できる者は比較的富裕層に限られる．制度上はいわゆる五保制度（衣，食，住，医療，葬式の5つを保障する制度）による救済資格者に該当する場合，優先的に入居でき，年300元（4,500円）程度の年金を支給することも一般に行われている．ところが，実際には膨大な高齢者人口に比べて，高齢者施設の数はあまりにも少ないのが現状である．しかも高齢者人口は急速に増え，需要に合った施設建設の見通しはついていない．中国の公的社会保障制度は5つの保険制度からな

第3章 少子高齢化・産業高度化と食料・農業

表 3-5　5種保険加入状況（2006年度）

	加入者 （万人）	うち 農民工 （万人）	保険基金 収　入 （億元）	公的補助 収　入 （億元）	保険金 支払い （億元）	受給者 （万人）	保険基金 残　高 （億元）
養老保険	18,766	1,417	6,310	1,715	4,897		5,489
失業保険	11,187		385		193	327	708
医療保険	15,732	2,367	1,747		1,277		1,752
工傷保険	10,268	2,537	122		68.5	78	217
生育保険	6,459		62		37		97
農村養老 保険	加入者数 5,374	支払者数 355	支払金額 30	保険基金残高 354			

資料：「労働社会保障事業発展統計公報」2006 より作成.

っている．民間には生命保険・損害保険があるが，これはここでは除くことにする．その5つの公的保険とは，養老保険，失業保険，医療保険，工傷保険，生育保険である．2006年度末の各保険の規模は表 3-5 のとおりである[6]．

　最も規模が大きく中国の社会保険制度のなかで基本となる企業職員・労働者基本養老保険（1997年創設）は加入者が 1 億 8,800 万人，うち農民工が 1,400万人余りで，加入者割合は全農民工の1割にも満たない．この保険は主に第2次，第3次産業従事労働者を対象にしているが，中国の 2006 年末のこれら産業労働者は 4 億 3,800 万人[7]なので，養老保険加入者の割合は全体の約43％にすぎない．年間の保険料収入 6,310 億元，保険金給付額が 4,897 億元である．保険には，一般に収支相等の原則があり，加入者総数から見て保険料収入が大きすぎる感があるが，その理由は不明である．地方政府および中央政府からの収入補助金が 1,715 億元あるので，それによって，収支差を補っていると見ることもできる．年末の保険基金残高（給付準備金等）は 5,489 億元である．給付金額の規模に照らすと，少なくとも年間給付フローの2倍は必要といえるので，この金額ではけっして十分な保障準備金とはいえない．

　失業保険の加入者は 1 億 1,200 万人で，加入者割合はさらに低く，全都市労働者の約 26％である．2006 年の保険料収入は 385 億元，給付金が 193 億元，受給者は 327 万人にすぎず，1 人当たり給付金も 5,900 元となっている．また年末の保険基金残高は 708 億元にすぎない．

　医療保険については加入者数 1 億 5,700 万人，うち農民工が 2,400 万人であ

り，加入者割合は都市労働者の36%である．農民工については，全体の数を中国政府統計により2億人とみなすと12%程度と非常に低い．2006年の保険料収入1,747億元，給付金1,277億元，年末の保険基金残高1,752億元である．これも保険財政的には逼迫していると見ていいであろう．

工傷保険は加入者1億300万人，加入者割合は24%弱である．うち農民工は2,540万人で加入者割合が13%程度と低く，危険な仕事に就く割合が高いといわれているだけに問題は大きい．保険料収入は122億元で，給付金が69億元，受給者は78万人と極めて少なく，制度の運用にやや疑問が生まれるところである．年末の保険基金残高は217億元で，この場合も財政基盤に弱さをもっている．

最後は生育保険であるが，これは妊娠中から育児までの間に施す女性のための保険で，中国らしい制度である．加入者数は6,500万人で，加入資格者全体の約半分2億人が女性労働者とすると，加入者割合は約30%にすぎない．2006年の保険料収入は62億元，給付が37億元，年末の保険基金残高は97億元である．

以上5つの保険制度の最近の概要を見てきたが，共通していることは，加入者割合が低いこと，保険の財政基盤が盤石とはいえないことである．データ不足のためできないが，仮にソルベンシー・マージン比率（通常のリスクを超えて保険会社が支払いうる能力を示す指標．「支払余力」ともいう）を計算すれば，かなり低いものとなろう．

都市で働く農民工はいわば非正規労働力であるが，労働集約的な部門のみならず，都市の飲食業や輸送などのサービス部門においても，中国経済の発展を支えてきた［塚本2007: 114-28］．彼らの健康管理問題は，中国現代社会の健康問題でもある．

(4) 農村養老保険制度の背景

次に農村養老保険制度についてである．この制度ができたのは1992年の民生部「県級農村社会養老保険基本方案（試行）」によってであり，それを受けた1995年の国務院「徐々に進む農村社会養老保険工作意見についての通知」によって本格化した．農民のための社会保障制度としては初めてのかつ唯一の

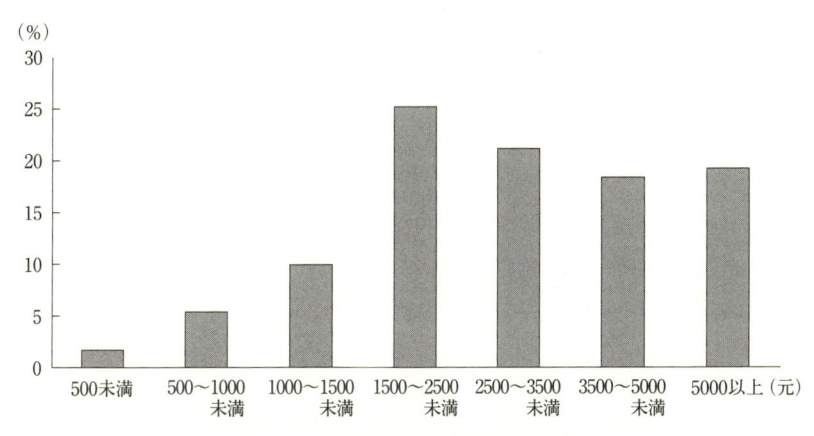

第3章 少子高齢化・産業高度化と食料・農業

図 3-4 農民の所得階層（2005年）

資料：「中国統計年鑑」2006.

制度で，現在でも農民向けの社会保障制度の象徴的な意味がある．しかしこの制度的な中身を企業職員・労働者基本養老保険制度と比較すると，農民にとって大きな不平等のある点が指摘されている［伊 2007］．職員・労働者養老保険の場合は，保険料が集団，国家がそれを支持するように規定されているものの，農村養老保険の場合はすべて農民の個人負担で，国家の補助責任はまったくないという．これについては政府の農民軽視の象徴として，中国国内でも批判的な意見が少なくない．このような不平等の制度を是正するため，中国の専門家のなかには，少なくとも政府が3分の1の補助を行うべきであるとの提言も見られる［李清娥 2007］．

　中国農民のおかれた状況については，一様な表現や見方を取ることの難しさがある．農民は確かに都市住民に比べ所得をはじめ多様な面で低位にあるが，それは平均的なことを言っているにすぎず，農民間格差も著しく拡大し，一方，都市住民の間にも同じような格差が拡大している．農民の格差についてみれば，図3-4に示すように年純収入が5,000元以上が約20％いるのに対して，1,500元以下が18％（2005年）を占め，平均所得が増加する一方で，所得が多い層と少ない層とに分化する傾向がある．実際，年収500元以下つまり1日1元程度の生活を余儀なくされる農家が2％（約40万戸）おり[8]，彼らは農村養老保険の掛金を支払うにも苦労する農家層であることは間違いない．

人民代表大会黒竜江省代表のある人物が自己資金を出して，全国31省，区，直轄市で行った1万400名の農民調査（2005年暮の調査）は，現在の農民の悲惨な日常を浮き彫りにしている．これによると，子どもと別居している老人世帯が45.3%もいるというが，事実とすれば，各種の統計や中国政府報告では容易に明らかにされない驚くべき数字である．筆者が2005年に武漢農村である村長から聞いた話でも，3分の1の農家は空き屋で，それ以外の農家も若い人は村を出て行ったと嘆くのであった．これを思い起こすと，この調査結果はけっして誇張ではないように思う．

また，1日に3度の食事にありつけない者が5%，正月や祝日などの食事内容が普段の食事とまったく変わらない者が16%，1年に1度も新しい衣服を買えない老人が93%，1年に1度も服を着替えない老人が69%，病気の際に薬を飲めない老人が67%，大きな病気をした際に医院にさえ行けない老人が86%，調査した老人の年間平均所得（自家生産穀物，野菜を含む）650元，調査した老人世帯の85%は農業を営み，家事は97%が自身でこなしているという[9]．年間平均所得が650元といえば1日2元にも満たない金額であり，金額から判断すれば，生活は困窮の極みといえるだろう．その影響は食事や衣服などの消費の上に端的に現れている．いま中国の農村各地では，「未富先老」（豊かになる前に老いてしまう）の暗雲が家々を覆っているといえるであろう．しかし，ここで引用した以外に，異常ともいえる事態が起きているようである．それは第8章で述べる売血農民の増加である．陝西省のある山岳農村での調査によると，村の農家30数戸のほとんどが，売血して得た収入で生活の困窮をしのいでいる実態があるという[10]．1回の売血で200～300元という．同様の出来事は最近，ニュースでも伝えられるようになった．共同通信は広東省掲陽市の有償売血が組織的に行われており，「血頭」と称されるブローカーが逮捕されたことを報道した[11]．

(5) 農村社会保障制度の仕組みと機能

農民の社会保障制度には家庭養老，農地養老，社区養老があり，つまり家庭内扶助（家庭完結的養老と言い換えてもいい），農地による保障，地域の助け合いに委ねられてきた．この方法は貧しく大量の農民の生活を最低限保障する

ための，中国社会主義の特徴の1つであったが，一人っ子政策の浸透とその将来的動向や農村社会経済の変化によって立ち行かなくなったことを反映し，危機に瀕している．そこでできたのが農村養老保険制度である．この制度は，20～60歳の農村労働力を対象としている．

前掲表3-5のように，2006年度時点の加入者数は5,400万人と農業就業者人口3億人の18％にすぎない．このように加入者数が少ないのにはいくつかの理由がある．その1つは，保障の内容が極めて弱いからではないかと思われる．毎月の掛金は2元，10年後に受け取る保障金は月4.7元，15年後にやや増えるが9.9元である．この程度では，まったく足しにもなるまい．しかし，ある労働社会保障部農村社会保険司司長は，2007年時点の1人当たり累計保険料が2005年で570元に達し，年当たり保険金の支払額も1人当たり707元，毎月59元に達しているとする．また，省により省政府や村民委員会の補助金がある場合があり，保険金が全部少ないわけではないと制度を養護する［趙殿国2007］のは，直接の行政責任者として当然かもしれない．1つの問題は，基金運用が規定上，銀行預金と国債購入に限られているので，運用利回りが確保できないことにある．それだけ，農民の掛金負担が増える．その背景には，この保険を管理する農村養老保険司に専門家が乏しく，そのことを当の行政責任者が認めざるをえない状況がある．

受給者はさらに少なく355万人，給付額が30億元，2006年末の保険基金残高354億元である．受給者1人当たりの月当たり保険金は70元程度，規定よりかなり多いが，加入口数を複数持っている可能性もあるのではないか．いずれにしても，社会保障というには心もとない制度といえる．

2006年から始まった「第11期5カ年計画」で，胡錦濤政権は「和諧社会」の建設をスローガンにした農村重視政策を打ち出した．そこでは農村医療制度の改善についても意欲的で，2010年まで「新型農村合作医療」のカバー率を，2005年の23.5％から80％まで拡大することを目標として掲げている．この「合作医療」は2003年5月に再建されたもので，SARSの流行に端を発している．政府発表では現在の加入者は約1億人弱にすぎない．

また，農村養老保険制度，農村最低生活保障制度，五保戸（五保制度の対象農家）の保護強化なども打ち出している．とはいっても，本当に十分な仕組み

ができるのか，そしてそれは可能なのか，これまでの経緯を見れば，素直に受け取ることができる農民は少ないのではないか．

このような計画を受けて，2007年6月国務院は各省，自治区，直轄地の政府関係者を対象にした「全国建立農村採点生活保障制度工作会議」を招集し，一定の条件に合う貧困農民全員をその保障範囲に含めるという建議を行った．現段階では，その細部や効果について不明な点も多いが，11期5カ年計画のうち，農村社会保障に関する具体的動きと見ることができよう．

(6) 社会保障の不安定化要因

5カ年計画を待つまでもなく，中国政府は社会の安定と所得格差の是正に向けた具体的な社会保障制度の樹立を急がなければなるまいが，中国にとっての不安材料はけっして少なくない．中国政府の社会保障政策遂行の前に立ちはだかるのが，失業の増加，有効求人倍率の低水準の固定化である．これらは農村・農民にとっても大きく影響する事態である．

図3-5は求職者数と求人数を比較できるようにして，その過去数年間の推移を見たものである．求職者数と求人者数は傾向的に増加しているが，ここ数年間というもの，求人数が求職者数を上回った年，つまり有効求人倍率が1を上回ったことがないのが実態である．産業構造の変化，得意といわれる製造業における労働集約型から資本集約型への急速な転換，ASEANや日本，韓国，台湾等を巻き込む水平分業の地域的形成の進行，IT化の進展などにより，労

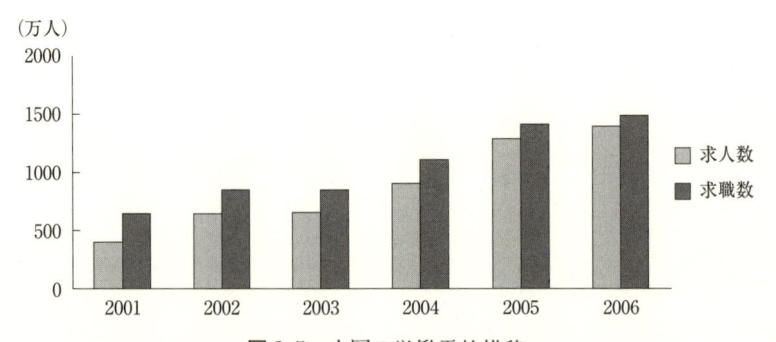

図3-5 中国の労働需給推移

資料：中国労働社会保障部資料より作成．

働需要の質的高度化が進んでいる．労働社会保障部の資料によると2006年の年齢層別労働需給は，35歳を超えると職探しも難しくなる傾向を示している．年齢とともに有効求人倍率が急速に低下し，たとえば35～44歳の有効求人倍率は0.88，45歳以上は0.77と下がる．1以上を維持するのは25～34歳までで，しかもかろうじて1を超える1.04である．若年層，たとえば16～24歳は0.99なので，仕事を選べる状態にはほど遠い傾向がある．2006年の全年齢層の有効求人倍率は0.96で，経済成長が著しいといわれるわりには，労働市場では不況感が漂っていることが想像される．この動向は2006年に限ったことではなく，傾向的なものである．したがって，いつでも失業保険や養老保険の保険金支払いが増加する条件がつきまとっている．

また農村社会保障制度の安定を揺るがす要因として，農民自身の高齢化と並んで都市住民の高齢化がある．国連は中国の60歳以上人口は2005年に1億4,400万人に達し，2037年には4億人を超えると見積もっている．人口は2051年に最大となりその後減少に向かうが，高齢者比率は世界で最大となる可能性がある．都市住民は中国農業最大の消費地であるが，高齢化は1人当たり食料消費を減らす要因となる．

人口の絶対数の当面の増加は食料消費のプラス要因となるが，農民自身の弱体化，つまりは農業生産の担い手の弱体化が進む一方で，食べる方も，体力の衰えや若者の絶対的減少により弱体化することは避けられない．言い換えれば，食料需要の弱体化は農民の経済的基盤の弱体化と連動するかのような状況が生まれる可能性がある．さらにさまざまな意味で農産物を作る農民の体力も弱体化するゆえに，農民にとっての経済的基盤の弱体化が倍加するともいえる．そして，それは農村社会保障需要を増加させる要因となるが，優良な保障サービス供給の基盤が強化される確かな条件があるとはいえないのが現状である．

注
1) 田雪原署名論文「関於"老齢化"問題」．
2) たとえば，高位，中位，低位3段階の推計を行った石南国［1987］「中国人口の将来推計―1982-2002年―」『城西大学経済経営紀要』3月，など．因みに当該研究の推計の中位推計（12億7,200万人）が，2002年の実人口（12億8,500万人）に近い結果となっている．ただし，公表された2002年実人口は1％標本抽出調査に

よるものなので，精度は必ずしも明確ではない．
3) 『中国統計年鑑』2006．
4) 中国衛生部資料による．
5) 『中国人口統計年鑑』2006．
6) 中国労働社会保障部「2006年度労働和社会保障事業発展統計公報」．
7) 同上．
8) 『中国統計年鑑』2006．
9) 「中国青年報」2006年3月13日．
10) 李小春の調査による（修士論文，2006）．
11) 「共同通信」2007．4．7．
   http://www.47news.jp/CN/200704/CN2007040701000197.html

引用文献

伊宇波［2007］「中国社会農村養老保険保障制度研究」『集団経済研究』第218号，1月．
高橋五郎［1993］『生産農協への論理構造』日本経済評論社，156頁以下．
趙国棟［2002］「農業為主地区農村人口与持続発展」『経済師』10期．
趙殿国［2007］「建立新型農村社会養老保険制度」『中国金融』6期．
趙兵［2006］「人口老齢化時代来臨后中国農村養老保障—挑戦与政策的選擇」『財経界』7月．
塚本隆敏［2007］『中国の労働組合と経営者・労働者の動向』大月書店．
李影［2007］「人口危機，逼近中国」『党政幹部学刊』1期．
李清娥［2007］「我国農村養老供給失衡分析」『経済体制改革』第1期．
李宗才［2006］「対農村労働力老齢化的思考」『安徽教育学院学報』1月．

第4章

農業企業の生成と育成

1. 農業企業化政策の強化

(1) 農業竜頭企業の形態

　中国農業の担い手といえば,陽が傾きかけた頃,畑で働く農民夫婦の姿が漠然と脳裏に浮かぶ.このように,農業の担い手といえば農民(半借地型小農経営)というのがこれまでの筆者のイメージであった.現実も確かにそうなのであるが,ただ農民といっただけでは済まない新しい状況が生まれているのが,現在の中国農村の実態である.文化から隔絶され,教育が後れた,お世辞にも清潔とはいえない服をまとい,気だけはよさそうな村びと,これが大方のイメージする中国農民の平均的姿であろう.この点は,黒竜江省のある人物が行った農民調査と重なり合うし,陳桂棣・春桃『中国農民調査』(邦訳は納屋ほか訳で文藝春秋刊)が描く苛斂誅求に悩む農民のイメージでもある.彼らは守旧的農民であり,現代の中国農民の大多数を占める.

　しかし筆者は中国農業の担い手や農業の形態は,日本とちがい,急激に変化しつつあると思う.衰退する農業から逃れられない農民が増えるという方向への変化もあることは無視できないが,ここで注目するのは,企業的農業への変化であり,先にみたように,農業企業はその変化の典型的担い手といえる面がある.また個人農家の中にも,リーダーシップをもつ市場経済指向型の若手農民も生まれつつある.彼らは,従来の農民像と異なる意欲と可能性を求める「新型農民」(中国でも「新型農民」という呼び方はあるが,定義は同じとはいえない)と言っていいのではないかと思う.おそらく今後の中国農業の担い手は,これらの企業的農業経営,新型農民,それに従来からの一般的農民となる

であろう．これらのうち注目すべきは，前二者である．

　農業企業にはいくつかの形態があることが指摘され，ある程度の類型化ができる段階を迎えつつある．これは農産物の生産から加工，販売（貿易を含む）という農業の中心的経済活動と，生産資材の供給，農業機械化，営農技術サービス，要素管理といった農業支援的経済活動を1つの流れの中に描き，農業全体を有機的一体性のもとでとらえようとするものである．こうした見方は，すでに中国では「農業産業化」という政策に支えられ，2000年以降中央政府の牽引によって，かなり一般的なものとなりつつある．

　詳細な内容に入る前に，山東省を事例に，農業企業の大まかな概況を述べておきたい．山東省では，多様な事業が数千の農業竜頭企業によって行われているといわれている．そもそもは鴨肉の生産から始まったとされるが，現在は穀物，綿花，油料作物，野菜，果物，肉類，鶏卵，酪農品，水産品，林産品などほとんどの第1次産業品目の事業に携わっている．企業形態について見ると，国有企業（152），集団企業（347），私営企業（2,868），株式会社（689），中外合資企業（253），海外独資企業（144）などである．山東省の経営連結方式は「企業＋農家」から始まり，現在は「企業＋農場」あるいは「企業＋大農」へと変化している．農場，大農は規模の大きな農家を意味している．筆者も訪れたことのある省内有力企業である龍大集団は省内外で野菜栽培を行っているが，「企業＋大農」方式を採用している．またブロイラー3,000万羽を出荷する九連集団の場合は「企業＋合作社」方式を採用している［龐，付 2007］．

　これとは別の方式である合作社方式の場合，農家が一度合作社に組織化され，のちに合作社がまとめて企業と契約関係をもつ方式である．企業，農家双方にとって，組織的な面では好都合である．企業は個々の多数の農家と協議する手間が省け，農家は組織化されることで対抗力をもつことができるようになる．とはいえ，農業竜頭企業と農家の連結方式は模索が続き，両者ともに満足の得るかたちになるにはさらなる試行錯誤が必要かも知れない．また重要な点であるが，中国農業は市場経済化の過程でこのような変化を見せていることに着目すべきであり，今後さらにどのように変化・発展していくか注目しなければならない．

(2) 農業企業育成の方向性

　中国の普通の農家が密集する農村において，農業経営の会社化は，かなり広範に展開されるようになっている．現在のような農業竜頭企業の発展と定着は，中国政府が進めてきた「農業産業化」政策と対をなすものである．そこで「農業産業化」が農村の現場で浸透していった経緯を簡単にみておきたい．中国でこの言葉が公式に出現したのは1988年，中国山東省棗庄市が施行した「貿工農，産加一体化」という文書であったとされる．ここには読んで字の如く農産物やその加工品の取引を一体的に進めていくとの考え方が含まれていた．1993年には，山東省政府が率先して農家の経営を農業企業と一体的に進めていく農業産業化を推進する構想を打ち出し，それを受けて棗庄市で「全省農業産業化経験交流会とシンポジュウム」が開催された．

　このように，農業産業化はまず山東省の棗庄市から生まれ，そして山東省全域に拡大していった様子が窺える．この動きを機にやがて中国全土に拡大するのであるが，その発端となったのが「人民日報」1994年4月25日（記事）と12月11日（社説）掲載記事「農業産業化を論ず」であった．そして前述のとおりの政策的文件（文書のこと）となっていったのである．

　しかし張暁山によれば，1993年の「経済日報」紙（7月8日付）掲載の董雷という河南の一地方書記が書いた論文が，最も早いものだと指摘している．そこでは，董雷は農業産業化には3つの段階があって，第1は多数の農家を支援し大原料基地を設ける，第2は商品農産物の生産・販売を行う「竜頭」経済主体を育成する，第3は実体が竜頭企業であり，農家が合作経営の契約を結び連結組織となる周辺産業である竜頭企業を形成していく，という階梯を踏むという．それは，実質的に「企業＋農家」という，最も普遍的で初期的な連結方式にほかならない．そして董雷は，196個の「企業＋農家」の事例を一部紹介しているという．また張暁山は，1993年「農民日報」において河南省で80社の竜頭企業が18万戸の農家と契約し，「企業＋農家」方式を設立している事例を挙げている［張暁山2002］．こうした報告によれば，「企業＋農家」方式，つまり最も典型的な農業産業化は，1990年代初頭にはすでに生まれていたとみることができよう．

　そしてその後，農業産業化は1つの農業経営方式として中国全土に広まり，

まず河南，河北，安徽，江西，江蘇，浙江など，各地の省に伝播していったとみることができる．その動きが中央の政策として登場したのは，1996年全人代第8次第4回会議で批准された「国民経済と社会発展"九五"計画と2000年の展望と計画概要」においてであった．

政府中央も地方で拡大したこの動きを推進し，農業発展のための多様な方法の1つとして発展させることとした．農業・加工・流通の一体化を進め，そのために企業と農家の仲介組織を発展させ，「農業産業化」を積極的に展開するとの国策を打ち出したのである．1998年10月の第15次中央委員会第3回全体会議は「中共中央農業と農村工作に関する若干の重大問題に関する決議」を行い，農業産業化経営が中国農業の近代化を実現する方法の1つであると公式に位置づけた．

さらにこの流れは，2000年に農業部，国家発展計画委員会，財政部，中国人民銀行等が共同で公布した「農業産業化経営重点リーダー企業の育成についての意見」という文書に引き継がれた．この文書では，農業の企業経営化を進めるために，経営資金の確保，原料確保，加工施設建設の促進など幅広い政策支援を行うことを盛り込んでいる．農業経営の形態としては株式会社方式が最も基本的な形態であるが，合併による企業規模の拡大を奨励するなど積極的である．2001年全人代では農業産業化経営の発展と農業竜頭企業に対する支持を打ち出し，法律を制定した．つまり農業竜頭企業の成長が地域農業の成長，労働力の工業への移転，農村の都市化など，政策の具体化に貢献すると期待した「農業産業化国家重点農業竜頭企業の認定と運行監測管理暫定法」(2001. 6) である．

またここでは，企業と農家の連結を公式に推進し，「訂単」(「農産物仕入れを文書で農家に注文する方式」) の普及を図ることが明言された [羅ほか2007]．2004年には，さらに党中央と政府の積極性を示す文書が，中央1号文件として通知された．「農民の収入増加に関する中共中央国務院の若干の政策的意見」である．この文書の革新的意図は農業産業化のさらなる促進にあった．加えて2005年には，同じく中央1号文件として「農業総合生産能力を高める農村工作を推進するための国務院の若干の意見」が通知された．この文書中，中国政府は「多様な所有制」，「多様な経営形態」の農業産業化を進めるリーダ

ー企業の支持を強化し，その多様な方式による組織発展を通じて農業基地建設を行い，ひいては農家の発展を期待するとの方針を打ち出したのである．

このような発展経路を促進するため，特に，商業銀行の資金融通の促進策を導入することまで謳ったのである．そして第11期5カ年計画が始まる2006年には，中央1号文件「社会主義新農村建設の促進に関する若干の意見」のなかで，「各級財政は農業産業化発展資金を増やし，扶助し，農業竜頭企業発展を支持しなければならない」が提議され，農業企業化を進める中央の方針がさらに強固に示されることになった．しかし政府文書の発動をもって，今後予想される困難な担い手の問題が解決されるかといえば，ことはそれほど単純ではない．農業産業化を当局の期待どおりに進めるには，まずは，それを担う側において，企業経営家としての多様な必要条件が整備されなければならない．

(3) 経営管理育成に課題

農業企業のもつ問題はかなり幅広く，国家がリーダー企業として育成を図っている48社の上場済み農業企業の経営・財務について，王宏傑は各社の2005年度決算書を分析し，厳しい評価を下している［王宏傑2007］．たとえば，48社のうち企業利潤継続能力を有する農業企業29社（60%），成長性のある企業15社（31%），資産状況が良好な企業8社（17%），負債償還能力のある企業6社（13%），営業能力をもつ企業12社（25%）にすぎない等々である．同様の，企業経営面での問題を指摘した研究は少なくなく，王懐明ほか［2007］，霍ほか［2007］などにも見られる．

このように，財務分析によれば，農業企業として生まれた企業経営はあまりいい状況とはいいがたいが，今後の可能性を判断すると，その発展性は十分に備わっている．というよりも，中国の場合，行き着くところまで行かないことには，その先は見えにくいことが多いのであるが，この場合も現段階では，このままの状態のより高い段階への移行が予想できる，ということである．王宏傑の論文でも，人材育成や経営管理手法の未熟，金融機関の積極的な支援の欠如が問題なのであり，組織形態自体に問題があるわけでないと分析している．

経営の安定に対して，政府からの具体的支援を求める声もある．農業投資回収期間の長期性，投資リスクの他産業に比べての高さなどから，外資からの農

業投資の増加のために，政府は一般の外資優遇政策とは別に，さらに優遇策を講じるべきだとの主張である［呂ほか2007］．呂ほかの論文は，農業が農作物の生産のみならず，生産資材産業や市場開拓，農産物商流や物流など，いわゆる川上から川下まで，広範な農業関連産業や市場の育成につながることから，外資の農業投資と経営参加の受け入れを積極的に支持している内容である．

中国と日本の農業は，見方によっては非常によく似た一面を持っている．それは土地所有に，厳しい規制が課せられている点である．中国の場合，土地使用権の移転は自由であるが農民に土地所有権は認められない．日本の場合，農民は土地所有権をもつが，その移転は農地法によって農民以外には認められない．このように日中の農地問題には強い規制があるが，実は中国の方が農地の集約化，農業経営権の自由な移転という面に関しては，日本に比べるとはるかに自由な面がある．したがって，大規模かつ多様な経営形態で農業経営を行うことができる制度的条件は，日本よりもかなり有利である．

中国が2002年11月に締結（2003年7月発効，2010年1月1日完成）したASEANとのFTA（自由貿易協定）によって，中国は2012年までに150品目の関税撤廃を行うことになった．そのうち32品目（HS6桁），21％は農産品・食品が占める．農産品・食品の占める比率はASEAN6カ国のなかで中国向けがぬきんでて高く，FTA対象国の農業分野に配慮した格好である．重要品目を除外したとの見方も成り立つ［石川2005］締結であるが，中国農業に限ってみれば，非常に大きな影響をもつものである．

中国はFTA締結後の農産物輸入増加を手段にして，自国農業の現状を変えようとしているかのように映る．ASEANとの間では，すでにアーリー・ハーベスト200品目の農産物の輸入関税撤廃を実施していることからも窺えるが，自国農業に対して，これは相当な荒療治である．その意図はよく分からないが，実際の効果として，農業生産費の引き下げを促すことであり，国際価格水準を満たすことができない農業は，存続が危ぶまれる事態を中国政府自らが作り出したという見方も成り立とう（本書第2章で，農業生産費について，米を対象に分析している）．

こうした高いハードルを自ら設定することから期待されることは，農業部門の競争力強化であり，そのために必要な経営規模の拡大と企業経営的農業の拡

大である．農業企業の育成は，そのような流れと軌を一にし，国際化する中国農業改革の有力な具体策としての役割を負うものと理解される．こう見てくると，中国農業が傾向としては農業経営の企業化へ向かっていくことは揺るがないと見られる．

2. 企業型農業＝農業竜頭企業の登場と発展

(1) 中国農業経営の新形態

　中国の農家は多様な環境や条件のもとで，今後，流動化し再編成されていく可能性が高いと思われる．その場合，「分解」という2文字が念頭をよぎるのも自然のことかも知れない．「分解」には古典的な「農民層分解」が当てはまる部分もあるが，それが成り立つための前提条件の1つである近代産業による労働力需要は，多くの場合，中国農村近郊には存在しないか限られているのが現実である．分解するにしても，余剰となった労働力は，いまの戸籍制度を始めとする諸制度を前提とするかぎり，農業・農家補助労働あるいは地方の零細商工業もしくはその周辺産業が抱え込む以外にない．

　土地所有権のない，しかし土地使用権という一種の物権を与えられた，その意味で半借地型小農経営として規定しうる大量の農家の今後の方向として，①跡継ぎを失い自然に消えていく者，②個々人のまま半借地型小農経営として持続する者，③-1 農業産業化の施策の具体的実践方式ともいえる農業竜頭企業のような地域農業関連産業や，③-2 新しい法によって支援された農民専業合作社や「農村専業技術協会」，「農村経済専業経済協会」など多様な協会等を基盤とする協同組織的農業経営に包摂されていく者，という3つの類型に分かれていくのではないかとみられる．本項の冒頭で「流動化し再編成されていく」と表現したのはこのことを指している．

　しかし，③の形態に含められる2つの方式は，性格を全く異にするといえる．「農業竜頭企業＋農家」と，「協同組織＋農家」は基本的な原則や経営理念が異なるからである．単純に言えば，前者は農業竜頭企業の経営利潤獲得に重点を置く経営組織となる可能性が高いが，後者はまず農家の利益に重点を置いた経営を行う可能性が高いという違いである．農業竜頭企業のような地域農業関連

産業の場合，農家・農業を利用して農業に関連する諸事業（農業，畜産，加工，販売，資材販売等々）を行うものであり，農家を市場経済の舞台に引き込んでいく役割，つまりは半借地型小農を市場経済に直接巻き込んでいく作用をもつものである．かといって，農家に対する企業支配の新しい方法や形態だと，観念的に否定すべきものではない．そこには農家支配の気配を感じ取ることはできるが，支配・被支配関係のない市場経済など，どの国にも存在しないことを思えば，それは否定することではなく，むしろそこに中国農業のどのような発展性があるかに注目することが肝要であろう．

　一方の協同組織的農業経営はどうであろうか．中国の合作専業協会（一種の農民協同組合）の制度的な整備を行う過程で，日本の農協はモデルとなってきた．筆者も1990年代の初頭から，日中の共同研究面で若干関わったことがある．しかし，日本の現実を見れば，いまやほとんどの農協が農家組合員から事業を通じて利益を吸い取る組織となってしまった事態を無視することはできない．中国の協同組織的農業経営の場合も，協同組織の運営や担い手の意識を超えて，組織あるいは企業的私的利益を永久に求めないと言い切ることはできない可能性がある．その意味では，協同組合は利益を求めず，社会的な善であると決めつけて済ますことのないよう留意する必要がある．その観点から，中国の農協がよりよい方向に発展するには，日本やそのほかの国の農協を参考にすべきであろう．

(2) 「農業産業化」と農家・企業の経営一体化

　農業産業化に関するここで紹介した一連の動きは，農家と農業企業の連結が，揺るぎない農業経営の一方式となりつつあることを裏づけている．その内容は，分散した大量の小農を大きく束ね，1つの新しい経営意志に集約された大規模な生産組織として再編成することであり，作られた農産物を大量取引できるよう標準化・ブランド化し，または大量の農家を加工品原料の供給先として位置づけ，生産と加工・販売を一体化させようとするものである．従来中国の農家は「一種二養」（一に耕作，二に家畜飼養）という形式が中心であったが，農業産業化が進展した結果「一種二養三加工」と，加工が加わるようになった．そしてこの場合の加工を担当するのは，農家ではなく農業竜頭企業である．

ここからも，農家と企業は「盈亏与供（損益を共に分かち合う）」，「風険共担（リスクを分担し合う）」，「双贏」（ともに利益をあげる）という理念を共有するものとなったといえる．もちろん，これで農家自身の懐具合が大幅に改善されたと結論づけることはできない．

また，「農業産業化」は農家と企業が一種の分業過程に参入し，一体的経営管理の支配下に入ることとも理解されており，この点から農家と企業は同一企業内に属する一種の「車間」（生産現場）にあるという見方も成り立つようである．さらに，経済実態上大きな問題もある．経営体としてみれば，農家と企業はやはり別ものであることである．「農業産業化」に組み込まれた個別の農家を経営体としてみれば，企業の経営体とは独立した存在である．逆説的であるが，ここに，「盈亏与供」や「風険共担」をスローガンとして掲げざるをえない根拠もあると見ることもできる．農家と企業の間で，なぜ，損益やリスクの共有をスローガンとしなければならないのであろうか．この問題は，「農業産業化」が市場経済機構としての完成度をどのくらい持っているかという点に関わる問題である．

(3) 農業産業化の理念と現実

農業産業化の主役である企業と農家の連結の仕方はさまざまである．そのなかで，「企業＋農家」という農業竜頭企業と農家との連結形態においては，企業は個別農家と直接取引関係におかれるため，個々の意志をもつ農家が価格上昇時，農産物を企業に渡さず，市場出荷するなどにより影響を受けることがある．スローガンでは，農業竜頭企業と農家とは「双贏」の関係にあるとされるが，実態は額面どおりにはいかない．企業側は，予定する農産物の集荷ができなければ，営業がうまくいかず損失を被る．逆の場合もありうる．価格下降期には企業は集荷をいやがる傾向がある．このような勝手気ままともいえる行動は，企業と特定多数の不統一の農家が直接相対するところに原因がある．

これに対して，「企業＋合作社＋基地＋農家」の場合は，これらの問題を抑えることのできる形態であるとの主張［戴2004］には一理あるといえる．これは，前述③（117ページ）に属する2つの方式を併せ持つ形態である．この場合の合作社は専業合作社であるが，合作社が企業に対して持つ営業対抗力，

そして合作社の運営や社員がいかなる意識を持つかという点が最も重要であろう．この点については，日本の農協の現状や経験，そして成功の陰にある失敗に学ぶべき点が多いと思う．

　中国で取り組まれている農業の「三化」（農業工業化，現代化，都市化）対策は，従来の中国農業のあり方を根本から変えていこうとの狙いがあるが，道のりは平坦ではなかろう．しかし，その意図や可能性は土地制度のあり方，農業生産・流通のあり方，土地資本の形成とストックを増し，農業技術等をいかに進歩させるかによって実現されもするが，失敗もしよう．ここでの課題に照らせば，農業竜頭企業のような農業企業も，協同組織も個人営農も，少なくとも標準化と国際化を抜きに今後発展することはできないということである．以下，農業竜頭企業の現状についてやや詳しく見ていく．

(4)　農業竜頭企業の全国動向

　2001年の「農業産業化国家重点農業竜頭企業の認定と運行監測管理暫定法」を見ると，国は農業改革やその発展を農業単独あるいは農民単独に任せることに消極的になり，農業を他産業あるいは農外企業とセットにする方法に積極的になりつつあるとの印象を受ける[1]．

　いわゆる農業竜頭企業は，農産物生産，農産物加工・販売・流通，以上の項目に関連するサービス業などを中心とする地域農業関連産業である．地域の農家と，契約栽培・農地使用権集積・加工用農産物買い入れ・資材販売等のさまざまな経済取引関係をもつ企業を指している［黄2004］．地域農業を企業が牽引する役割を担うという意味で，地域農業リーディング・カンパニーと称することもできる．国有企業，郷鎮企業の転化した企業，村民委員会の二枚看板企業，一般の私営企業など生まれもかたちも多様である．

　現段階では農業竜頭企業の全国展開の様子を正確に知ることはできないので，中国政府の公表資料等に依拠し断片的に探る以外になく，事業概要さえも十分に知ることはできない．その理由は，農業竜頭企業の定義が明確ではなく（前掲の法律に定義はあるが，抽象的であり，かつ省級企業においては定義が十分でない）把握困難なこと，金融・税制など一定の優遇措置を与えられていることから，正規・不規格企業が混在している可能性があることなどによる．

第4章　農業企業の生成と育成

農業竜頭企業には，さまざまな分類の仕方がある．黄は天津にある108の農業竜頭企業を，機能面と企業形態面ごとに，次のように分類している（2001年の実態）．まず機能別に，農水産物（野菜，畜産，水産，果樹等）についての加工（50%），サービス（22%），技術（14%），対外（8%），市場販売（6%）の5類型に分ける．企業形態別には，国有企業（24%），集団企業（31%），民営企業（25%），合資・独資企業（18%），株式会社（3%）の5類型に分ける．機能別のうち，加工はワイン，白酒，酪農品，澱粉，冷凍肉などが主であるが，あとははっきりしない．ただし，黄は高い技術との組み合わせ，加工原料としての農産物を総合的に利用する段階に至っていないこと，市場競争力に難があること，輸出可能な品目が少ないこと，国家級農業竜頭企業でさえ規模が小さく「農業産業基地」形成には至らず，農家を巻き込む力が弱いことなど，多くの課題があるとしている［黄 2004］．

この点に関する全国的な統計情報は必ずしも明確になっていないので，農業竜頭企業の全国的な活動実態は不明である．そこで，筆者が作ったのが表4-1である．同表は政府資料の特別市・省・自治区ごとの農業情勢情報から，農業竜頭企業に該当するもの（「農業竜頭企業と明記されているもの，および農業産業化を示す企業のうち農業竜頭企業を指すと見られるもの」）を筆者が拾い出して集計したものである（データは2004-05）．農業竜頭企業には大別して，国家級竜頭企業，省級竜頭企業，市級竜頭企業がある．同表によれば2005年時点で，これらすべてのレベルの竜頭企業は，全国で4万470以上あり（「中共中央・国務院『"十五"回顧と"十一五"企画』では4万9,704），うち国家級377（同580），販売額合計9,330億元（同1兆4,261億元）である．輸出額200億ドル（『"十五"回顧と"十一五"企画』），農業竜頭企業との間で何らかの提携関係にある農家数4,030万戸（同4,000万戸），農業竜頭企業との関係から，その農家が利用している農地面積や農業竜頭企業自身が利用している農地面積911.6万ha（同2,067万ha）である．

地域別の特徴を見ると，以下のようになっている．まず国家級，省級等を合計した農業竜頭企業数については吉林省（3,800），黒竜江省（1,300），上海市（420），江蘇省（3,657），浙江省（8,764），安徽省（4,100），山東省（8,392），湖北省（1,997），広東省（1,724），四川省（1,500），雲南省（2,561），甘粛省

表 4-1　農業竜頭企業の全国概要

	竜頭企業数	国家級	省　級	総資産	販売額
北京市	72				
天津市	108(1)			34億元(1)	
河北省	161	21			
山西省					285億元
内蒙古自治区	58	18	40		
遼寧省	不明				
吉林省	2,500 1,300	20			
黒竜江省	1,300				550億元
上海市	420 うち2000万元以上 105				
江蘇省	3,657(農業産業化企業)	28		1,126億元	1,823億元
浙江省	8,764		174		
安徽省	4,100，売上10億元超 6	20	155		565億元
福建省	不明				
江西省	不明				
山東省	8,392(100万元以上)(畜産400以上) 1億元超 884，10億元超 359 (輸出企業 60)	32 (2)	重点 359	2,897億元	4,521億元
河南省	不明				
湖北省	1,997				560億元 (利潤49億元)
湖南省	166				413億元 (利潤18億元)
広東省	1,724		重点 105		
広西チワン族	97	12	85		
海南省	不明				
重慶市	159		159		387億元(加工)
四川省	1,500				
貴州省	不明				
雲南省	2,561		重点 96(含む国家級)	226億元	
西蔵自治区	63	10			
陝西省	不明				
甘粛省	1,187(特に馬鈴薯)				
青海省	40(特に畜産)				
寧夏自治区	不明				
新疆ウイグル	144	120			
全国	40,470 ※49,704	377 580			9,330 1兆4,261億元 (2000年比40％増)

資料：中共中央・国務院「"十五"回顧と"十一五"企画」から筆者作成．
注：1)　竜頭企業数※49,704は，全国農業産業化企業114,000（上記資料記載）に，竜頭企業比率43.6%
　　2)　全国欄の上段は表の合計値，下段は「"十五"回顧と"十一五"企画」による．
　　3)　竜頭企業の定義は「農業産業化国家重点竜頭企業の認定と運行監測管理暫定法」（2001.6施行）第2
　　4)　(1)は2001年の数字で，［黄 2004］による．
　　5)　(2)は山東省農業産業化信息網による．
　　6)　基地，協会の意味は本文参照．

(2004/2005)

輸出額	取引・参加農家数	対象農地面積	主な経営連結モデル
	21.4万戸(1)		
	187万戸		
	170万戸	373万ha	企業＋協会＋農家
	133万戸	10万ha	
	600万戸	132万ha	
	182万戸	300万ha	
	870万戸		(賃貸, 株式会社, 組合, 契約)
	200万戸以上		
	968万戸 (農家の50%)		
	685万戸	93万ha	
	35万戸	3.6万ha	
	60%以上農家		注文方式(訂単)
200億ドル (2004年)	4,030万戸	911.6ha	企業＋基地＋農家
	4,000万戸	2,067万ha	企業＋仲委＋農家
			企業＋村委＋農家
			企業＋協会＋農家
			注文方式

(同) を乗じて得た数.

条参照.

(1,187) といった地域に集中しており，この12市省で全体の76%を占めている．特に多い省は浙江省，山東省で，農業竜頭企業発祥の地といわれるだけのことはある．また作目別の特徴もあり，吉林省では畜産が，甘粛省では馬鈴薯が目立っている．数字の分かっている限りでは，農業竜頭企業の販売額も山東省が4,521億元と抜きんでている．次に多いのは江蘇省の1,823億元である．

　農業竜頭企業は農業産業化に欠かせない企業であるが，それは農業経営と直接・間接に関わっているからである．この意味で，どのくらいの数の農家と関係し合っているかという点は，重要な意味をもつ．さらにどのような関係にあるかという点は最も重要であるが，まず数だけ見ると，山西省187万戸，黒竜江省170万戸，江蘇省600万戸，安徽省182万戸，山東省870万戸，広西チワン族自治区200万戸，四川省968万戸，雲南省685万戸と，農業竜頭企業数の多い省では関係農家数も多くなっている．また農業竜頭企業と関係する農家数が省内の総農家数に占める割合が高いところは浙江省，山東省で40%以上，四川省，新疆ウイグル自治区では50%を超える．

　次に，農業竜頭企業と農家はどのような関係にあるかみよう．まず農業竜頭企業と関係する農家または農業竜頭企業が独自に耕作に関係する農地面積であるが，数字が不明なところが多く，地域別に目立った特徴を見ることはできない．全国平均では1農家当たり52a（2,067万ha/4,000万戸）である．しかし省によって，1農家当たり平均面積にはかなりの開きがある．黒竜江省や安徽省では大きく，江蘇省，浙江省，雲南省，青海省などでは小さいのが特徴といえなくもない．以上によって，従来，全国的な実態が必ずしも明確でなかった農業竜頭企業について，少しは明らかになったように思われる．

(5) 農業竜頭企業と農家の関係

　農業竜頭企業と農家との間の具体的関係であるが，李，鄭両氏によれば，①企業＋農家，②企業＋基地＋農家，③企業＋協会＋農家，④企業＋支部＋協会＋農家，⑤企業＋専合組織（農民専業合作経済組織）＋農家＋保障体系，⑥企業＋園区＋農家，⑦企業＋市場営業販売組織＋農家がある［李，鄭ほか2006］．後述するように，これ以外の連結方式もあるが，李らの類型化によれば以上のようになる．

なかには，明確に協同組合的な合作社を連結させるべきだとの意見もみられる．たとえば，⑧企業＋合作社＋農家である．そしてさらに合作社の役割を明確にした⑨合作社＋農家こそがふさわしいとする見解がある［曹ほか2005］．また農業竜頭企業＋専合組織＋農家方式（⑤の方式）が最も重要であるとする意見もある［閻2006］．これらのなかで現在最も基本的な型は，農業竜頭企業と農家が直接関係し合う，①企業＋農家型である．これらの型が地域ごとにどのような特徴を持っているか，また，この基本的な型にも多様な型があるが，地域別にどのような特徴があるかを把握することは，現段階ではかなり困難である．

これらは企業と農家のインテグレーションともいえるが，日本のインテグレーションを想像しても理解しにくいところが多くある．というのは，企業と農家を結ぶ仕組みが単なる農業インテグレーションとは比較にならないほど複雑であり，システム化が完成されていない場合が多いからである．

さてここで農業竜頭企業のコントロール下におかれる「基地」の意味について触れておく．これは，大規模のまとまりのある農畜産物栽培・生産農場や畜舎を表現したもので，農地使用権の買収あるいは借り上げ，使用権の交換分合による農地集約化などによって大規模化したものである．また加工・保管等のための施設を指して基地という場合もある．農家はそこで雇用されるか，土地と労働を農業竜頭企業に提供し，その地代と雇用労賃を受け取るか，契約により農産物を企業に売り渡す場合とがある．協会とは専業協会を，専合組織とは専業協会と合作社の融合組織を指す．なお現在，山東省など中国農業の先進野菜産地では，農産物加工は農業が市場経済化するうえで，あるいは農業産業化のうえで不可欠の部門となっている［呉ほか2006］．

(6) 相互評価：農業竜頭企業と農家

農業産業化の一方の担い手である農業竜頭企業と農家は，互いにどのように評価し合っているのであろうか．農業竜頭企業は資金力や組織力，政治力などによって，農家との力関係は圧倒的に有利であると思われても不思議ではない．こういう見方があるからこそ，曹ほか［2005］のように合作社の役割への期待を膨らませる見解が生まれるのであろう．

表 4-2 農業竜頭企業と農家との関係

(単位：%)

		企業合計	国家級企業	省級企業	市級企業	その他企業
実　　数		115	12	41	49	13
農家作目	耕種農業	54.7	56.9	50.2	57.7	55.1
	畜産	38.0	41.4	33.9	40.0	42.0
	その他	7.3	1.7	16.0	2.8	2.9
連結方式 (MA 回答)	契約栽培	62.9	48.7	57.9	67.1	85.3
	利潤返還	10.8	22.1	7.6	8.0	22.1
	出資配当	2.1	1.8	1.6	2.0	1.5
	サービス提供	35.8	25.7	29.6	42.8	41.2
	その他	20.0	22.1	28.0	13.7	16.2

資料：閻玉科「農業竜頭企業与農戸利益連結機制調査与分析」．

　この両者の相互評価について，閻は 2006 年，広東省で 115 の農業竜頭企業（国家級 12，省級 41，市級 49 を含む）と，1,120 戸の農家を対象にアンケート調査を実施した［閻 2006］．表 4-1 にあるように，広東省は農業竜頭企業が多い省であり，意義のある調査だと思われる．そこで，調査企業の概要および農家との関係を表 4-2 に示した．

　まず農業竜頭企業全体と関係のある農家の主要作目であるが，「耕種農家」54.7％，「畜産農家」38.0％ という内訳である．「畜産農家」もかなり多いことが明らかとなっている．これを企業の形式別に見ると，市級企業の 57.7％ は「耕種農家」と関係しており，他を上回っている．省級企業の 16.0％ は耕種・畜産いずれでもない農業と関係しており注目されるが，具体的な作目は不明である．

　次いで農家との連結方式であるが，企業全体では 62.9％ が「契約栽培（または契約飼養）」であり，この方式を採用している最多の企業形式はその他企業の 85.3％ で，市級企業 67.1％ が続く，この連結方式を採用している国家級企業は半数に満たない．「契約栽培（飼養）」以外の連結方式では，「サービス提供」を行っている企業が 35.8％ と 2 番目に多い．国家級企業，省級企業では 30％ に満たないが，市級企業とその他企業では 40％ を超える．企業全体で見ると「利潤返還」関係は少ないが，国家級企業およびその他企業の 22.1％ がこれに該当する．「利潤返還」は利潤の 2 次決算とも言い，企業利潤を農家

表 4-3 農家の竜頭企業に対する満足度
(単位：%)

	企業合計	国家級企業	省級企業	市級企業	その他企業
満足	19.3	23.5	19.6	14.7	38.5
比較的満足	52.3	47.0	46.2	59.4	47.7
普通	25.4	28.7	29.4	23.6	10.8
不満	3.0	0.9	4.7	2.3	3.1
	100.0	100.0	100.0	100.0	100.0

資料：表4-2に同じ.
注：回答農家数は不明.

に分配する方式といえるが，その基準は明確ではない．また「出資配当」は無視できるほどしかないが，農家が企業の株式を購入し，配当するものなので「利潤返還」とは異なる．

次に表4-3および表4-4により，農家，農業竜頭企業が互いをどう評価し合っているかについてみよう．まず農家側の農業竜頭企業に対する評価である（表4-3）．同表によると，「満足」している農家は19.3％にすぎない．なかでも，市級企業に対する評価が最も低く14.7％しかない．農家の「満足」が最も多いのは，その他企業で38.5％である．「満足」しているが19.3％に対して，「比較的満足」は52.3％と最も多い．「普通」は25.4％で，これに「不満」の3.0％を加えると約30％に達する．しかしこの調査結果の数字だけ見れば，農家の農業竜頭企業に対する評価はそれほど悪くはないといえる．ただし，この調査結果にどこまで農家の本音が反映されているか，という点に留意することも大切である．

次いで表4-4による農業竜頭企業側の農家に対する評価についてである．まず「満足」している企業が42.9％，「比較的満足」している45.7％，合わせると90％近くが満足していると見てよい．ちなみに「不満」をもつ企業はゼロである．「満足」しているのが最も多いのは，国家級企業で約60％と多い．しかしその他企業のうち「満足」している企業は27.3％にすぎない．何らかの理由があるに違いないが，調査結果の分析論文は，それに特に触れていない．

農家，企業各々の評価を見て言えることは，企業が農家以上に高い評価を下しているということである．そしてこの点からは，農業産業化については，企業の方が農家以上に評価していると言えそうである．言い換えれば農業産業化

表 4-4 竜頭企業の農家に対する満足度

(単位：%)

	企業合計	国家級企業	省級企業	市級企業	その他企業
満足	42.9	58.3	40.5	44.4	27.3
比較的満足	45.7	33.3	45.0	44.4	63.6
普通	11.4	8.3	13.5	11.1	9.1
不満	0	0.0	0.0	0.0	0.0
	100.0	100.0	100.0	100.0	100.0

資料：表4-2に同じ．
注：回答企業数は不明．

という政策は，農家以上に企業に利益をもたらしていると言える．しかし調査結果は，満足する農家も少なくないことを示していることも事実である．

　最も大切なことは，この調査の対象となった地域では契約栽培（飼養）という連結方式が最多である点である．この方式自体に，企業が農家以上に，契約関係を評価する仕組みが潜んでいる可能性がある．契約栽培（飼養）方式には，農家が出荷後企業から受け取る収入が生産コストや農家所得をどこまで保証するか，という基本的問題がある．この点を契約条項がどこまで明確に書き込んでいるか，ということが注目点である．しかし，この調査分析論文では不明である．

3. 農業竜頭企業の類型化と農家の定義

　企業型農業は農業産業化の文脈の過程から，生まれるべくして生まれてきたといえる．そのなかでも農産物加工業に注目し，農民と市場とを結ぶ一連の経済活動の先頭に立つという意味を込め農業竜頭企業と呼び，仲介的機能を担う存在として位置づける見方がある［葛，李2007］．この農業竜頭企業が中核となって行う企業型農業経営には3つのケースがある．①農業竜頭企業と農家とが契約栽培を行い，企業が間接的に農業に関係するという意味で間接型農業経営のケース，②企業が農場を持って経営を行う直接型農業経営のケース（直営農場経営のケース）である．さらに③日本の農協的な組織化原理を理念とする，協同組織型農業経営のケースである［張安明2007］．

　前述のとおり農業竜頭企業には，「国家級重点竜頭企業」と「省級重点竜頭

企業」などがあり，国家級竜頭企業が政策の対象になったのは「農業産業化国家重点竜頭企業の認定と運行監測管理暫定法」による．この法律では国家級竜頭企業が農業生産，農家を市場へ誘導すること，加工，流通など，事業内容を指定し，資産規模や事業規模範囲を定めるなど，国家が農業竜頭企業として認定するための条件を規定したものである．

(1) 間接型農業経営のケース

さて上掲の3つのケースのうち，①のケースは中国各地で散見され，普通の耕種農業や花卉栽培のような場合にも該当する例がある．筆者が2001年に調査した雲南の花卉栽培地帯の例であるが，中国で最初の花卉栽培企業として株式上場する予定のある隆格蘭園芸公司という著名な企業である．2024年までには中国100大企業の1つになることが目標という意欲と展望を持った企業で，現社長が400万元（6,200万円：1元15.5円で計算）の個人資金を投資して土地を開墾した．経営幹部の話によれば，村民委員会（村委）から50年（通常，規定では農地は30年）の使用権を得ているという．契約栽培面積は500ムー（33ha）あるが，6カ所に分散している．農家には，輸入した種子あるいは苗をはじめ，技術者の派遣まで行い，生産された花卉は企業が買い取るという方式である．相手農家数は数十戸であるが，直接個別に農家と契約するのではなく，中間に入る村委との契約が公式的なものである．こうした形式を取ることで，村委が，農家を選定し，管理することになり，企業側は経営リスクの回避ができるという利点がある．企業は集めた花卉を深圳の企業に委託販売し，種類によっては輸出する．2001年時点の公司の花卉販売シェアは，中国全土で40%，雲南では80%を占めるほどまでに成長した．

次の事例は，河北省石家庄市に本社を構える河北華田食品有限公司である．この企業は1992年設立，資本金300万元，契約栽培の対象となる耕地面積は1,000ムー（67ha）と大きい．事業内容は，トウガラシを主原料とする調味料加工，そのほか雑穀栽培，雑穀買入れ，加工，輸出も行っている．年間の生産能力はトウガラシ3,000トン，雑穀3,000トン，ソラマメ500トン，トウガラシ加工が800トンである．年間販売額は4,860万元に及んでいる．

山東省濰坊市の濰坊楽港食品有限公司は，近隣の農家と一体型経営を営む大

規模農業企業である．この企業の経営方式は，農家との関係が平等・互恵関係にあり，「企業＋生産加工基地＋農家」方式である．その中心は農家に同じ条件の下で栽培された苗を供給し，統一的栽培技術を用い，統一された品質の農産物を栽培し，販売もまた統一的管理のもとで行われる点にある．この例は，日本の柑橘栽培を共同で行う無茶々園と似ている．

　濰坊楽港食品有限公司は一種の持ち株会社化しており，その傘下の１つに総資産10億元（155億円），従業員8,000名，年当たり営業額20億元（310億円）という，1996年設立の濰坊楽港食品股份有限公司がある．この企業は鴨農家との契約飼育で，鴨の集荷，育成，加工，販売を営むが，山東省はもともと北京ダックの発祥地といわれるだけに，鴨肉の飼育が盛んなところである．それが，こうした企業が発達する背景の１つとなっている．当企業には，冷蔵工場，加工施設等があり，年当たり3,000万羽の処理能力，鴨肉10万トンの生産能力を備え，"楽港" というブランドで輸出も行っている．なおこの企業は，「濰坊市農業産業化10指竜頭企業」の称号を得ている．また2000年には，全国151の国家重点竜頭企業の１つになっているほど有力な企業である[2]．

　濰坊市にある農業竜頭企業のもう１つの特徴である経営方式は，「企業＋農場（畜産）＋雇用労働力」方式と呼ばれるものである．この事例として昌邑市金絲達実業有限公司があり，1992年に創業した．現在の総資産は2.6億元（40.3億円）で，"山東省私営企業100強社" に選ばれている．１万ムー（67ha）以上の育苗・育成農場，1,000ムー（6.7ha）強の熱帯植物栽培園を持ち，農民の農地利用の商業化を図っている．人員面では2,000名の常勤労働者，6,000名の臨時季節労働者を雇用，そのうち農民が雇用労働者の大半を占め，地域の雇用創出にも貢献している．このような経営方式もまた今後の新しい農業・農村振興に貢献するものとして地域でも期待されている[3]．

　次は濰坊裕田食品公司の事例である[4]．この農業企業は2001年に日本との合弁によって設立され，投資額210万ドル（２億5,000万円），1,800トン貯蔵の冷凍庫２棟を含む施設床面積２万5,000坪の大規模企業である．生産農産物は白ネギ，サトイモ，キャベツ，ショウガ，ニンジン，タマネギ，カリフラワー，ヤマイモ，ゴボウ，アスパラガス，ダイコン（以上，主な青果物），キュウリ，インゲンマメ，オクラ，ニンニク（以上，主な冷凍野菜）などで，年間

の生産量1万トンである。70％は直接国内の量販店に出荷し，日本にも輸出しているが，輸出総額は1,000万ドルに達する。特に2003年の白ネギの輸出量は中国第2位，山東省第1位の実績を持っている。日本への白ネギ輸出量の12％を占める。

この企業の直営農地面積は15haに達し，白ネギのほか，アスパラガス，タマネギ，ゴボウの栽培を行っている。これら品目の品種は，すべて日本種である。農地使用権は農民が持っているが，その使用権の実質的支配はこの企業にあるとみてよい。これを農家と企業との一種の共同性と見れば，70％の農地がこのような農業竜頭企業との関係にある潍坊市では，同様の形態の農業企業が多数ある。これらの企業はその典型といえる。

北京順鑫農業股份有限公司は，北京順義区政府が主導し10企業を集め，前身企業を1994年に設立したものである。1998年深圳証券取引所に上場，現在5支社，7系列企業に成長している。2003年売上げ35億4,000万円，資産額291億円で，穀物種子産業，果物生産，苗木栽培，野菜栽培，果物・野菜冷凍加工，果汁生産，家畜処理・加工品製造，卸売市場経営と多角的に展開し，農家から農産物を購入し加工・販売する。販売農家の1人当たり純収入は，95,000円（2003年）である。この企業は「農産物の生産販売一体化経営」の実現を目指している[5]。

煙台中糧長城牌葡萄酒公司は，1999年設立のワインメーカーである。農民の耕地200ムー（13ha）をブドウ産地化し，良質なブドウ栽培が企業の良質なワイン生産に直結するので，農家と一体的なワイン生産を行っている。2001年には農民純収入は以前の4倍強の78,000円へ増加。2002年に235国家級竜頭企業の1つに選定された。伝統的訂単から農民と企業の利益共同体化を目指す。地域農民は地代，労働費，各種奨励金などをこの企業から受ける。企業は農民に対してブドウ栽培技術指導を行い，栽培ブドウの品質の向上を図っている［朱2003］。

四川緑科高科技農業有限公司は，有機野菜と無公害野菜の栽培販売を目的に1999年12月，資本金4億5,000万円で設立された。現在，総資産17億円，固定資産8億9,000万円余り。方式は「企業＋科技＋農家」であり，企業と農家の「新型利益連結機構」を成立し，無公害野菜の生産基地の形成を目指す。四

川農業大学，四川省農業科学院等との共同研究により，現在無公害野菜ジュース，ニガウリ製品化研究などを手がける．2003年時点の無公害野菜栽培農家数は13万戸．基地に参加する農民の平均純収入年間155,000円で，企業設立時の1999年に比べ12,000円増加した［潘2004］．

もう1つは河北省のクルミ栽培・加工，採卵，野菜，苗生産などを中核とする複合経営の河北緑峰果業有限公司の例である［葛，李2007］．設立は1999年で，現在までかなりの経営実績がある．企業形態としては「企業＋農家」であり，近隣の農家の所得安定，農村過剰労働力の消化，出稼ぎの減少にも貢献しているという．この企業には45名の株主がいて，資本金が500万元（7,500万円），企業で働く者が役職を含めて22名，経営農地面積1万ムー（670ha）である．2005年の生産額はクルミ43.5トンで，2005年の広州農業博覧会に出品した際は品質が評価され，1kg 90元（1,350円）の値がついた．しかし葛，李によると，この企業には，融資，人材，経営管理，企業文化，法人としての組織管理（株主会，取締役会，監査会における役割分担等の問題）などが不十分であるといった問題がある．とくに，人材と経営管理能力の弱さが目立つという．この点は，まだ農業企業経営のリスクが安定していないことを示している．

以上は耕種農業，穀物種子生産，農産品加工，農業生産資材製造・販売などの農業竜頭企業を選び，簡単に紹介したものである．これらの企業例は，農業に関連する事業種類が川上から川下まで，非常に多岐にわたること，企業と農家との関係が強いことを示している．ただし，すべての農業竜頭企業と農家との関係は契約を媒介とするもので，一体化の程度という点では，次に述べる(2)のケースに比べると低い．もちろん，「一体化」が最も優れた方式というわけではない．

(2) 直接型農業経営のケース

まず紹介したいのは，福建省のある柑橘栽培企業の例である．ここは広大な面積の山林を利用して，株式会社の形態をとっている．以前は普通の請負責任制であったが，現在の経営者が農家に相談して資金調達し，それを株式の発行と交換した．従業員は10名程度，全員雇用方式で労働時間に応じた賃金を

支払う．土地は村民委員会の所有であり，調達した資金は機械，輸送トラック，集荷・保管施設等のために利用した．柑橘類は海外輸出を行い，経営は良好ということであった．株式所有者には，金額は伏せたがそれなりの配当を行っているという[6]．この事例は，1戸の請負農家が自らの資金で土地集約を行い，企業経営家に成長した例である．

　この橘類栽培企業は福建省アモイ市から離れた広大な山間部を利用して，ザボン栽培・販売（輸出を含む）を営んでいる．この企業は1986年に設立された．人民公社の解体に伴って，生産大隊長をしていた現在の経営主陳氏（54歳）が中心となって設立したものだ．耕地面積は300ムー（20ha）にザボン100ムー，温州系ミカン100ムー，レイシ40ムー，リュウガン60ムー，ほかに野菜畑等60ムーを栽培し，国内出荷のほか，東南アジア，ヨーロッパ方面にも輸出するようになった．柑橘類の栽培技術は，現在の経営責任者である総経理（社長）の陳氏がテレビ番組やラジオの農業番組等で習得したという．彼は元生産大隊長であったが，仲間4名で100万元を出資し合い，不足を地元政府からの借り入れで株式会社制農業企業を興した．農地はすべて村委から集めた．現在は陳氏がほかの3名の所有する株を全額買い取り，事実上個人農業企業となった．従業員は季節によって異なり，農繁期には60名ほど雇用，常時10名前後を雇用する．現場には，広大な山林傾斜地を利用して，柑橘類の樹木が点々と植えられている．

　現地は，里から未舗装の曲がりくねった狭い山道を車に揺られること小1時間の標高500m以上のところにある．筆者たちが訪れたときはちょうどザボンとミカンの収穫期に当たっていた．収穫されたものを見ると，ザボンは品ぞろいや色つやも一定で，味もかなりのものであった．ただし，ミカンの方は品質にばらつきがあり，かなりの農薬を使っているらしいことは，中年の女性たちが農薬を水桶で洗い落としている様子から想像がついた．

　通常，これだけの広さの柑橘園の場合，給水パイプが網の目のように敷かれ，収穫した柑橘類を運ぶためのロープウェイ等の設備があっても不思議ではないが，そこには一切なかった．ということは天水利用の手作業運搬ということになるが，これだけでも大変な農作業である．

　しかし，この農業は300ムーの農地使用権を集積し，個人で大規模な柑橘経

営を行っているという意味で，従来の農民像を打ち破る先進性を持っている．毎年200トンのザボンを輸出している．年間販売高は750万円，支出は270万円という．現在は払う必要がないが，以前は年間30～45万円相当のザボンを現物納税していたという．家族3人の食費は月45,000円，娯楽費が多いときで30～45万円というが，かなり大きめの話である可能性もある．

問題は後継者難である．現在息子が大学に通っているが，将来，農業を継ぐ意志はまったくないという．父親としては，子どもの意志を尊重するという．父親が言うには，おそらく跡は継がないだろうし，継がせたくもないという．この点は多くの同例がある．

もう1つの直接型農業経営の例は，無錫朝陽股份公司である．この農業企業は国家重点竜頭企業であり，傘下に野菜副食品販売，青果副食品販売，農産物販売・輸送事業を治め，2003年における販売総額は20億元（310億円）の規模を持っている．無錫市場における販売シェアは野菜90％，果物95％，家禽50％，豚肉33％を占める．この農業企業の特徴は生産基地，販売市場，チェーン式スーパー経営，保険の複合経営にある．この企業自身が販売している野菜，果物，家禽，花卉などを生産する「基地」でもあり，新しい設備を備えた大型の物流拠点でもある[7]．

山東省遼城の山東緑香源果業有限公司は，ナツメ，ナツメ苗木，黄金ナシ，リンゴ，モモ，ニンニク等の栽培・加工，販売（東南アジア，香港などへの輸出を含む）を手がける山東省西部最大の青果竜頭企業といわれる．創業は2000年で，現在従業員が季節によって変動があるが11～50名，年商500～700万元（7,750万～1億1,000万円）である．主な設備として年産600トンのナツメの真空脱水装置，保冷倉庫のほか，2,000ムー（133ha）の農地を保有する[8]．農地は近隣の農家から集めたものと考えられる．

以上は穀物以外の畜産物や青果物を取り扱う企業であるが，次に見るのは，有機米専門の吉林省苗豊米業有限責任公司である．この企業は，固定資産6,800万元（10億5,400万円）で，吉林省内に4カ所の精米工場があり，日本の佐竹製作所製の精米機を8機揃えている．有機米（水稲）作付面積は60万ムー（4万ha）および，日本の2006年度の水稲作付面積は約171万haなので，この2.3％に相当する面積を栽培していることになる．この企業は生産

された米の銘柄確立に力を注ぎ，現在統一して"関東苗米"というブランドで販売している．生産から販売まで，統一された方法を採用，品種の統一，統一販売（一手専門販売），統一宣伝，統一配送を行っている．水稲栽培面積が広く，土地条件や気候条件などは異なる．それゆえ栽培された米には，品質面や収量面で場所により差が生まれるに違いないが，それだけに，こうした「統一」的取り組みが必要なのであろう．販売に関しては，現在，北京，天津，昆明，西安，深圳に支店を設けている[9]．この企業は4万haという広大な稲作面積を有しているため，日本の戦前期に大地主として各地に存在した1,000町歩地主よりもはるかに大規模な，まさに想像を絶するほどの稲作経営体である．この企業がどのくらいの数の農家から農地を集約したのか不明であるが，農家の平均農地面積を50a（7.5ムー）程度とすれば8万戸程度となる．

　以上2つの〈間接・直接〉型農業経営方式について述べたが，おそらく実態は，①間接（契約栽培）方式と②直接（直営）方式の混合方式が基本的な類型となっているように思われる．この点は，農地使用権の流動化がなお進捗過程にあり，今後どの方式に向かっていくのかによって，その比重も変わっていくものと思われる．

(3) 協同組合型農業経営のケース

　このケースは協同組織型農業経営であるが，実に多様な形態をもっている．「協同組織」といえば農業合作社が念頭に浮かぶが，農業合作社とは概念的には別物である．協同組織とはICA（国際協同組合同盟）の統一綱領である「協同組合原則」に則る必要があり，その基礎には市場主義（私有制度），自由主義がある．ところが中国の農業合作社は計画経済の下における農業の集団化を目途としたものであり，そこに，協同組合に対する個人の加入・脱退の自由，民主的経営といった協同組合原則は存在しなかった．西側における協同組合と東側における協同組合は，同じ協同組合の衣を着ているようで，実は異質のものであった．

　協同組合論研究学界では，市場経済制度の下における協同組合であれば，求めなくとも社会的平均利潤が与えられる基礎をもつとする三輪の理論［三輪1969］の理論的な正当性を疑う者は少ない．この研究は，世界的にも水準の高

い日本の協同組合研究学界では，それまで伝統的だった近藤康男協同組合理論［近藤 1962: 1966］に全面的に反論したもので，学界に大きな衝撃を与えた書であった．この著書は，中国やソ連の集団農場が協同組合ではなく，社会主義的農業の1つの形態であることを明瞭にした意味もあった．したがって，かつての中国の農業合作社もまた，自由の問題から協同組合ではないことになる．

一方，人民公社解体後，中国農村で最近生まれつつある集団的農業経営は，協同組織的な外的条件と内的条件を不徹底ながらも備えつつあると見ることはできる．ここで外的条件とは，言うまでもなく市場経済の農村への浸透であり，基本的な経営の在り方が市場経済に順応しなければ生き残れないという条件のことである．また内的条件というのは，日本の農協をモデルにしたような「農業専業合作社法」の制定（2007年7月施行）に象徴されると思うが，協同組合としての組織，事業，経営管理を組み込んだ，協同組織的農業の可能性が現実的になってきたことを意味する．

張安明は江蘇省包容市の協同組合組織農業の展開，特に戴荘村有機農業組合を取り上げ，その組織原理や経営管理方式の調査を通じて，それが協同組合組織に基づく農業であることを指摘した．ここでは農業「経紀人」（仲買人）[10]の占める組織化への影響力，組合員の作った農産物の販売面における役割を指摘しながら，しかし本質的には協同組織的農業経営の生成と展開を重視している．張安明が指摘する点は，それがかつての人民公社制に基づく農業合作社とは異質である点で，この点にこそ展望があるとする［張安明 2007］．その一方で，農村信用合作社，農村購販合作社などの合作組織の位置づけと役割を根本から見直すべきだとの見方もある［沈 2007: 249］．それはそのとおりであるが，農民の協同アレルギーを刺激しない近代的な経済・社会制度の導入も併せて考えることが非常に必要である．

中国の最近の形態の農業合作社の動向については青柳が詳しく，農業経営を協同組合方式で直営する戴荘村有機農業組合のほか，日本の農協のように流通協同組合あるいは各種指導・サービスを主業務とする協同組合とを区別し，そのうえで，細部の分類を行うというアプローチで分析している．この場合，青柳は直接農業経営を行う組織としては「私有型」―「農民専業合作社」―「企業インテグレーション型」・「個人企業型」・「協同組合型」のように連なる分類を行

第4章　農業企業の生成と育成

っている［青柳 2002; 2007］．青柳の研究は中国における協同組合の諸形態を念頭におき，特に農業経営体に絞っているわけではない．しかし，ここで挙げた「企業インテグレーション型」・「個人企業型」・「協同組合型」などの場合は，農業経営の新しい動きと連動する，中国に生まれつつある新しい協同組合の芽として位置づけているように見える．

もう1つの協同組合組織方式による農業経営の例は，人民公社型集団経営である．これを上記の形態によって分類すると，協同組合型の農業経営に属するものといえる．この具体的な事例は，西安市戸県后寨村村民委員会が当てはまると思われる[11]．現在は形式的には村民委員会となっているが，見た目には，以前の人民公社がそのままに残ったようなものである．もちろん，市場経済がこの村にも急速に押し寄せているから，外部環境の変化から孤立して生きることは不可能である．組織の運営管理は人民公社方式をそのまま残し，経営の方式自体は，市場経済社会に適合するような人民公社の方式つまり協同組合的農業経営，もっといえば，市場経済下の生産協同組合といって差し支えない方式に変化したものということができる．市場経済下においても，生産協同組合は機能しうるのである［高橋 1993: 58-61］．

后寨村村民委員会は共産党員数35人，村の指導者幹部9人，農家戸数352戸，人口1,305人，うち就業人口840人で，以前の8生産小隊を基礎に，村の組織はさらに生産グループに細分される．村の農地面積1,200ムー（80ha），1人当たり農地面積0.91ムー（6a）で，主要作目はアワ，二毛作の小麦・トウモロコシ，レンコン，キュウリ，トマトなどの青果物であり，直営のガラス工場（従業員260人，年産1万m²），住宅建築用資材，運送会社，火力発電所を兼営する．これら工場関係の資産評価額は3,800万元（5億7,000万円）で，そこで働く労働者数は600人，ガラス工場は旧式で，原料は廃棄ガラス瓶などを再利用，ガラス工場のボイラー熱を利用した温水を利用した共同風呂も兼営する．

収穫した全農作物は，いったん村の収入になり，労働点数（家族数割70％，労働日数割30％）に応じて現物が支給される．現金換算では1点は1.4元である．なお一部は食糧倉庫を経由し，また一部は直接加工場を経由して販売され，その部分は村の収入となって蓄積され，道路建設，工場関連資産の補修費等村

の公共支出のための原資となる．村の収入は2005年では9億6,000万円である．村人は賃金支給を受け，年平均7万円である．そこに失業者はいない．村のスローガンは"先富と共富"である．このほか，村の65歳以上の女性高齢者には毎月900円，退職幹部には4,500〜7,500円，70歳の退職年齢に達した男性高齢者には月1,800円の養老金を支給しているという．また，村の年間の納税額は4,500万円である．

　この村は，全体が農業と工業を営む企業（生産部門）のようなものであるが，全員がここで労働し（労働する場所は村が指定し，自由度は低い），その代価を賃金として受給する．その意味で，名称には協同組合という文字はないが，現代の生産協同組合的経営と言っていいと思われる．筆者はこの村にほぼ1週間とどまり調査を行ったが，この村の村長である張氏は穏やかな性格の持ち主で村人からの人望も厚く，優秀な人物との印象を受けた．2006年時点で58歳，指導者として約30年にわたってこの村の維持発展に尽くしてきたそうだ．この村は察するに，高い農業生産力と温厚な性格の人びとを背景に，人民公社のもつ農民間の平等性を維持しようと，今日まで存続してきた．これを支える村人にそれなりに幸福感がなければ，こうは続かなかったはずである．

　村人の意識は依然，人民公社の一員なのだろうが，先ほども述べたように，外部環境はすでに大きく変わってしまった．もちろんこの変化が起きていることは，ガラス工場やそのほかの経営，農業そのものの市場経済への包含という事実から，内部では十分に意識されている．経営の存続のための競争意識の高揚，コスト意識の改善・強化が必要となっていることも，指導者は十分承知している．つまり自分たちが置かれているのは，市場経済という競争社会なのだという意識は非常に強い．

　そしてそれゆえにこそ，この村は協同組合的農業の一端を担っているといえるのである．もし，依然として社会主義の理想を追い求めているのだとしたら，すでに存続は危ぶまれていたに違いない．

　気温50度近いガラス工場内を見学したが，その設備は，素人目で見ても旧式であって人の手作業依存度が高く，効率もよくないと察しがついた．しかし，なぜ生き残って，輸出できるほどの競争力を持ちえているのかを思うとき，ここには競争に耐えうる知恵やコスト節減の工夫，つまりは経営上の能力がある

のだということに気がつく．その能力の1つを示すのが，ガラス原料のすべては廃棄されたガラス瓶であることである．それを入手し，原料として使えるまでの処理は手際よい．本来空き瓶をリサイクルするには，紙を剝いだり，蓋を取ったりする手間がかかるが，それは村人の仕事である．村人は，それが村の収入に関わることを知っているから，多少の無理をしてでも働くのである．そしてそれが経営全体のコスト低減と効率向上に寄与している．

　この例のように，中国の社会主義的歴史を踏まえて生まれ，内容を変えつつ，今日まで持続してきた協同組合的な農業経営は，先の包容市の有機農業組合の例のように，ほぼ無の状態から有機農業という現代的要請に応じるかたちで生まれてきた協同組合的農業とは生成の契機を異にする．しかしそこには共通点もある．協同組合としての内実を伴いながら農業を行うという点である．これは，中国の農業経営史上，新しい組織的農業の1つとして注目される．

4. 農業産業化の類型と考察

(1) 農業竜頭企業＋農家の発生契機

　現在までのところ，農業竜頭企業と農家との連結方式は複数あり，さらに試行錯誤の最中と言ってもいい過程にある．つまりどのような方式に落ち着くのか，確実なところはまだ見えていない状況である．

　農業竜頭企業農家が農業産業化の基本型になる以前——もっともつい最近のことであるが——，中国語でいう「経紀人」つまり「仲買人＋農家」という型が改革開放後，農家と市場を結ぶ流通機能を担う原初的な型であった．特に農業生産力が弱く，発展の遅れた農村では，農家と顔なじみで，市場の情報収集や農産物売買の経験が豊かな仲買人に頼ることはそれなりに適した方式であった．しかし，農産物市場が発達してくるにしたがい，仲買人の力に限界が見え始め，市場対抗力が必要になった時点で，その力不足が決定的になっていった．仲買人の商売は，気まぐれな庭先取引で，取引規模が小さく，農産物価格の動きが農家に不利になったとき，その不利をカバーする能力に欠けるようになった．耕作面積や飼養頭数が大きい農家にとっては不満がつのる一方となってきた．こうして「仲買人＋農家」の型はその基本的な方式から消えつつある．そ

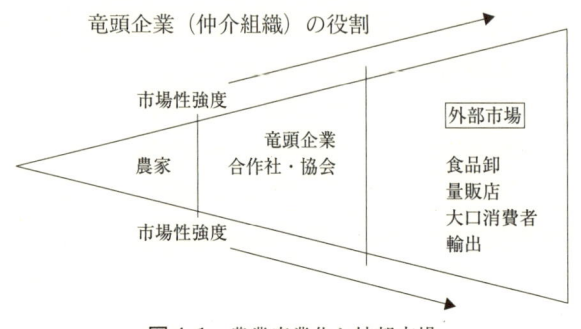

```
         竜頭企業（仲介組織）の役割
    ┌─────────────────────────→
    │  市場性強度    │         │
    │                │         │ ┌──────┐
    │                │ 竜頭企業 │ │外部市場│
    │      農家      │合作社・協会│ 食品卸
    │                │         │  量販店
    │                │         │  大口消費者
    │  市場性強度    │         │  輸出
    └─────────────────────────→
```

図 4-1 農業産業化と外部市場

こで急速に広まっていった方式が，「企業＋農家」という連結方式なのである［鄧 2002］．

　農業産業化は農業竜頭企業を先頭とする農業部門の市場経済化，あるいは市場経済への農業部門の融合とみることができる．通常，市場経済との距離が最も大きな部門は農家であり，単独の力ではその距離を縮めることはできない．農家と市場を結ぶ中間項が弱い中国の場合，農業竜頭企業が図 4-1 のように，その役割を担う存在としてクローズアップされる．この図で外部市場とはすなわち市場経済であり，農業竜頭企業あるいは合作社や各種の協会は市場経済に直面する農家にとってのインター・フェース的な存在となっている．

(2)　農業産業化の類型について

　すでに述べたように，農業竜頭企業と農家が結びつく現在の方式は，李と曹が整理したように，以下のように，ほぼ 9 通りの型に分類した方がより実態に合っている［李ほか 2005，曹ほか 2006］．いずれも理念的には企業と農家の一体化，利益共同体としての共存共栄を謳い文句にしている．そこで，各々の方式について，簡単なコメントを加える．なお①から⑨というように 9 個の型を並べたが，この並び順は，ほぼ農業産業化あるいは農業竜頭企業と農家との連結方式の，今後の発展方向を示唆している順序といえる．

　①企業＋農家：企業が各農家と個別に契約（契約栽培）．農産物を企業が農家から買う場合は，「訂単」方式が一般的．企業が農家に対し作目，品種等を要求し指導する．企業は市場価格より優遇することがある．

「企業＋農家」方式は，企業と農家の経営一体化の程度や所有権の共同性如何によって，さらに4種類に分かれるという見方もある［曹，雷2005］. a)互恵契約方式，b)株式出資方式，c)市場取引方式，d)土地貸借・農民雇用方式である.

これらのうちa)互恵契約方式は，企業と農家とが同等の関係に基づいて経営と所有権を一体化するものである.「企業＋農家」方式の最も基本的かつ一般的な方式である. b)株式出資方式は農家が企業の株式を一定数取得するもので，農家による出資を通じた企業活動への参加という姿をとる. c)市場取引方式は企業が農産物を市場を通じて販売するが，その結果の分配は市場販売額に依存するというものである. 企業が農家とはまったく関係なく独自の経営を行うもので，企業と農家との間に，経営上の一体化は存在しない. d)土地貸借・農民雇用方式は，実際上企業の独自活動に依存するもので，成果は出資株式に依存する. ただし，企業には農民が労働者として雇われることもあり，その意味でのつながりがあるにすぎないものである.

②企業＋基地＋農家：三者連結契約. 企業が農家に対し種子，教育，技術を提供し，農家が栽培した農産物全量を等級に応じた価格で買い取る. 農家は企業のそれぞれの工場のような機能を担う.

③企業＋協会＋農家：企業が個々の分散する農家取引を農家組織である専業協会を通じて行うための方式. 農家の要望も協会を通じて企業へ伝えるので，協会が中間（仲介）組織となっている.

④企業＋支部＋協会＋農家：支部は村などの行政組織の出先または党幹部を指す. 行政権力を利用すること，あるいは農業行政の実効を高める狙いがあるとされる. ほかに，党幹部の力で企業，農家間の諸問題解決など事業の円滑な展開を期待する面もある.

⑤企業＋専合組織（農民専業合作経済組織）＋農家＋保障体系：企業が農家に供給する資材，資金の貸付（前貸し），債権の回収を，農民合作組織に依頼するもので，「保障体系」とは，企業側のための債権保障（保証）を意味する. 企業の農家に対する信用不足ないしは欠如を補完する意味がある.

⑥企業＋園区＋農家：園区とは最近増え出した大規模な農業科技園区・農場をいう. 企業はこの園区に資材，施設，技術を提供し，生産された農畜産物の

全量買い上げを行う．地域の農家は園区に，労働，土地その他生産手段を集約するかたちで参加する．

⑦企業＋市場営業組織＋農家：市場営業組織は企業と農家に市場情報を提供し，同時に，農家から市場のニーズに応じた農畜産物を購入し，企業には加工品出荷を要請し，自ら卸売市場ないしは大規模小売店を開場する．市場営業組織は，この場合，農民合作組織のような機能を併せもつことが期待されている．

⑧企業＋合作社＋農家：企業と農家の中間組織として農家組織である合作社を介在させるもので，企業，農家双方に利益がある．企業にとっては，農家を包括して接することができるし，営業リスクを合作社に転嫁しやすい．農家にとっては，企業との交渉能力を高めることができると同時に，企業取引と当該企業以外への販売を天秤にかけ，有利な方向を選ぶことができ，企業に対する牽制機能をもつことができる．

⑨合作社＋農家：企業＋農家という連結方式に代わる方式で，合作社が企業に代替する方式である．基本的に企業と農家は，規模の大小，商取引や機能面から対立する関係にある．そこで，農家組織である合作社が企業に代替すれば，その対立は解消されるという考えに基づいている．しかし，農畜産物を販売する機能には，それを農家から仕入れる機能が付随するから，機能的に企業と代替することはできない．しかも，合作社だからといって農家の利益が期待どおりに確保されえないことは日本はじめ，各国の協同組織が示すところでもある．しかし，理念的には，一体感が生まれ事業の展開には有利に働くことが期待されている．

なお以上の連結方式は，結局は企業と農家がどのように関係し合うかを示すと同時に，企業と向き合う農家を誰が組織するのか，ということを示すものである．中国の現在の農民は，一般に，農村人民公社の「大鍋飯」（一律主義，悪平等）や画一主義に嫌気がさして，組織化されることに警戒感を抱いている．企業との関係では，個々の農民が企業と同等の関係を築こうとするようになっている．「企業＋農家」方式はその方式である．ただし，企業との間に立つ中間（仲介）組織が必要な場合も少なくないし，互いのリスク分散の意味などから，多様な方式を取る状況が生まれている．「企業＋農家」方式以外の方式がそれである．作目の特徴や市場との距離，地理など多様な条件差がそれを促し

ている．

　ただし，念のため，企業と農家との連結方式には，大別して3種類しかないという異なった見方もあることを付け加えておきたい．これは考え方や発生の契機による分類であり，参考にすべきものである．具体的には，a)郷村行政組織の指導幹部が発起して組織した場合＝「企業＋基地＋農家」方式，b)専業技術協会が組織した場合＝「企業＋協会＋農家」方式，c)専業合作社が組織した場合＝「企業＋合作社＋農家」方式である［曹，雷2005］．

(3)　産業化の類型についての評価

　以下，農業産業化に伴って生まれてきた多様な類型について，中国人研究者はどのように評価しているか，付け加えておきたい．

　曹，雷の指摘は適切である．彼らは言う．「農業竜頭企業と農家が直接連結する企業＋農家方式の場合，小生産者と大規模企業という関係になり，異質の関係，あるいは一種の矛盾が潜んでいる．この方式は異質性があるからこそ成り立つのであるが，利益を分かち合うという面での矛盾を解消するには難点がある」［曹，雷2005］．

　そこで，市場経済のルールや経営的技術を併せもつ組織としては，⑨「合作社＋農家」方式が最も農家自身の利益になる可能性がある．合作社は協同組合方式であり，組合員あるいは社員が農家自身であり，得た利益は，仕組み上農民自身に帰属することになるからである．このような意見は，多くの論者によって指摘されあるいは主張されている［戴2004；曹，雷2005；遠2006；閻2006］．

　筆者も同感の部分もあるが，これを援護するかのように，中国では合作社法制度の整備も行われてきた．前述のように，2007年「中国農民専業合作社法」（2006年11月公布）が施行された．施行間もないことから，実際にどの程度運用しやすいかなど不明の点もあるが，制度的には，「合作社＋農家」方式が生まれ，発展するための条件の1つになるといえそうである．念のため付け加えれば，2006年12月時点の中国全土の合作社の会員数は3,486万人である[12]．もう1つの条件は，農家自身にある．つまり農家が，どれだけ市場経済下の農業協同組合を理解し，参加し，利用するかという条件である．これなしで，「合作社＋農家」方式の基礎が固まり，発展することは困難だと思われる．

(4) 糧食購銷企業の利用と取引方式の分類

　品質のよい穀物の調達を行うため，農業竜頭企業が糧食購銷企業（購銷：仕入れと販売）と提携する例もある．農業竜頭企業と糧食購銷企業は競争関係にあることが多いが，市場競争を有利に進めるための提携が見られるようになった．農業竜頭企業にとって，糧食購銷企業の魅力は地域密着型で国有企業が多く，倉庫を持っていることである．また，地域に関する情報や地域のさまざまな意味での風土を熟知していることが多く，農業竜頭企業にとっては役立つことが少なくない．糧食購銷企業は1998年頃から改革の対象になっているが，財産持ち逃げや資金の外部流出が表面化するなど，解決すべき課題は多い．また購銷企業には経営再建途上にあるものが多い状況にあるが，農業竜頭企業との提携あるいは経営の一体化がプラスに作用する期待もある［康2006］．

　そこで，農業竜頭企業が購銷企業との間でどのような取引方式をとっているのかをみよう．これには大別して，5つの取引方式がある．①委託売買方式，②買断（買い切り）・買い付け，③倉庫借り（買い）付け，④訂単（注文書）買い付け，⑤財産権対処方式，の5つである[13]．

　①委託売買方式は細かく分類すると，さらにはa)購銷企業100％子会社委託売買方式，b)農業竜頭企業100％子会社委託売買方式，c)手付け金（訂金）売買方式の3種類がある．共通するのは，購銷企業などの子会社である買い手が，買い付ける農畜産物の加工企業などの規定に基づいて品質・数量を買い付けるが，その際の一定の買い付け費用，保管費用，出庫費用，銀行利息（農業竜頭企業100％子会社の場合は含まず）を加工企業が負担することがある点である．売買により市場価格が上下した場合には，双方が均等に利益あるいは損失を分け合うことになっている．

　②買断・買い付けは，購銷企業が加工企業の提示価格，納期やそのほかの要望に従い商品を買い切るものである．その際，加工企業は買い付けのための金を全額支給し，期限までに納品させる．

　③倉庫借り（買い）付けは，農業竜頭企業が主導権をもつ方式である．購銷企業が倉庫を持っている場合それを借り上げ，合わせて購銷企業の従業員を利用した商品買い付けを購銷企業に委託する．この場合，買い付け価格，品質と数量は農業竜頭企業が決め，購銷企業の従業員の給料等も立て替える．必要に

より農業竜頭企業が購銷企業に資金を貸し付ける方式もある．

④訂単（注文書）買い付けは，農業竜頭企業が購銷企業に指定する単価，品質や数量の農畜産物を買い付けることを委託するものである．

⑤財産権対処方式には，さらに3つの小方式がある．a)農業竜頭企業が購銷企業に資本参加して，事業を管理し，農畜産物の出所を抑える．b)購銷企業が農業竜頭企業を買収または資本参加し，原料となる農畜産物の取得権を確保し，それを農業竜頭企業に加工させる．利益は資本支配率により分配する．c)農業竜頭企業が財産権を行使して購銷企業を経営再建または買収し，企業集団の中核となり，購銷企業を取り込むものである．

5. 経営一体化の完成度

農家と農業竜頭企業の経営一体化は，共に市場経済に参入することを通じて利益を得ることであり，両者の中間に専業協会や合作経済組織が加わることがある点はすでに見たとおりである．そしてその完成度は，農業産業化をどうみるかという点と関連する．

(1) 経営一体化について

「農業産業化」を農家と企業の経営一体化と仮定すると，まだ成長過程にあると判断せざるをえない点が多々ある．一般的に言えば「農業産業化」には農業竜頭企業が農家から土地使用権を借り受けて，地代を負担して，農業生産を直接行う場合もある．そして農家は当該企業に労働者として雇用される場合もある．このような場合は今後さらに増加する可能性もある．

さて，経営一体化は農畜産物の生産を農家，加工や販売を農業竜頭企業が行うという図式の成立を目指している．それは経済活動として異質な内容を分担しあうことを目指すことであるが，農業生産を行う企業が自ら加工・販売を行う場合と異なるのは，前述したように経営体として互いに独立している点である．ここで最も大きな問題は，損益の分配方式，リスク分散の仕方である．とりわけ損益の分配は経営一体化の程度を測る指標となる．この点はすでに述べたことである．

(2) 中間組織の経済的機能について

　経営一体化の1つの特徴はすでに見たように，企業と農家以外に専業協会や合作経済組織が付属している場合が少なくないことにある．その背景には，上述した2つの異質の経済主体——農家と農業竜頭企業——が1つの経済活動に参加することによるアンバランスを緩和するための要請があると考えられる．そのアンバランスは結局のところ，零細な農家に経済的不利をもたらすのであり，これらの中間組織は，その経済的不利をいくらかでも緩和することに期待がかけられている．中間組織は大量の農家群を組織化して，交渉能力をつけることで農家の経済的な脆弱さを補い，農業竜頭企業の支配力を緩和する働きをするのである．中間組織が，農家が会員になる専業協会や合作経済組織であることが多い理由である．

　しかし農業竜頭企業は，中間組織がこのような機能をもつだけならば，自らの利益を直接増やす理由にはならないので容認しがたい．そこで，農業竜頭企業にとっても中間組織が介在する積極的な理由，機能がなくてはならないが，その機能として，農業竜頭企業は中間組織に対し，自らの負担を軽減，あるいはなくしながら大量の農家群を取引相手として同質の組織にまとめ上げる機能を求める．その経済的効果は，個別農家を相手にする場合生じる莫大な取引流通冗費の節約，大量仕入れによる取引価格の引き下げなど流通費用全体の節約，および大量農産物の品質標準化と付加価値の増加など多岐にわたっている［呉ほか2006］．

　このような中間組織として，専業協会と農業合作社がある．前者は，特に種子，防除，緑色野菜栽培など新しい農業栽培技術の普及と販売に力点をおきながら，生産・加工・貿易など広範な取り組みを行い，後者は建国後の社会主義的合作社とは異なる点をもつ市場経済志向型の協同組合でICA原則を意識したものが中心となりつつある．

専業協会　専業協会は農家や企業が作る場合が多く，組織形態は社団，自主・自立，民主的管理，非営利を理念とする．この点では協同組合理念を共有しているといえる．その理念は，自主性（同一業種の農家あるいは企業の自発的・自立的組織であり，会員は加入・脱退の自由の権利をもつ），職能性（農業を基礎とし，農民のための農村経済・農業生産・農村生活全般にわた

第4章　農業企業の生成と育成　　　　　　　　　　　　　147

る業務を行う），仲介性（農家あるいは企業と政府の橋渡しを行い，政府に必要な要請や建議を行う．また政府の産業政策や行政・法律に協力する），自律性（各協会は規則を定め，協会・市場を強化し，協会全体の利益を増進する）を持っている．法制的には農業専業合作社と異なり，特定の根拠法はなく，設立登記をすることで承認を得る民間団体である．ただし，実際は県や市政府とのつながりが強い（山東省章丘市万新富硒ネギ協会の例）．

　専業協会は作目ごとに作られることが多く，地域ごとの特産品にはほとんど作られていると見てよいと思う．この点では，日本の農協の傘下に属する各種生産部会のようでもあるが，会員資格は農家以外の企業でもよい点では異なる．また，規模と関係なく組織され，大きい協会では農家数数千という場合もある（章丘市万新富硒ネギ協会）．なお，全国組織として，中国農村専業技術協会がある．

農業合作社　農業合作社は2007年7月施行の「農民専業合作社法」が根拠法となっている．主たる構成員の資格は農民であり，ICA協同組合原則を遵守する中国版農協である．生産前，生産中，生産後各々における農家に対する農業サービスを主な業務とし，その段階ごとに組織されている．たとえば，生産前に属するものでは肥料・飼料・農薬・種子など各種資材供給合作社，生産中のものとして大型農業機械利用合作社，水利施設使用合作社，農産物病害虫防除等専業合作社，生産後のものとしては農産物販売合作社や加工合作社などが，作目ごとには養鴨合作社，養豚合作社，ネギ合作社などが作られる場合もある［李瑞芬 2006］．

(3)　増加する農業専業技術協会の実態と役割
1）技術協会の類型

　ある協会での筆者の聞き取りによると，農業専業技術協会はチベットを除き，中国全土に誕生し農業技術の普及や農業資材供給・農産物共同販売など日本の農協の指導事業や経済事業と同じような事業を行っている．誕生は改革開放以降で1998年にはすでに12万を数え，現在はその倍近い数に上っていると見られる．対象とする作目は穀物，青果物，キノコで，加工，運輸，水産，林業など幅広く網羅されている．協会は加入・脱退が自由な協同組合原則を導入し，

会員による民主的な管理を行うものもある．運営も基本的に自由であるが，行政との関係が強く，登記が必要なことから地方農業行政当局の指導を受けることが多い．協会は農業専業合作社を倣う場合もあるが，組織法はなく，日本風に言えば社団的な任意団体である．

組織は少ない場合数十戸，多いところで数千戸といった開きがある．組織は村，郷，県など行政地域単位に設立されるが，なかにはこのような地域や市あるいは省を越える場合もあるようである．河北，山西，吉林，山東，湖北，四川，貴州，雲南，陝西，新疆ウイグルなどでは省単位の連合会が生まれている．1995年にはすでに，全国組織「中国農村専業技術協会」が北京に設立されている．なお農業専業技術協会は3つの類型に大別できる．

①技術交流型

会員に新しい技術を伝えたり，技術習得のための教育訓練を主な活動とする協会．全体の半数がこれに当たるとされる．

②技術経済サービス型

技術指導を基礎に，会員に対して優良新品種の提供，生産資材供給，市場情報の伝達，輸送サービスなど生産前，生産中，生産後の各種サービスを行う協会．

③経済経営実体型

この類型の全体に占める割合は10％程度とされる．これは会員に対する経営管理方式の統一化の教育，加工品の取り組みの奨励，経済効率の改善や営農リスクの分散を図るための支援を行う協会である．この類型に属する協会には合作制をとるものもある．前二者と異なり，資本・技術・労働の結合を図ることを通じて，会員と協会の利益が密接になる性格を持っている．

前述したことであるが，性格的に，農業専業技術協会は，元来農民の自発的な動機によって生まれた相互扶助組織である．しかし既述のように，制度的には農民専業合作社とは異なるので注意を要する．市場経済の進展と食糧供給の安定，高品質農産物への消費者ニーズの高まりを背景に，量より質への転化を促すと同時に，その必要性を宣伝する源泉ともなっている．誕生後から「百県千会」（あらゆる県に千の会を設置）というスローガンで試行錯誤を続け，ようやく今日に至ったといえる．1987年には国務院が「中国の特色ある技術経

済合作組織農村で誕生」という報告書を刊行したことにより，協会は公式に認められる存在となった．

2) 協会の典型事例：章丘市万新富硒ネギ協会（山東省）

つぎに協会の事例として筆者が 2007 年に訪問した章丘市万新富硒ネギ協会（山東省）について概要を紹介したい．この協会は章丘市の特産品として中国でも名高い長ネギ栽培専門の協会で，1997 年に発足し，現在約 1,600 戸の会員がある．組織的には万新地区，秀恵地区の 2 つに協会があり，万新地区を本部とする．上の類型に当てはめると②技術経済サービス型に該当する．協会の設立に際しては市党委員会，市政府，市農業局，市野菜局などの指導・協力を得た．また発足時には，党村支部，村民委員会，数十人の党幹部，優れたネギ栽培技術をもつ農家，大規模ネギ栽培農家などの参加のもと，村を区域とする専業協会であった．この地域の 85％ 以上の農家は長ネギを栽培し，農地の 90％ がネギ栽培に利用され，以前から有名ではあったが，その後の協会の活動は銘柄の確立に貢献した．現在では，6 カ所の郷鎮，60 以上の村に会員農家が拡大している．

発足してから協会がまず取り組んだのは，会員農家の栽培する長ネギの標準化，銘柄確立で，協会を共同販売組織とする農家と協会の経営一体化である．「農業産業化」政策の主要な担い手は農業竜頭企業であるが，この協会の場合は，その機能を自ら担っていった．農家全体の栽培技術と品質を向上させるため，2000 年には大学や省の農業科学院所属の専門家を技術顧問とする章丘保健型長ネギ研究所を併設，長ネギの抗癌作用の研究を開始するなど業務拡大を行っていった．そして 2001 年には国家工商総局に「万新」という商標登録を行い，併せて緑色食品の承認を受けた．いまや「万新」というブランドは中国全土はおろか輸入業者間では国際的に有名になりつつある．

なおこの協会がカバーする農地面積は 15 万ムー（約 1 万 ha）であるが，そのすべてに省が規定する無公害農産物生産の条件をクリアし，現在は国家緑色食品原料としての資格を申請中である．銘柄の確立は価格面で有利に働き，2005 年冬には全国で最も高い 1kg 5 元を記録し，1 ムー（6.67a）当たり 5,000 元（8 万円）以上の農家所得となった．1 戸平均では 2〜5 万円の所得向上につ

ながったという．

　ここで「基地」の概念を含め，章丘市万新富硒ネギ協会と農家，農地との関係について触れておきたい．まず「基地」であるが，この呼称は中国農村の至る所で散見することができる．その意味は，ある条件を備えた一定の面積や規模をもつ生産現場あるいは土地空間を指すと思えばよい．たとえば，"無公害農産物生産基地"があるとする．無公害農産物生産基地の条件は，半径5km以内に汚染物質を排出する工場棟がなく，高速道路からも離れており，灌漑排水施設が整い，耕土が厚く，有機質の含量が2%以上，窒素含量が0.08%以上，リン含量が0.07%以上，土壌pH値が7.5～8.2などの条件を満たすことと規定されている．その結果，これらの条件を備えた環境をもつ大規模の生産団地が無公害農産物基地となる．章丘市万新富硒ネギ協会はこのような条件をクリアし，2004年に省農業庁が承認した「無公害農産品生産基地」となった．

　規模に関しては特に規定がないが，最低でも数十ha以上ないと，一般には基地とは認められない．章丘市万新富硒ネギ協会の場合には大規模な基地を擁する専業協会ということになる．

　農家と協会との関係は社団会員と社団との関係に匹敵する．ただし会費は不要で，協会の運営資金は，長ネギの販売代金の3%を手数料として控除することから得ている．この点は日本の委託共販方式と同じであるが，そのモデルは台湾の農協から得たという．周知のように，台湾の農協の組織・事業などの方式は日本の農協から移転されたものだから，日本の共販方式と同じであるのには理由がある．

　つぎに農家の農地と協会との関係である．農産物の標準化は結局は栽培方式の統一化，防除の統一化に帰着するから，農地が協会の方針や事業経営とどのように関係するかを見ることは重要である．この点，農地は農家が使用権をもつが，事実上は統一された利用がなされているといってよく，実質的に，個々の農家は協会の定めた基準に従い栽培するので，農家は受託栽培者と同じであり，農地は実質的に協会の管理下におかれているといってよいであろう．

　その根拠は，以下のような「六統一」と呼ぶ厳しい統一基準の遵守である．「六統一」とは，①種子の統一，②肥料・農薬・セレン（抗癌剤）の統一，③生産技術操作規定の統一，④組織・宣伝教育の統一，⑤ラベルの統一，⑥統一

第4章　農業企業の生成と育成　　　　　　　　　　　　　　　151

販売のことである．このうち，④，⑤，⑥を除き栽培方法に深く関与する項目である．セレンは当協会の長ネギに含まれているとする抗癌作用を強化することに目的があるのであろう．

　なお③に関連するが，防除に関しては独特の方法を開発して，会員に普及中である．これは殺虫灯，黒光灯，性誘剤，黄色板・青色板誘殺法など多様な方法で主に蛾の退治を行うものである．性誘剤と黄色板・青色板誘殺法はこの協会が推進する方法で，性フェロモン誘剤によって雄の蛾を引き寄せ，蝿取り紙のように粘着剤を付けた黄色板や青色板にくっつけて，あるいは円筒形の容器に入れた水に追い落として退治するというものである．黄色板や青色板の色には蛾を引きつける効果があるとされ，ネギ畑には点々と小旗のように立っている．雄の退治によって交配相手を失った雌の蛾は卵を産まないので，やがて蛾は絶滅するという期待を込めた方法である．このような性フェロモン式防除方式は，すでに各国でも実用化されている．

　以上のことから，農地利用は協会の統一された管理下にあると見ることもでき，協会を指揮管理組織を頂点とする大規模経営の形成を示すものと見てよいであろう．

注
1) 農業竜頭企業と農家の問題を農地集積の観点から分析したものに次がある．菅沼圭輔［2005］「〈農業の産業化〉と土地利用再編」田島俊雄編『構造調整下の中国農村経済』東京大学出版会，75-91頁．現在は，竜頭企業を農業生産の担い手や農業経営概念の拡張という視点から，広く考察することが必要になっている．
2) 同社ホームページ．
3) 同社ホームページ．
4) 資料は2007年8月．
5) 同社ホームページ．
6) 2003年，筆者調査による．
7) 同社ホームページ．
8) 同社ホームページ．
9) 同社ホームページ．
10) 経紀人とはブローカーのことであるが，日本語として産地商人あるいは産地仲買人といった方が適切である．中国で経紀人は多様な人が多様な商売を行い，なかには農民もある．現在は国家資格ではないが，その役割の大きさと所得保証などの目的で湖南省経紀人協会は，一定のセミナー受講後，経紀人証書を発行している

(http://www.csh.gov.cn).
11) 調査は 2006 年 8 月に実施.
12) 2007 年 7 月, 農業部農村経済体制与経営管理司公表 (http://www.csh.gov.cn).
13) 「糧食購銷企業与竜頭企業対接的思考」中国食品商務網. http://www.21food.cn/html/news/

引用文献

青柳斉［2002］『中国農村合作社の改革―供銷社の展開過程』日本経済評論社.
青柳斉［2007］「中国農民合作社の新展開とその制度的特徴」『中国21』Vol. 26, 1月.
石川幸一［2005］「始動する ASEAN―中国 FTA（ACFTA）」『国際貿易と投資』No. 61.
遠炳傑［2006］「農民専業合作社発展状況及金融支持的調査」『浙江金融』3月.
閻玉科［2006］「農業竜頭企業与農戸利益連結機制調査与分析」『農業経済問題』（月刊）第 9 期.
王懐明ほか［2007］「農業上市公司資産構造与公司効果的研究」『華東経済管理』2月.
王宏傑［2007］「我国農業企業自主創新現状分析」『現代農業科技』第 1 期.
霍遠, 楊紅［2007］「新疆農業上市公司 2005 年財務状況聚類分析」『新疆農墾経済』1月.
葛文光, 李録堂［2007］「農業産業化竜頭企業縦深発展的実証研究」『中国郷鎮企業』1月.
呉志雄, 華美家, 劉恵, 楊占科［2006］『論農業産業化―経営体系』中国社会出版社, 20 頁.
黄学群［2004］「天津市農業竜頭企業概況及発展建議」『中国農業科技道報』第 6 巻 (6).
康涌泉［2006］「改制后的国有糧食購銷企業制度創新研究」『集団経済研究』9月.
近藤康男［1962］『協同組合の理論』御茶の水書房.
近藤康男［1966］『新版協同組合の理論』御茶の水書房.
朱林［2003］「新世紀一探」『内外葡萄与葡萄酒』1月.
曹俐, 雷夢江［2005］「"公司＋農戸"的経済学分析」『生産力研究』No. 6.
戴敬東［2004］「這個 "公司＋農戸" 為何失敗」『中国合作経済』12月.
高橋五郎［1993］『生産農協への論理構造』日本経済評論社.
張安明［2007］「誰が中国農業を担うべきか」『中国21』（愛知大学現代中国学会）Vol. 26.
張暁山［2002］『連結農戸与市場―中国農民中介組織探究』中国社会科学出版社.
趙国棟［2002］「農業為主地区農村人口与持続的発展」『経済師』第 10 期.
沈金虎［2007］『現代中国農業経済論』農林統計協会.
鄧勤［2002］「公司制是農業産業化発展的新探索」『領道決策信息』11 月, 第 43 期.
潘敏［2004］「延伸野菜産業鎖努力開展深加工」『農産品加工』8月.
三輪昌男［1969］『協同組合の基礎理論』時潮社.

村山貴規,木南莉莉 [2005]「上海市周辺モデル野菜産地における輸出体制の現状―龍頭企業を事例に―」『新大農研報』58 (1)：17-27.
李瑞芬 [2006]『農民専業合作社経済組織知識』中国農業出版社，4-5頁.
羅東明，楊明洪編 [2007]『我国農業産業化経営風険研究』哈爾浜工程大学出版社，58頁.
李樺，鄭少鋒，王博文 [2006]「竜頭企業与農戸利益連結模式的探討」『西北農林科技大学学法（社会科学版）』第6巻第2期.
李宗才 [2006]「対農村労働力老齢化的思考」『安徽教育学院学報』第24巻第1期.
李樺，鄭少鋒，王博文 [2006]「竜頭企業与農戸利益連結方式的探討」『西北農林科技大学学報（社会科学版）』第6巻第2期.
龍鴻鈞，付英 [2007]「山東省農業産業化発展的現状及対策」『世界農業』4月.
呂立才，高玉営，黄祖輝 [2007]「中国農業利用外商直接投資的現状，問題及対策」『経済問題』第1期.

第5章

農業竜頭企業と農家の利益分配方式

1. 利害関係の克服の障害

(1) 利益分配の問題

　第4章で述べた農業竜頭企業と農家における経済的な連結関係の分類において留意しなければならない点は、利益分配方式がどうなっているか、という点である。利益分配、つまり損益の分配の仕方が明瞭であるか不明瞭であるかという問題は、両者を基軸とする連結関係を強くもするし弱くもする。この点から見て、農業産業化のいくつかの方式のなかで、最も崩れやすい方式は「企業＋農家」方式である、といえる。というのは、農畜産物の売買契約を締結した時期の価格どおりに、実際の農畜産物の市場価格は動かないからである。もしも実際の市場価格が高くなった場合、農家は竜頭企業へ出荷するよりも市場に売った方が得である。これは契約違反に当たることもあるが、農家にしてみれば、それなりに合理的な行動である。一方、価格が契約時よりも下がった場合、農業竜頭企業は農家から買う量を減らしたり、他所から買ったりすることもあるが、これもまた合理的な一面をもつ［張, 胡 2004］。一方にとっては合理的な面をもつからこそ、相手にとってはときに不合理な場合があり、その場合、仕組みは崩れやすい。

　「企業＋農家」連結方式の最大の弱点はこの点にある。そこで、論者によっては、企業と農家の間に、前章の9つの類型のように、細分化された仲介組織を置くべきであるという主張が生まれてきた。その組織の形態としては、各種の専業協会や合作組織が好ましいというものである。その中に農業竜頭企業が組織を担う一員として参加すれば、農民との距離が縮まり、契約関係の実行と

維持に役立つという意見である［周，曹 2000］．

　以上のように，農業竜頭企業と農家の連結方式がいかなるものであろうと，そこには企業と農家の経済的利害関係があり，それがどのような仕組みになっているかという疑問が生まれる．そこで，次に具体的に利益分配方式を検討しよう．利益分配方式には，複数の方式があるが，おおむね以下の3つの方式に集約されるようである[1]．

　「買断型」利益分配方式 　「買断型」利益分配方式[2]とは，前述の購銷企業との取引方式からきた呼称で，農業竜頭企業が，農家が生産した農産物を最初に買い付けるもので，一定程度，農産物の販売難を解決する手段となる．ただし，農家が受け取る価格は受動的なもので，価格決定権は農業竜頭企業側にある．このことから農業産業化を推進するうえで，農家の積極性を引き出せない問題がある．野菜，果物などにこの方式が多い．現地では，農家が取引を行う企業の選択を間違うと，ひどい目に会うという認識がある．この方式は，その性格からいって，農業竜頭企業にヘゲモニーがあり，農産物の市場価格実勢に応じて，農家は収入に直接の影響を受けやすい．

　保護型利益分配方式 　保護型利益分配方式は，農業竜頭企業が農家から買い付ける価格に一定の農家保護的要素があるものをいう．そのため農業産業化を推進するうえでも，農家の積極的参加を促す効果がある．ただし，農家の農産物市場での地位を根本的に改良するものとなるかというと限界があり，市場の変動から生じる価格リスクをある程度和らげる効果をもつにすぎない．

　いくつかの農業竜頭企業では，この方式に当てはまる「流動価格保護」方式を採用している．たとえば，トウモロコシを農家から買うという契約を取り交わす際，1kg当たり0.9～1.2元で価格を決めておき，収穫後実際の市場価格が上昇した場合，引き取り価格を高くし，下がれば安い価格で買う．加えて，もし品質がよければ市場価格より高く，あらかじめ定めた全量を買い付けるというものである．この方式のポイントは，品質改善を奨励する意味が含まれている点である．この点は，農家の利益になるだけでなく，企業側にとっても，ほかの農業竜頭企業との競争上有利になる利点がある．

第5章　農業竜頭企業と農家の利益分配方式　　　　　　　　　　157

サービス型利益分配方式　サービス型利益分配方式は、契約段階で農家が売り渡す農産物の数量、品質、販売価格、農業竜頭企業が農家に提供するサービス内容を取り決めるというものである。企業は農家に提供したサービスに要した費用はその都度は徴収せず、農産物を買い上げる際に、農業竜頭企業が支出した費用を控除して、その代金を農家に支払うという仕組みである。

この方式を採用している著名竜頭企業の1つである広東省の温氏食品集団有限公司[3]は、農家個々に畜産物の飼養条件を示し、技術員を派遣し、現場の飼養評価を行い、最低の飼養数量を決め、場合によっては企業が畜舎の設計なども援助し、その後に再び契約を締結し直している。

農家はあらかじめ鶏1羽について2元の保証金を企業に支払い、その後、企業は雛、飼料技術教育等を農家に提供する。農家が出荷後に、企業が自身のコスト・利益を計算し、農家に対しては1羽1.5元程度、1頭の豚の場合には50元程度が農家の利潤として含まれるように、販売単価が計算される。養鶏の場合、農家があらかじめ支払う保証金が2元なので、結果的に、農家にとっては1羽当たりの販売額が2元以上であることが最低の条件である。そしてこれに生計費やそのほか経営費用、さらに1.5元の利潤が含まれた価格にならなければならない。もしコストが高くなった場合、利潤部分が固定されるとすれば、販売価格も比例して高くなる。しかし、予定販売価格が市場実勢を上回ると、売れないので利潤が減るか、なくなることもありうる。

(2)　利益の決め方の問題

これらの利益分配方式は、農業竜頭企業と農家が地域の慣習や行政の指導のもとで定めたものである。本来は当事者同士が決めるべきものといえるが、純粋に農業竜頭企業と農家だけで定めたものではなく、市、鎮などの農政当局あるいは党書記などの意向が反映されている。したがって、一定の標準化はなされていると考えられるが、上述したように実際はさらに多様で複雑である。しかし、これを念頭にその経済的意味を考察することは必要であるし、その結果如何は、経営一体化の完成度を判断する上で重要なものとなる。

この場合考慮されなければならないことは、企業の利益分配の基準がどうな

っているかという点である．この点で想起されるのは日本の「預託家畜制度」である．畜産と耕種農業という違いはあるが，中国の経営一体化には，仕組み上，これらと似た点があるからである．とくに「預託家畜制度」は損益の分配，資材調達に関する利子負担，企業（主として農協）に赤字が出た場合のその負担，企業からの利益分配があってなお農家が赤字が生まれたときの会計処理（赤字負担のあり方）の仕方という面で似ている．「預託家畜制度」の場合，企業と農家との間の損益の帰属が不明瞭な点が問題で，黒字のときは問題が出にくいものの，農協や農家が赤字の場合，その負担をめぐって問題が起きる．農業産業化のもとでの経営一体化においても，同様の問題が起きている．

　これは，農業竜頭企業と農家の経営一体化とはいっても，実は，両者の利害が対立するから起きる問題である．企業と農家の関係は，農家が企業に生産物の販売を行い，企業はそれを市場に直接再販売あるいは加工後に販売するので，両者の関係は農家は売り手，企業は買い手となる．それゆえ両者の利害が対立する関係にある．利害対立が表面化するのは，市場経済という両者共通の仲介機構があるからである．市場経済には，価格変動がつきものであるから，事前に定めた契約価格や保証価格を市場価格が下回ることはよく起こりうる現象である．企業は市況を無視して，農家に支払うことはできない．そしてこのときに農家と企業の利害対立が表面化する．日本の「預託家畜制度」あるいは70年代の畜産インテグレーションの問題が顕在化したのも，やはり同じ理由からであった．

　では，企業が農家との間で交わした契約価格や保証価格を市況が下回るのは，これらの価格の決め方に問題があるからであろうか．もちろん，それも否定はできない．契約価格あるいは保証価格に市況の変動を見込んだ幅を設けたり，日本の農協が設ける備荒準備金や価格安定保証制度，あるいは「長期平均払制度」のようなものがあれば，農家の不満も解消あるいは緩和できる可能性はある．しかし，それらを持たない中国の農業産業化，そして企業と農家の経営一体化は市場経済の変動から無防備であり，そのままの状態で契約を交わすこと自体に問題がある．この状態で「風険共担，利益均霑」（リスク共同負担，利益均等享受）といってもかけ声だけに終わる危険がある．

　このような価格保証・安定制度がないこと自体も問題であるが，さらに大き

な問題は，賃金（労働），資本が概念として市場経済原理に即して成立する農業竜頭企業と，そうでない小農経済あるいは小生産者が結合し1つの経営体のようになり，双方が満足のいくような期待をすることにある．これとやや異質な言い方であるが，農家と農業竜頭企業は，各々資本の限界生産効率が異なるのが普通である．しかしこのままの状態で，同じ入り口から入る利益を，絶対額としての出資額や絶対量としての労働量などに比例して両者に分配（出口）する方式は，経済合理的に正常な方法とはいいがたい．この点は羅，楊の指摘する点でもある［羅，楊2007:3］．また張，胡は農業産業化が市場経済への参入に伴って生じるリスクを緩和するためには，中間（仲介）組織なしでは立ちゆかない点を指摘する．これは異質な経営主体の同じ土俵での利害対立を意識したものである［張，胡2004］．

　以上から，経営一体化には，未熟な側面が多々あることが判明する．その理由は，第1に市場経済の変動から無防備であり，それ自体のリスク分散機能を持たないこと，第2に経済的に異質な二者を区分することなく利益の分配を図る仕組みとなっていることにある．

　しかしだからといって，将来の可能性として，農業竜頭企業や協会などを巻き込んで変容する点まで否定してはならないだろう．つまり，農業は農家が担うというこれまでの常識的な定義が，農業竜頭企業や協会などが農業生産・加工過程に参入することで，農業の担い手が拡大する可能性があることに着目すべきである．これは地域によっては農業の大きな変革を意味するものである．資本が小農を巻き込んだといってもいいし，小農が資本の一部に転化する過程といってもいいであろう．

2.　農業竜頭企業と農家連結の意味

(1)　インテグレーションとの比較

　農業竜頭企業と農家が多様な方式で連結する農業産業化は，経済学的にどのような解釈が成り立つであろうか．日本の畜産経営に散見されて，やがて衰退，現在はまったく消滅した農業インテグレーション［宮崎1971；1972］と比較すると，企業が生産資材を提供し，農畜産物を買い取るといった似ている部分も

ある．日本のインテグレーションは，企業と農家の権利・義務の不明瞭さと損益の帰属問題，コスト分担のあり方の不徹底などの理由から消えていったが，農業竜頭企業と農家との関係にも同様の問題のあることは否定できない．ただ，日本の場合は企業と農家との間に立つ組織がなく，こうした諸問題を調停する機能を持たなかったことが問題であった．中国の「農業竜頭企業＋農家」という連結方式の場合，まさにその可能性を含んでいるのであるが，すでに見たように，これには多様な類型があり，利益分配にも多様な方式があり，両者の内部的調整努力と工夫によって，問題が大きくならないようにする弾力性が備わっていると言えなくもない．

また，「企業＋農家」以外に見られる類似した多くの方式は，農地制度の差から，日本で見られたようなインテグレーションにはなかった生命力と応用性が備わっているように思われる．「企業＋農家」以外の方式の発展，とりわけ，協会や合作社が仲介することについての必要性と合理性についての明確な認識があることは，こうした連結方式が定着し発展する可能性を高める要因となっている．また，より現実的な方式が生まれていく可能性も十分にあると思われる．

しかし企業等と農家との連結の意味を考えるとき，前章の9つの方式をひとまとめにして論じることはできない．それは9つの方式のなかに，大きく2つの異質なものが含まれているからである．具体的には，各々の方式における私的利益追求性の強弱，共同的利益追求性の強弱によって，9つの方式は分けることが可能であるし，また分けるべきであろう．

この2つの型式には異なった経済学的意味があるが，共通している点は，企業，農家，協会または専業合作社がそれぞれなんの提携や協力なしで各々の専業業務を営んでいる場合と比較して，これらの業態が連結または連携した場合には，仕組みとして，各々に超過利潤が生まれ，競争上有利に働くことである．この超過利潤が生まれるのは商業的契機が有利に働くからであるが，この場合には，主に2つの契機が介在している．

1つはO.E.ウィリアムソンなどがいうところの市場取引費用の軽減効果である［Williamson 1975］．もう1つの契機は近藤康男など協同組合理論などが示すところの商業利潤の節約効果である．いずれも市場価格に比較して，農

業竜頭企業と農家の連結・連携は流通コストの節約を通じて，低い価格での市場出荷が可能になる結果，超過利潤が生まれうることを意味している．農業竜頭企業などとの連結や連携の結果，農家所得の増加が見られたというのは，農家に分配された超過利潤の一部が所得を押し上げた効果といえる．

　このような一連の中国式農業にみる動きは，新しい未知の理論分野を伴っているわけではなく，古い理論によって説明可能な新しい形態の農業が中国農村では生まれているというにすぎない．農業経済史的にみれば，それ自体は，時代の先端を走っているとはいえず，世界と比較すればむしろ時代遅れの形態が，中国の先進農業地帯でようやく見られ普及し始めたという面もある．しかしそれは，中国農業の現状に限ってみれば新しい，注目すべき形態であり，当然評価すべき事態といえよう．

(2) 私的利益追求型の産業化

　市場経済の進展によって，農業企業や農家が目で見えるかたちで経営や事業利潤を求めるのは自然の成り行きである．中国政府が進める農業産業化は，農業生産を起点に，加工，販売というように，川上から川下まで一貫した経済行為としての流れを，市場経済化という理念に基づいて推進していくことに重点がおかれている．一方で，農村の都市化を進め，過剰な農村労働力を他産業あるいは都市に移動させ，農村の近代化，農民所得の向上を図ろうとする，一石二鳥をねらった施策である．農業産業化は，第1次産業に第2次産業や日本でいういわゆる1.5次産業を加える発想と似ている部分がある．

　農業産業化を題材にした中国学界の論文や政府文書には，「農業企業と農家の一体化」や「ともに儲ける」といったような文言が行き交うが，その考えの根底にあるのは利益追求の姿勢である．利益追求は市場経済のもとでは自然であるが，その結果，農業産業化を直接担う立場にある者同士の一方が他方の利益を食い合うような状況があると，安定的な仕組みとはならず，いつか破綻する恐れも払拭できない．既述のように日本のインテグレーションはその典型的な事例といってよく，学ぶべき反面教師であろう．

　このように，互いに利益を食い合うような関係にある場合，それを生む理由として，自分だけが儲かればよいという狭い利己的姿勢の蔓延がある．このよ

うな場合を指して，ここでは，私的利益追求型の産業化と称する．そこに市場競争原理が働くことはもちろんだが，競争相手と見なす範囲が，農業産業化を直接担う者の範囲内にいようが外部にいようがお構いなしの場合，結局は資本力と規模，市場経済経験の濃淡，あるいは地方政治権力が企業と農家いずれの立場に立つかなどによって，立場の強弱は決定的に異なる．すでに表4-2，表4-3で見たように，「企業＋農家」方式について，農家と農業竜頭企業各々の満足度には大きな差があり，農家の満足度が農業竜頭企業の満足度を下回るという調査結果は，この問題が存在することを能弁に示していよう．

私的利益追求型の問題は，農業産業化を直接担う一方の主役である農家の安定性が脆弱である点にある．この問題は，農家に土地所有権がなく，使用権の安定度さえもが，事実上村民委員会あるいは地方行政権力に裁量が握られているという弱みがある．農家をとりまく物的条件が，農業竜頭企業を強い立場におく根本的要因となっているとすれば，企業中心の私的利益追求型組織をもたらすと考えられる．

この型の典型的な方式は「企業＋農家方式」であるが，農家が孤立分散したまま参加するこの方式は，農家の自立性が強化される方向に動くというよりも，企業に巻き込まれやがて溶解していく方向に動く恐れなしとしない．最も重要な価格決定権が，基本的に企業に属し，農家は受け身を強いられる仕組みであること，それを跳ね返す力量が個々の農家にあるとは思えないことがその最大の理由である．農業産業化が小農経済の解体過程であるとの見方［蒋1999］が生まれてくるのはそのためであろう．

(3) 共同的利益追求型の産業化

共同的利益追求型は，やはり市場経済においてではあるが，活動する組織や農家の利益追求に対する接し方や利益の分配の方法に特徴がある．共同利益追求型の場合，農業産業化の直接の担い手に農業竜頭企業は入らず，代わって協会あるいは合作社が農家との連携の中心的機能を担っている．協会や合作社が農業竜頭企業と質的に異なる点は，利益の共同化であり，農業竜頭企業が自らの利益を優先するような仕組みと異なったものである．

共同利益追求型の場合，農業竜頭企業に代わる機能を担うのは農業合作社，

供銷合作社，各種協会などであるが，いずれも協同組織的な合作社（単純な翻訳は危険であるが，一応協同組合組織といえる）である．蒋は農業産業化を推進するうえで供銷合作社の役割の重要性を，以下のように指摘している．(1) 供銷合作社は全国の村や町に網の目のように組織を張り巡らしている，(2) 供銷合作社は農村と町双方に関係する事業上の接点をもっており，工業製品と農畜産物両方の流通チャネルを持っている，(3) 供銷合作社は数が多く事業部門も多彩で基本的な施設，資金，規模も大きい，(4) 供銷合作社のサービスは農民の利益のためにあり，両者は利益共同体であると同時に，その実践を行ってきた長い歴史がある［蒋1999］．

「農民専業合作社法」の施行を受け（2007年7月），「協会＋農家」方式，「合作社＋農家」方式の普及がさらに進む可能性がある．というのは，新しくできた「農民専業合作社法」第14条は，構成員の資格に，農民のほか，直接農業生産に携わる企業を含んでいるので，農業企業も構成員になることができ，その農業企業が協同組合の組織原理を遵守するかぎり，企業が合作社に代替する道が容易になったからである．もっともこの場合，農業企業が単独で農家と農業産業化の担い手になるということではなく，合作社という組織の一員として，事業活動を行うという拘束性を受けることは避けられないので，合作社が農家と組むというかたちを取ることになろう．

しかし，共同的利益追求型とはいっても利益は追求するのであって，その分配の方法が協同組合組織原理に沿っていなければ，私的利益追求型の場合と変わるところはない．この判断は「農民専業合作社法」に依存するほかなく，その内容が非常に重要である．その意味で，「農民専業合作社法」を見ると，日本の農協法と基本的に同様であり，根幹はICA協同組合原則に依拠する内容となっている．また，現在の専業協会も法律に則り登記すれば，正式に農民専業合作社に転換することが可能である．張暁山は四川省で各種専業協会調査を実施した（2000年6月）．その結果，ほとんどの協会では，議決権1人1票，半数可決あるいは3分の2可決，加入は許可制と自由性，脱退は自由，といったように協同組合方式を採用している例がほとんどであった．役員の報酬はほぼゼロで，農業兼業で協会の実務は奉仕である［張暁山2002: 378-408］．ここにみられるように，専業協会の内実や組織はほぼ合作社的あるいは日本の専門

農協に近い．

　今後，「農民専業合作社法」が地域に根差していけば，あるいは「合作社＋農家」や「協会＋農家」方式が増える可能性が大きく，その意味から，農業産業化の方式は，前章の①から⑨へと発展する方向を仮説として立てることができよう．

(4) 土地の移転方式

　農業竜頭企業と農家との連結方式はこのように多様であるが，土地の提供方法や権利関係はどうなっているのであろうか．農業産業化は土地利用の大規模統一利用を形成することでもある．言い換えると，個々の農民に土地利用を分け与えてきたこれまでの土地政策の変更あるいは転換が起きている．以上見たように農業竜頭企業と農家との関係は多様であるが，どの方式を見ても，土地は大規模統一利用に向かっている点は変わらない．企業，基地，園区，農場と言い方や仕組みに違いはあっても，結局は農民の小地片はこれらに集められている．

　そのかたちは多様であるが，基本的には，農地は集団経済の所有なので，集団経済の意向が大きくものをいう．前章の④の方式（企業＋支部＋協会＋農家）は末端の行政組織と協会という農民組織が連結することで事業を進めようとする周到な方式といえるが，土地問題の処理を円滑に行うためという狙いもある．農家が耕作している土地をどう集約するか，という問題はカギとなるものであるが，実は行政組織にとっても，企業・農家にとっても，農業に利用することが明確で，自分の収入にマイナスにならなければそれほどの困難を伴うことは少ないと考えられる．つまり土地使用権が企業に渡ろうが，長期・安定的に収入が増えれば問題は少ない．日本の農家と中国の農家の土地に対する感覚は異なるといえる．

　こうした背景のもとで，企業，基地，園区，農場は土地を農家から集めることができる．土地の移転（流転）はこうしてほぼ円滑に進められる．むしろ農業竜頭企業の沿革や地域での知名度や農家との関係の有無，強弱が土地集約を図る上では最大の要因となる場合が多い．この点で，農業竜頭企業数が最も多い山東省の例では，多くの農業竜頭企業はかつては地域と関係の深い郷鎮企業

だった例が多いという点［陶2007］が注目される．ほかの地域の場合も，この事実は大きく変わらないと思われる．つまり地域とのつながりを抜きにしては，土地の農家からの権利移転は起きにくいのである．土地権利がなくとも農業産業化は可能であるが，移転する場合の土地権利移転の方式は，使用権集約による移転が一般的である．この点は，すでに農業産業化にみる経営方式に関連して分類したところである．

　現在，中国では残留農薬に対して敏感で，卸売市場や農業竜頭企業なども緑色野菜・果物の販売を手がけており，農家栽培指導，野菜・果物の農薬検査を行っている．その結果，合格品にはシールを貼って啓蒙に努めるなどの動きが活発になっている．検査自体に問題がある場合や検査の目をくぐって市場に流れる野菜・果物が後を絶たないが，一応の検査制度はできている．

　しかし問題は，農薬や栽培技術が，企業などの要求に応じきれない農家が多数あることである．このような場合が多いので，農業竜頭企業のなかには，農家から土地を借り上げ，自ら大規模栽培を行う例が少なくない．その結果，農家が地主，企業が借地農業経営という図式が生まれる．以前1ムー当たり200元にすぎなかった農業収入が，土地を貸付けに回した結果700〜1,000元の地代を受け取るようになった例もあるという［秦ほか2006］．これなどは，農業産業化に伴って農家が受けた典型的な変化である．

3. 農業産業化の背景と中国農村

　農家後継者の減少・農村人口高齢化の進展，農家所得の停滞は農地の集約化を進める原因となり，他方，貿易業者，行政・消費市場から農業生産物の標準化や緑色食品に対する要望が高まったことは，「農業産業化」を推進する背景となっている．以下で，やや詳しくその背景について考察を加えたい．

(1) 農民の農地離れの進行

　中国農村では，農民による農業離れに近い現象が起きている．筆者が中国各地でここ10年ばかりの間に行った各種の作目農家の聞き取り調査では，子どもに農業を継がせたいと答えた農民は1人としていなかった．すべてが「子ど

もの将来は子どもに任せる」という農民ばかりであった．日本にもそういう農家が増えているが，農業を辞めても農地を待ち続ける日本の農家と，農業を辞めれば途端に農業者でなくなる中国の農民とでは，土地についての認識は比較にならない．中国の農民は，地域による差が大きいが，兼業機会の増加や都会に出て働くようになった子どもからの仕送り，一生懸命に働いて貯めた貯金などで，高齢になるとあっさりと農業を辞めてしまう農家が増加している．農業を辞めたあとは，子どもを頼って町に出たり，家を建てて住所を代える場合も増えている．

全国の農林業従事者は長期的に減少している．現在（2005年統計）その数は2億9,976万人であるが，10年前の1995年は3億2,334万人，1991年には3億4,186万人であった．したがって減少した農林漁業従事者数は，1991年から2005年までの間に4,211万人（12％），2000年から2005年までが2,822万人（8.6％）である．農民税の無料化と手当支給により農家回帰現象も一部に見られるが（山東省中北部：筆者聞き取りによる），この減少傾向はいまなお続いており，さらに減少する勢いである．

農林漁業者の減少の理由はさまざまであるが，ともあれ土地余り現象を招いている．中国の人口1人当たりの耕地面積は7a程度で世界平均の40％程度にすぎないうえに農地の潰廃が進み，食料不安の基ともなっている．しかし農地は余っているのである．その理由は，農家・農民の減少にある．

農民は農業を辞めると，それまで耕作していた農地は村民委員会へ返還されるが，その例が経済発展の大きい地域や大都市周辺ほど増加している．こうして徐々にではあるが，いまや統計上は，農林漁業従事者1人当たり耕地面積の増加が進行している．その動きは次のように示すことができる．1991年28a，1995年29a，2000年39a，2005年41a（以上，「中国統計年鑑」各年版から筆者推計）．

農地の規模拡大が進んでいることになるが，山東省章丘市近郊のある長ネギ栽培農家は，30ムー（約2ha）の農地を臨時雇を使って栽培している．その理由は離農した農家の農地の使用権をまとめ，村民委員会からもらったためだという．この農家の話によると，自分のような大規模農家が最近は増加していると言う．しかし，2人いる息子は農業を継がず，都会に出ている．また山東

省の別の地方の中国式の土製ビニールハウスでトマトやナス栽培をしている複数の農家は子どもを大学に通わせており，農業を継がせるつもりはないと言う．また子どもも，農業を継ぐ意志はないという．

　こうした点は，山東省に限ったことではなく，筆者が調査した湖北省，陝西省，黒竜江省などの，トウモロコシや小麦栽培地帯において広範に見ることができる．また，広大な水田が広がる上海郊外農村では，農家は農地を転貸し，本人は別の事業を営んでいる例が非常に多い．

　中国農村では，農業後継者難が深刻化し，家族経営が危機に瀕しているが，この先どのような事態が起こるか予想できない状態である．農地を私有していないので，先祖や地域社会への遠慮やしがらみは一切なく身軽である．少なくとも日本の農家のように，農業を辞めるに辞められず，ただ宿命の如く，農地を持ち続ける理由も意志もない．中国農村で起きていることは，農民の農業リタイア現象であり，この傾向は農民の高齢化とともに一層顕著になり，高齢化で抜けた穴を埋めるための新規農民労働力の再生産は十分ではないといえる．「農業産業化」は減少する農家，規模拡大する農家の存在があって現実化した制度であり，ここに成立の根拠を持っている．

(2) 農業生産物の標準化の進展

　農産物の出荷先は穀物，青果物，畜産物で異なる．「農業産業化」政策の進展は農業竜頭企業へ販売する動きをもたらした．しかしそうでない場合，穀物は専業協会や合作社を通じて市場へ流れるか，いったん食糧庫（糧食駅）へ入り，そこから市場へ流れる場合など多様である．青果物は専業協会や合作社を経由し，近くの国有または私営の卸売市場（批発市場）へ流れるか，仕方なく庭先で仲買人（経紀人）へ現金売りする．部分的には近隣の鎮や県の朝市や露店で販売を行うこともある．畜産物はやはり経紀人が買い取り処理した後，市場へ販売する．中国の食肉処理場はホテルのように星級化され，1つ星から5つ星まで分かれている．農家が自分で処理した後，精肉を市場に運んで，露店販売することもまれではない．最近生産が急増している牛乳は，メーカーがタンク車で畜舎まで直接集めに来ることが一般的である．

　農産物の出荷・販売はこのように品目によって多様であるが，日本や欧米の

ように等級化を行う卸売市場制度が整備途上の中国では，農産物の品質改善やその等級化を市場に任せることはできない．そこで，等級化や標準化は，市場に代わり政府が音頭をとって進める以外に方法がない．標準化とは品質の改善とその同質化にあり，農産物輸出に際しても特に必須である．

農産物の標準化は，農業竜頭企業に出荷する際には厳しく要求され，従わなければ価格や取引継続にも影響する．中国の農家段階では，専業協会や農業合作社の要請により規格栽培が奨励されるようになった．農家間にも，等級の高いものには高価格がつくということが浸透している．

標準化は急速に浸透しているが，これが「農業産業化」を進める要因にもなり結果にもなるという側面がある．換言すると農産物の標準化は「農業産業化」あるいは企業と農家の経営一体化と密接不可分の関係にあるといえよう．

(3) 「緑色食品」等の普及

中国では最近食品の安全性についての意識が高まり，農産物の残留農薬問題に高い関心が寄せられるようになった．加えて，急増する農産物輸出を背景に食品の安全性に対する海外からの不安も高まり，輸入制限などの措置を取るなど慎重さが目立つようになった．

中国ではなお，人間の尿（未発酵状態）を野菜畑に撒く習慣が残っている．延々と広がるビニールハウス栽培は，温度維持のためばかりではなく，害虫の進入を防ぐ防除上の狙いもあるが，その効果を半減しているのが人間の尿のハウス内散布である．尿を撒くことで，肥効は高まるが，同時に土壌汚染と細菌繁殖にさらされる．この問題を解決するために，農家が依存するのが大量の農薬である．尿は発酵させることで肥効が高まり細菌の繁殖を抑える効果があるが，中国農村では発酵させないで撒くので問題が起こる．これは中国式の農業技術であり，この改善なしに農薬問題は解決できない．

他方では，最近いわゆる緑色食品がブームとなりつつあり，行政も国をあげて「無公害農産物」「緑色食品」「有機食品」などを「三品」一体的取り組みとして普及に力を入れ始めた．各々に基準があるが，ここでは割愛する．「無公害農産物」は主に生食用に供給されるもので，野菜や果物が主である．「緑色食品」は無公害農産物を原料とする加工食品が主である．中国の加工の概念は

広く，畑で取った野菜をビニールで束ねたり，規格・等級ごとに箱詰めしただけでも加工と見なすことがある．したがって，緑色食品には日本でいう加工品のほか，荷解きした生鮮野菜も含まれることがあるなど曖昧な点もある．「有機食品」は無公害農産物を原料とする加工食品（「緑色食品」）と無公害農産物を総称するようで，当該農産物を栽培する農地が汚染物質を出す工場施設等から5km以上離れていることが条件である．各々には標章（ラベル）があり，承認機構（「中国緑色食品発展センター」）から承認された段階でラベルを付ける権利が生まれるので，消費者にとっては参考になる．また最近は日本で流行りのトレーサビリティを行う例も増えつつある．

このような残留農薬問題に端を発した農産物の標準化傾向は，農業竜頭企業にとっては商品統一を図ることができ，コスト削減・品質向上に効果的である．農家にとっても，標準化の達成程度によって手取りが異なるので，意欲的農家にとっては好条件である．農産物の標準化は両者の利益に貢献するもので，経営一体化を進める上で有効的で，かつそれを進める要因ともなっている．というのは，政府は行政上の関係の深い農業竜頭企業に実質的な緑色食品等の標準化の点検とその推進機能を期待しており，農家はその政策に従わざるをえないからである．

注
1) 中国農業信息網，http://www.agri.gov.cnjjps/t20030121_48911.htm
2) 「竜頭企業与農戸利益連結三模式」農業部，2003年1月．
3) 温氏集団について詳しくは，劉紅斌，呉新［2004］「温氏"公司＋農戸"経営模式研究」『企業経済』第11期参照．

引用文献
呉志雄，華美家，劉恵，楊占科［2006］『論農業産業化－経営体系』中国社会出版社，90-102頁．
周立群，曹利群［2000］「農村"分包制"組織形態分析」『天津社会科学』第4期．
蒋建平［1999］「農業産業化与供銷合作社」『財金貿易』第7期．
秦交鋒，董振国，陳春園，揚玉華［2006］「竜頭企業与農戸利益関係調査」『農村経済与科技』9月．
張暁山［2002］『連結農戸与市場－中国農民中介組織探究』中国社会科学出版社．
張兵，胡俊偉［2004］「"竜頭企業＋農家"模式下違約的経済学分析」『現代経済探討』

9期.
陶維楽 [2007]「農業産業化竜頭企業的歴史選択和発展策略」『山東省農業管理幹部学院学報』第1期.
宮崎宏 [1971]「インテグレーションの進展と流通の再編成」『協同組合研究所月報』7月.
宮崎宏 [1972]『農業インテグレーション』家の光協会.
羅東明, 楊明洪編 [2007]『我国農業産業化経営風険研究』哈爾浜工程大学出版社, 58頁.
Williamson, O.E. [1975] *Market and Hierarchies*, New York: Free Press.（ウィリアムソン [1980] 浅沼萬里・岩崎晃訳『市場と企業組織』日本評論社）

第6章

農村の環境問題

1. 限界克服のみち

(1) 農地の環境保全義務

　中国農村の環境破壊は急速に進んでいる．それは平地耕種農業地帯，傾斜地耕種農業地帯，山間部農業地帯，牧畜地帯など，広い地帯で進行している．平地耕種農業地帯では，土壌流出，用水汚染，水不足（現地の人の話によると，山西省長治市周辺では，すでに生活用水の給水制限が恒常的になっている），過揚水による地下水位の低下，土壌汚染が生じており，傾斜地では表土流出，山間部では土壌流出，植生破壊による影響，牧畜地帯では過放牧による砂漠化，アルカリ化などが発生している．沈によれば，いま全国的な草原退化，砂漠化，アルカリ化といった，環境破壊の「三化」が進んでいるという．筆者もまたこのような現地を訪れたことがあり，これらの問題の克服は，中国農業にとっては近代化の超克であり，それなしでは農業生産の大幅な落ち込みを避けることができない状況に至ったと思われた．中国農業はそれほどまでに深刻なのである．

　また沈によれば，なかでも農村人口が過剰な地帯では，農業依存による所得の維持・向上を図る以外になく，勢い農地の開墾が増え，それが環境破壊につながる場合も少なくない．行きすぎた上流地域での農地開墾は，下流の流量が低下し，地下水位も大幅に下がる．そして砂漠化が進むが，新疆ウイグル河流域がその典型だという．そしてこのような問題に対しては，日本の条件不利地域対策のような取り組みが有効と言う［沈 2007：513］．筆者が調査した雲南の山間部も，まさにそのような症状を持っていたし，そのほかの地域でも同様の

問題をみることができる．なお中国の砂漠化についてその現状と体系的な分析を行い，その深刻な状況を明らかにした吉野によれば，ホルチン，シーリンゴルおよびウランプホ，オルドス，タクラマカン砂漠周辺などには非常に広範囲に砂漠化の進行がみられるという．しかも，その地域は乾燥地域にとどまらず，半乾燥および半湿潤地域にさえ広まっているという［吉野 1997: 169-81］．

　中国には「清潔生産促進法」（2002年6月）という，変わった名称の法律がある．その第1条にはこう記されている．「清潔生産を促進し，資源の利用効率を高め，汚染物質の排出を減少あるいは防止し，環境の保護と改善，人体の健康を保障し，経済と社会の持続的発展を促進するために，この法律を定める」．本法で定める「清潔」（クリーン）の概念は第2条に記されている．かいつまんで紹介すると〈先進的技術や生活から生まれたエネルギーや原料を使い，汚染を減らし，資源効率を高め，健康被害のない生産・サービスなどを行うこと〉である．「清潔」の概念をこまかく述べたことにはなっていないが，段，王らは農業清潔生産とは，食料生産に使用する原料が「清潔」であること，生産過程が「清潔」であること，生産したもの自体が「清潔」であること，つまり3つとも清潔であることを指すと言っている［段，王ほか 2007］．中国人らしい表現で，問題を正確に指摘していると思う．

　この法律を取り上げたのは，第5条で農業の環境保護の問題が記述されているからである．そこでは，国務院の主管部門が責任をもつかたちで，農業，水利などを管轄する各行政部門も「清潔生産」を行う指導責任を負うことを定めている．同じ第5条では，この責任は県級以上の政府部門すべてが負うことも定めている．つまり農業に限っていえば，県級以上の政府全体が，農業の「清潔生産」を指導する責務があるとしているのである．では農業に，この法律は具体的にどのような内容の「清潔生産」をせよといっているのだろうか．この点は第22条に書いてある．いわく「農業生産者は化学肥料，農薬，農業用ビニール，飼料添加物の使用を科学的な方法をもって行い，耕作および畜産技術の改善，農産品の品質の向上と無害化に努め，農業廃棄物の資源化を行い，農業環境汚染の防止を図るものとする」．「中国環境保護法」は中国の環境保護政策の基本となる法律であるが，20条などでも農業に関連する環境保護を規定している[1]．水の汚染防止を図る法律としては「水汚染防治法」があり，そこ

では農業用灌漑, 農薬, 化学肥料の使用法に関する規制がある. このほか,「中国農村土地管理法」(前出) にも, 農地の保全義務を課した条項があるなど, 法制上, 中国政府の農業・農村についての環境保護意識は高いといえる. しかし, その実効となるとまったく話は別で, 真っ黒に濁った用水路や川, 生活雑排水のため汚れきった溜池など, 随所に環境負荷が限界に達した景観がある. 現在, 中国都市部の生活雑排水でさえ, 処理率は20%程度にすぎない状態である[2]. 農村部ではその数分の1と見て間違いない.

(2) 農業用水汚染

農村の環境問題といってもあまりにも範囲が広く, かつ, 深刻な事態が起きていることは多くの研究者により報告されている. 張は特に鋭い報告を行っている [張2007]. また, マスコミにより広く報道されるようにもなった.

農村の環境問題には, 大きく分けて, 空気, 水, 土壌の環境汚染問題がある. もともと空気, 水, 土壌は, かつては自然そのものであり, そのため, 一括して自然環境の汚染あるいは生態環境汚染ということがある. もちろんこの問題が環境問題の最も重大な核心であるが, 現代中国の農村環境問題は, 農産物やその加工品である食品, つまり空気, 水, 土壌を土台として人間が作る食べ物までも汚染されている点が最も深刻な問題である.

特に本書で注目したいのは水の汚染問題である. なぜかというと, 空気と土壌の汚染は日増しに深刻になってはいるが, 水をめぐる環境問題ほどではない. 水が病むと, 人間も病むのは避けられないことで, 日本の公害史上, 最も深刻な人間への被害をもたらした水俣病や阿賀野川水銀中毒, 富山のイタイイタイ病はその典型的な例である.

現在の中国の汚水排水量を見ると, 生活雑排水が工業用排水を上回っている. 2003年の例で工業廃水212.3億トン, 生活雑排水が247億トンである. 両者の差は年々開く傾向にあり[3], 生活雑排水が量的に大きく上回る傾向が見られる. 生活雑排水の内容は, 大きく分けて2種類ある. 1つは, 流しの洗い物や洗濯物から出る排水, もう1つはトイレの糞尿である. 人間は平均して, 1日に1.5〜2lの尿を排出し, 300〜500gの糞を排泄する. 人口の多い中国農村で, この処理量はばかにならない数字である. しかも, 糞の場合, 油脂性が高いの

で，河川・湖沼の富栄養化は比較的進みやすい．中国のある統計項目に「衛生厠所普及率」というものがあるが，これは文字どおり衛生的なトイレ，つまりは水洗トイレや用を足したあと水で流すトイレのことである．現在，その普及率は50％を少し上回る程度である[4]．「水で流す」のは糞尿であるが，どこへ流すかは，明確でない．筆者が湖北のある農家で使ったものは，確かに水洗式ではあるが，流す先は，家の少し先にある小さな池であった．「衛生厠所」には，こうしたものも含まれていると広くとらえた方がよいが，それでも水洗には違いないのである．「中国水汚染防治法」第36条は「汚染した水を放流する際は，国家が定める基準に従い消毒処理しなければならない」と定めているが，実態からすると，これは絵に描いた餅のようなものである．

(3) 汚染の原因と土地制度

水に限らないことであるが，中国の農村の環境問題が深刻になった理由はさまざまである．段，王らは「土地制度に欠陥がある」と看破している．筆者の見方と共通するものである．彼らは，農民自らが保全・改良する自己責任がない現在の土地所有制度の問題が，過度の農薬依存，過度の化学肥料依存，過度のビニールハウス依存をもたらし，「土地の退化現象をもたらした」．そして，ついに現在のような農村の水，土壌，空気の汚染を蔓延させたと言う［段，王ほか2007］．そこで，彼らは農業の実態と環境保護の難しさを考慮し，農業版の環境保護法である「農業環境保護法」の制定を提言している．しかし，環境問題の根本的理由としている土地所有制度の改正にはあまり踏み込んではいない．それは，表だっては言いにくいことだからであろう．

(4) 糞尿のガス化リサイクル：「循環農業」の形成

農村の環境問題を深刻にしている要因の1つに，家畜と人間の糞尿処理をどうするかという問題がある．都市地域では徐々に水洗化が進み，浄水場の建設も進んでいるが，農村ではまだまだ立ち後れている．日本のような集落排水施設の建設も1つの方法だとは思うが，面的な広がりの大きさ，資金面での制約などから難しさが伴う．現在，上下水道の建設を行っている農村も各地にあるし，筆者も実際の工事を見たことがあるが，まだ一部に限られている．

そこで，糞尿のガス化を推進しているところが増えていて，行政もその普及に力を入れている．これを称して「循環農業」といい，各地で関心が高まっている．これは，麦わら，家畜や人間の糞尿を大きなコンクリート製の箱型タンクに集め，発酵させてからメタンガスを発生させるもので，生成されたガスは管を通って各家庭に供給される．家庭はそれを火力として利用するというものである．仕組みとしては新しいものではないが，本来は邪魔者となるはずの糞尿を資源化する仕組みとして，中国の各地の農村で注目されている［万2007］．山東省の章丘市では行政が率先して，この仕組みの普及に力を入れ始めている．

2. 雲南省滇池の汚染と小農技術

(1) 悪化する農村環境

毎年10％の経済成長を続ける中国のアキレス腱は，環境破壊の深刻化である．汚染は大気，河川，海水，土壌，降雨（酸性雨）のほとんどに，自然破壊は山林（土壌流出を含む）のみでなく耕土汚染にも及んでいる．いまや中国農村の至るところで，環境破壊・汚染の惨状を目にすることができる．自然破壊・汚染の程度やその対象には地域差や作目の差があり，一様ではない．ただ，中国の環境破壊・汚染が深刻なゆえんは，それがいまや農村の僻地や山村にまで及んでいることである．

本節では，雲南省昆明市周辺のある農村（農村戸数約80万戸，人口290万人，農林漁業就業人口140万人，耕地面積19万ha）の農業実態と，当地では母なる湖と呼ぶ同省最大の湖である滇池(てんち)を中心に，自然破壊・汚染の現状をみていく．昆明市は1999年に世界園芸博覧会が開催されたところであるが，標高が1,800mと高いにもかかわらず，年間を通じて暖かい気象条件（年平均気温16.3度，降雨量1,420mm）と多様な植物に恵まれ，植物栽培に非常に適したところである．

ここで主に取り上げるのは滇池の汚染問題であり，その実態と原因について，小農的農業技術との関連から述べる．滇池はその突端部が人口480万人の昆明市の西南5kmに位置する淡水湖で，滇池水系は中国13の重点保護水系のうちの1つに指定されている．南北40km，湖岸延長163.2km，湖面面積

300km², 最大水深 10.4m, 平均水深 4.4m, 流入河川 20 以上という大湖である. 別名を昆明湖といい, 古くは滇南沢とも呼ばれていたという. 日本の琵琶湖に比べると湖面面積は半分である. 一時にくらべ, 水量の減少が進み, 湖面面積が縮小しており, 水質悪化の一因ともなっている.

その滇池は 1970 年代から見た目や臭いで認識できるほど, 急速に汚染が広まった（詳しいデータは後述）. 1996 年以降, 雲南省政府および昆明市政府資金, さらに世銀（1.5 億ドル）と国際協力銀行借款, 国債発行による原資 25 億元（約 380 億円）を汚染除去工事などに充ててきた. 今後さらに, 75 億元（同 1,130 億円）をつぎ込む予定だという. このため個人・企業は環境保護税を払って, 原資づくりに協力しているという. 北京市などは「排汚費」という名目で, 1 家庭・1 企業当たり年間 2,000 円を環境保護税として徴収しているが, 昆明市民も同様の負担をしていることになる. 昆明市当局によれば, ここ数年は水質の悪化を現状維持水準にとどめ, 2010 年には元のきれいな状態だった滇池に回復させることが目標だという. 滇池汚染の原因はすべての環境破壊がそうであるように, 錯綜している. 本節ではとくに, 中国農村で見られる伝統的な農業技術のあり方との関連に着目してみたい.

かつて滇池にはコイ, フナ, 白魚, ハクレン（あおこを餌にする中国の魚種）, 剣魚, 雷魚, カニ, 銭魚などが生息していたが, 現在はハクレンをはじめとして多くの魚介類が絶滅の危機に瀕している. 「往時は漁業を正副業とする農民が多数小舟を出し隆盛を極めた」と束氏（47 歳）は, 8m 四方もあるかと思われる大型の跳ね上がり式すくい網を上げ, たった 1 尾かかった 5cm 程度の小ブナを見せながら言う. 現在の滇池は透明度ゼロ, 排水路から流れ込む黒く濁った汚水が, 灰色の水面にねずみ色の絵の具を流したように水をさらに黒く染めていく.

(2) 地域の農業環境保護行政

周辺農業は, 伝統的な野菜づくりと近年国際的に知名度を上げている花卉栽培農家, 花卉栽培を兼営する園芸農家, 数百におよぶ花卉栽培企業によって活気づいている. 企業経営者は, 2 つの方法で花卉経営を行っている. 1 つは自営のハウス栽培であり, もう 1 つは農家との契約栽培である. 自営のハウスか

第6章 農村の環境問題

ら出る排水も滇池に流れ込むが，この場合は内部不経済の外部化という公害型企業の旧式の経営論理が野放しになっている．契約栽培農家の場合は，一般農家同様の農業技術によっているので，汚染源の1つであることに変わりはない．

一般的にいえば，中国の環境破壊の原因が複雑であることは共通認識となっており，早すぎる経済成長の代価（高資源投入，高消耗，高生産量），エネルギー消費に占める石炭比率の高さ，国民の環境意識や認識の低さ，環境保護技術や設備の未発達，自動車排ガス規制の緩さ，急速な耕地開発などが指摘されることが多い．中国政府は「全国生態環境保護綱要」（2000年12月）のなかで，その原因として「環境保護意識の弱さ，開発は重視するが保護を軽視，建設に力点がおかれ保護は後回し，略奪式の資源採掘，粗放型の開発，環境負荷能力を超えた発展」を挙げ，こうした方式の改善を謳っている．そしてこれらの原因を取り除くため計画実施期間を3期に分け，2010年まで生態環境の破壊傾向を基本的に抑制し，2030年まで環境悪化傾向を全面的に抑制，2050年まで全国の生態環境を全面的に改善し風光明媚な自然環境を回復する，との目標を定めたのである．

中国は1982年憲法で環境保護を条文化し，水関連では，その後「水汚染防止および管理法」（84年，86年改正），「中国環境保護法」（89年）などをはじめ上述の環境関連法を定めてきた．上掲の「綱要」では地下水の取水制限，水消費の節約，「退耕還湖・還水」，汚染水の浄化，ゴミ処理施設の建設，家畜糞尿の資源化，畜産業排水量の抑制，窒素・リン酸肥料の施肥量の適正化などを詳細に規定した．この「綱要」で注目されるのは，土地承包者（請負人）に生態環境保護責任を課したことである．この点は，農家の農業技術の改善を促すねらいもあるのではないかと思われる．具体的には草地，林地，湿地を保護し，耕地への転換をできるだけ少なくし，「退耕還林・還草」を促進し，土壌流出の防止と管理に努めることとされた．また水利施設の建設に当たっても，生態環境保護・監督を強化すべきだとも規定した．中国政府は現在の農業が環境破壊の重要な原因を作り出していることを十分認識していることになり，農業技術のあり方を含めて改善の取り組みに向けてその第一歩を踏み出したといえる．

(3) 土地制度改革と自然破壊

　農村において環境破壊が急激に展開したのは，食糧増産という緊急を要する国策が生態環境に重くのしかかっていたという事実がある．その結果，低品質肥料の多投，「山地」(中国は傾斜度25度以上を山地とする)の限界農地化，膨大な地下水の汲み上げによる水位低下や枯渇化，用排水施設整備の立ち後れによる汚染と無駄が起きた．農業生産の増加は，地表水の不足をもたらし，地下水依存をさらに高めた．皮肉にもこれを促したのは，80年代の土地制度の今日の農家請負(承包)制度への転換である．

　この土地改革に加えて，主要農産物価格の支持政策とがあいまって，農家の商業農産物への傾斜と生産性の向上を著しく刺激した．小農的限界を持ちつつも生産性の向上は明白で，農業労働力の他産業への移転が進むなかで，中国が必要とする最低の穀物自給量である5億トン体制の確立を目標年次より早く達成したのであった．

　中国の農業は国際的な労働生産性にはほど遠いが，さらに向上する余地は十分にある．政府が音頭を取り，「退耕―還林・還草・還湖・還水」をさらに進めるとすれば，農家の選択肢としては，さらなる土地生産性の向上が必要となろう．現地で会った雲南大学の尹紹亭教授は，「退耕還林」制度は以前にもあったが，効果は薄かった．しかし今度は，農家に対する政府の所得補償がつくようになったから進展が速くなったと言う．事実，昆明市の封山育林面積(開発を中止する山林)は，1999年から2000年の1年間だけで19.5％増え31万2,600ha，2000年の年間造林面積が3万7,000ha(前年比11％増)などとなっている[5]．

　農家請負(承包)制度が普及しておよそ20年が経過し，中国の農家は個々の判断で，所得の向上を生産量の増加によって実現しようとする，小農経済化の道を歩んでいる．一般的に小農経済が耕作する農地は家族労働の限界を超えず，かつそれだけが家族の生活を養う手段であることを指すが，この意味で，小農経済化の進展は昆明市周辺農村にかぎらずほぼ中国全土に浸透した．本来，小農経済は市場経済化の進展とともに両極に分解する方向を歩むが，多くの資本主義経済国にみられるように，それは完遂されず未分解の大量の小農を温存させる．中国もまた，その様相をみせつつあるといえる．しかし，中国がほか

の資本主義国と異なる点があるとすれば、企業による農業経営が発展する可能性が小さくないことである．この問題は，本書の随所で取り上げている．小農経済に視点を当てると，昆明市周辺農村にみられる農業技術は，資本節約的かつ土地節約的であるという小農経済の典型的な姿を認めることができる．

(4) 小農的技術と農民所得

このような小農的農業技術を客観的にみれば，収穫逓減法則を打破しようとする性格をもつが，現実的にはそれはどこかで行き詰まりに合う以外にない．その限界に当たったとき中国の小農民が取りうる道は，農業企業の下請け（現に広範に展開する契約栽培）になるか，耕地拡大を行うか（この場合，小農的性格を残したまま規模拡大を進める大規模経営となるか，農業企業の方向を模索するか，の2つの道があろう），あるいは没落して分解していくしかない．

われわれの調査[6]によれば，耕地面積は7～13aが最も多く64%，ついで13～20a 18%，20～27a 9%，27a以上3%という内訳であった．これを10a（自留地0.8a）の雲南省全体と比較するとやや大きく，中国の農家1戸当たり経営耕地面積は13a（うち自留地0.5a）[7]なので，中国全体と比べるとあまり大差はない．ただし中国で最大の耕地面積を有する黒竜江省の場合は60a（自留地1a）なので，これと比較すれば大きな差がある．

また昆明市周辺農村の平均的農家（無作為抽出した102戸）の年間所得（2001年）は45,000円以上37%，30,000～45,000円34%，30,000円以下27%であった．これを表6-1の中国全国農家と比較すると，所得分布的にみて昆明市周辺農村の農家の方がやや上層に属するといえる．しかし昆明市街地の家庭の年平均所得は12万円程度なので，農家所得はかなり低い．経済的水準の面からみても，彼らがもつ小農的性格を認めることができよう．

この点は農家自らの農業技術評価の面からも，裏づけることが可能である．表6-2は自らの農業技術評価別に，現在の農産物の価格水準をどう評価しているかをみたものである．まず自らの農業技術水準についてどう思っているかをみると，「非常に良い」と思っている農家は皆無で，「良い」2戸2%，「普通」が最も多く51戸50%，「あまり良くない」と「良くない」を合わせると38戸37.3%などであることが分かった．言い換えると，農業技術には，農家自身の

表 6-1 中国の農家所得（1人当たり）

	1985	1990	1995	2000	2005
1,000 元未満	97.8	82.3	29.6	14.1	7.0
1,000～2,000 未満	2.1	15.7	44.3	35.9	22.5
2,000～3,000 未満			16.2	24.8	23.9
3,000～5,000 未満	0.2	2.0	7.6	17.7	27.7
5,000 元以上			2.3	7.5	19.0

資料：『中国統計年鑑』.
注：1元＝15円.

表 6-2 栽培技術評価と価格満足度 (n＝102，単位％)

技術評価＼価格評価	計	満足	まあ満足	どちらでもない	多少不満	不満	無記入
計	100.0	12.7	1.0	7.8	45.1	24.5	8.8
非常に良い	0.0	—	—	—	—	—	—
良い	2.0	100.0	—	—	—	—	—
普通	50.0	11.8	2.0	49.0	3.8	31.4	2.0
あまり良くない	27.5	9.1	—	60.6	18.2	12.1	—
良くない	9.8	20.0	—	20.0	—	60.0	—
分からない	3.8	—	—	—	—	50.0	50.0
無記入	6.9	14.3	—	—	—	—	85.7

資料：愛知大学現代中国学部中国現地研究調査委員会編『学生が見た雲南』[2003] より作成.

意識としても，まだ改良の余地が多分にあることになる．つぎに価格水準についての満足度をみると，「満足」と「まあまあ満足」を合わせても13戸13.7％にすぎず，多少の不満をもっている農家を含めると，不満をもつ農家が71戸69.6％に達する．農産物価格が家族の生活を維持するためのギリギリの水準にあること，言い換えれば，この面からも，これらの農家が小農範疇に適合する状態にあることが窺われよう．なおこのクロス表からは，農業技術水準が低いとする農家ほど，価格水準に不満な現状を読みとることができ，農業技術水準を高めることが，価格満足度を高めることにつながる可能性を示唆するものといえよう．

　農業生産の経済的視点は生産量と生産性両面に立つことができるが，昆明市周辺農村の小農は生産要素，とくに労働と糞尿肥料の多投による生産の量的確保に重点がおかれた前近代的な農業技術に依存しているのが実態である．そこでは，労働生産性の伸びを資本集約的技術の採用によって実現するという農業

技術は普及しにくい．余剰労働力を転化できる他産業の労働市場の乏しい小農にとってはそれでも良いからである．また，農業労働は他産業のような「労働」ではなく，生業的な「農民の仕事」であり，市場経済制度の運動の円環から排除された特殊な範疇に属しているからである．そこには経済的賃金評価が適用できる枠組みはなく，生活，しかも下限のない小農的生活の維持という基準が作用している．

昆明市周辺農村では，集・出荷の共同化が行われているが，それはまず共同的意思が先にあってのことではなく，個々の独立した小農的生産性向上意欲が，集団的に一致しているにすぎない．いわばこのようなところでは，農家がほぼ同質・同規模であって，農民分解が起こる以前の段階にあることが農作業の共同化をもたらしているといえるのである．もちろん，かつての生産隊の名残が農家個々の共同性を受け入れやすくもし，機械化の遅れがそれを促している側面は大いにある．しかしこの一見遅れたかに見える昆明の農家は，表面的には同じような形態を見せつつも，小農経済という，資本主義的制度に巻き込まれた形態での農業生産へ質的転化を遂げているとみるべきである．

3. 中国的小農技術

(1) 小農と土地所有

さて小農経済というと，まず土地所有の問題が想起される．小農経済の基本的規模を規定する要因は，家族労働が耕作できる土地を超えない面積がその上限の規模であるが，中国の場合には若干の説明が必要となる．農地は個人所有でなく，農家は農地の耕作権（使用権）のみを与えられた借地小作農に近い形態をもっているからである．そこで農家は，農地の法的な所有権者である村民委員会からそれを借りて耕作するという形式をとっている．しかし，村民委員会の実体が明確でない場合が多く，ここに借地小作農といってもやや変則的な形態とならざるをえない側面がある．そしてこのような問題があることを認めつつも，つぎのように整理することは可能である．

形式は村民委員会所有であるが，この委員会の実体が曖昧のままとはいえ，農地使用権（耕作権）は確立しているといってよく，実体的に小農的借地制と

同質であるといってよい．農地使用権は所有権ではないが，使用権の売買は実体的に障碍なく行われている．またこれを法的に追認するため，「中国農村土地承包法」の改正が2003年3月に行われた．つまり，使用権自体が「産権」という表現形式をとりつつ，法制的に，実質的な物権に近い認識ができつつあるということである．

こうした変化を背景として，中国（ここでは昆明市周辺農村や山間部などを指している．中国には，主として沿岸部のように，大規模経営が成立しているところもある．また深圳のように，市内90％の村で株式会社制の農業経営が普及しているところもある．多様な形態をもつのが中国の農業である．）の農家は生産すればするほど所得が増えるという，典型的な小農的期待を胸に生産性の向上に執着してきたし，現にそうした動機が営農を支えている．そしてその期待が具体的にあらわれるのは，農業技術面のあり方においてである．皮肉なことに，ほかならぬその農業技術の水準こそが，中国的小農経済の生産性の向上を抑える働きをしている点が問題なのである．その限界を打ち破ろうとする意図はつねに存在しているが，その障碍となるのが，中国の場合，ひろく支配する伝統的農業技術のあり方である．

このような状態にあることが，昆明市周辺農家の農業技術の現状と今後の動向を規定していると考えてよい．つまり現状の農業技術体系（＝中国的小農農法）が存続するかぎり，滇池汚染源としての継続をもたらす客観的条件を形成していくことになる．

(2) 糞尿肥料技術

昆明市周辺農村の場合についていえば，小農的農業技術の中心は農場一帯に撒く糞尿肥料（中国では，金肥ではないという意味で，一種の「農家肥料」という言い方をする）である．昆明では，少なくとも農家5，6軒おきに肥溜め（煉瓦で作った男女別々の屋外トイレ．都市部にも480程度の「公共便所」がある[8]）を作っているが，この内部は常に未発酵の状態である．このトイレにはおおむね2m四方の蓋のない肥溜めが，トイレから外部に突き出る格好で設けられており，農家はここから柄杓で糞尿を取って桶に移し，農地に振りかけるようにして撒く．尾籠な話であるが，いくつかの肥溜めを覗き込んでも，黒

ずんだ尿糞が溢れ，発酵した糞尿肥料の証であるふっくらした卵焼きのような色合いも柔らかさも窺えない．発酵していない状態の糞尿には2つの特徴がある．1つは先ほど述べたように見ただけで未発酵であることが分かること，もう1つは臭いがきついことである．人間の糞尿は完全発酵すると臭いが完全に消えるものであるが，昆明市周辺農村の糞尿肥料は腐って黒ずんだ半熟卵のようなものである．これを撒くのである．このため，農村一帯には鼻をつく異臭が蔓延する．その上，収穫した野菜の屑をなぜか村道に撒くように捨てるので，みぞれ状態になった腐敗した野菜の臭いが加わることになる．

こうしてできた糞尿肥料は先ほどのように柄杓で直接撒く方法と，一度土壌に混ぜて，それを農地に移す方法との2つがある．糞尿肥料を混ぜた土壌はちょうど水分の少し多い水羊羹状になるが，これを荷台を取り付けた耕耘機で農地へ運ぶのである．この状態になっても臭気はいっこうに消えず，荷の上げ下げ作業をみていると，農作業の厳しさが伝わってくる．

ではなぜ未発酵のままの糞尿を撒くかといえば，やむをえない理由が4つある．第1は十分に発酵するまで待てない，第2は常時使用するトイレと発酵壺が未分離という構造上の問題，第3は家庭から出る糞尿を処理する施設あるいは収集システムがないこと，第4にこれは伝統的な中国式肥料の1つであることである．糞尿を肥料として使うことは日本でも行われていたことで，中国だけのことではないが，発酵が条件であった．糞尿が十分発酵するまで待てないのは，トイレ1カ所当たりで測った農地面積が広いことが最大の原因である．とくに調査の中心地であった昆明市呈貢県はユリ，バラ，カーネーションといった花卉類が特産品である．花卉類は見渡す限り広がるビニールハウス内で栽培されているが，屋外トイレの数も限られている．ビニールハウス地帯以外の農村地帯にも，1戸所有の屋外トイレがあるが，多くの場合は共同利用である．この地方の農村では住宅内にトイレがある例はまだ少なく，共同トイレを利用する習慣がいまなお残っており，これを糞尿肥料として数戸の農家が共同で利用するので，慢性的な糞尿肥料不足が起きる原因となっている．

(3) 生産性向上の抑制技術

ではなぜ価格の落ち着いている化学肥料に代えないかというと，少なくとも

4つの理由がある．第1は化学肥料を使う習慣がないこと，第2は化学肥料を撒くには新たな技術習得が必要なこと，第3は金肥を使うにはまだ経済的な抵抗があること，そして最後にこれが最大の理由であるが，未発酵状態の糞尿肥料の方が農作物の育ちが良いこと，である．収穫期を迎えた畑のナスやセロリを観察すると，生育状況，色艶，光沢など申し分のないできである．ただし害虫や土壌中の雑菌類の発生は抑えられず，このためにこそ強い農薬を散布しなければならない．農薬の散布は，現状では避けて通れない．それが環境破壊の源になる．

糞尿そのものに価格はないが，その運搬と散布に伴う労働時間の支出は相当なもので，これが労働生産性向上の1つのネックになっていることは疑いない．自身の労働時間や厳しい労働を無視・軽視するのは小農的本質の1つであるが，国あるいは地域全体の農業生産コストを合計すれば，農業労働の地域的な次元で見た効率性は損なわれているといえよう．

糞尿肥料はいま述べたように，農作物の生育を助けることは確かである．しかし生産性の向上にとって障碍となる要因は，糞尿肥料の散布作業が機械化できないことにある．この地方では，機械化の遅れが甚だしく，村内で見かけるものはトラック代わりに使っている耕耘機と背負い型農薬噴霧器程度である．小型トラックも見かけることがあるが，もっぱら収穫した農作物を消費地へ運ぶためのものである．耕耘作業や収穫作業面の機械化の遅れは，生産性の向上にとって最大の障碍である．機械化の遅れは，豊富な農業労働力によってもたらされている．労働力が豊富なことは，糞尿肥料を散布している様子をみれば一目瞭然である．日中は暑いせいか，畑で農作業する人影はまばらであるが，陽射しが弱まる午後4時頃になると，驚くほど多くの男女が一斉に農作業を始める．労働力には余裕があっても，耕作できる農地の少なさが，結局は機械化の遅れをもたらし，生産性を低く抑える働きをしている．言い換えると，一方における豊富かつ過剰な労働力，他方における農地の外延的拡大の硬直性という矛盾に対する昆明市周辺農村農民の対応の一現象形態が，糞尿肥料の散布という農業技術となってあらわれている．

一方，こうした伝統的農業技術の温存以外にも，生産性の向上を妨げる要因が存在している．生産性の向上による収穫量の増加が小農経済にとっての課題

ではあっても，それが限界に達した以降の展望が容易に切り開けないという，構造的といっていい問題に直面している．生産性の向上によって生まれる余剰労働力の吸収先が，農外部門に容易には見つからないという限界である．農村の余剰労働力の解消による農業機械化，商品化，集約化，農業生産性の向上が農民を豊かにし，農業を発展させ，農村を振興することができるとする意見［李 2005: 170］はそのとおりだと思う．しかし，いかにしてそれを進めるのかが大きな問題である．一般にこのような場合，経営規模拡大かほかの農作物の導入が有効な対策として考えられるが，少なくも昆明市周辺農村の場合，その条件は乏しい．郷鎮企業はおろか余剰労働力を吸収する私営企業の成長は十分でなく，かといって，大挙して農民が沿岸部へ押し寄せることに制約も多い．そこで，限られた農地で，労働集約的な農業を続けざるをえない状態が固定する．

(4) 滇池の汚染と農業技術

昆明市周辺農村の小農はこうした制約下において，上述した農業技術を集約的に使って，経済的向上の道を探るしかなく，それが滇池の汚染と深く関わっていくのである．滇池の汚染は改革開放が始まった1970年代から始まり，やがて深刻化したという．昆明市周辺は海抜1,700～1,800mにあり，山岳内盆地のような地形から成り立っている．年間降雨量は1,420mmであるが大河川に恵まれず，日常的に水が不足する地帯である．そのため工業，生活，農業の各方面において，滇池の水はかけがえのない貴重なものとなってきた．まさに命の湖なのだという．しかし，中国の自然資源にたいする姿勢が全体的にそうであるように，ここでも長い間，略奪式の水利用が行われてきた．滇池はちょうど盆地の底に水が溜まってできたような形状をしており，水の自然循環がしにくい構造になっていることも水の自然浄化に悪影響を及ぼしている．この点が，滇池の汚染を早め，深刻化する要因の1つとなったといえる．

滇池から直接引く農業用水は，方角的には，滇池の東から南の方向に展開している農地で，水面からやや高いところに位置しているため少ない．農業用水は中小河川からの引水や地下水利用が一般的である．逆に，農地が滇池より高いところに位置していることが，滇池が悪臭を放つ糞尿肥料の混ざった排水の

行き着くところとなり，つまり農業廃水の捨て場となっていく理由となっている．滇池周辺には見渡す限りのビニールハウスや露地栽培農地が広がるが，これら広大な農地から，雨水と混濁した大量の農業汚水が，無数の大小の排水路を通って滇池に流れ込む．しかしいまのところ，このような状態に危機感を覚える農民はほとんどいない．

　汚染の原因の1つが，自らの農業技術にあることを認識する農民は皆無といってよい．農民たちが認識している滇池汚染の原因は，重化学系統の国有企業と都市生活雑排水であるという．昆明市環境保護局によれば，滇池の汚染原因として，その90%は有機物質によるもので，原因は農村排水と生活排水が各々40%，工業廃水が20%という．

　もちろんこの2つが最大の汚染源であることはまちがいない．現在昆明市には4つの近代的な汚水処理場があり，都市生活雑排水の80%，1日52万トンの処理能力をもつ．その1つである昆明市第3汚水処理場を訪ねたが，ここは市全域の20%をカバーし，処理能力は1日当たり20万トンで，オーストラリアの資金援助を得て建設した施設である．この処理場を経由した水は排水路を通って滇池に注ぎ込むが，処理後も濁りは解消されていない．その理由は，水質処理後の基準値が緩いためであるという．それでも，処理前のドブ川を流れる水に比べればましである．

　しかし近年，昆明市政府や関係者の努力によって，滇池の汚染は徐々に緩和の方向に向かっていることも事実である．滇池には瓢箪の上部のように小さな草海（都市部に近く，水の循環も悪い）と外海と呼ばれる大きな部分とからなる．草海は99年に透明度60cmを超え，その後低下し，02年度に再度60cmを超えたが，以降は一進一退を繰り返している．一方外海は02年度に1m近くに大きく改善し，透明度が傾向としてよくなっている．

　改善の理由は，さきほど述べた汚水処理施設の稼働，もう1つは従来汚染物質を垂れ流してきた主に国有企業が，汚染防止施設を設置する対策を取り始めたことによる．滇池の汚染が激しくなった70年代から80年代は，改革開放による工業発展が刺激された時代であり，内部不経済の外部化が容赦なく行われた時代である．

　昆明市政府や省の関係者は中央政府とも歩調を合わせながら，滇池の浄化に

乗り出した際，工業部門による汚染原因の除去を真っ先に進め，工業廃水の浄化と汚染源をできるだけ断ち切る対応を行った．そのため，汚染源をもつ工場には，浄化槽の設置や汚染の除去施設の設置を義務づけるなどの措置を取った．滇池の浄化が進んでいるとすれば，これらが効果を上げ始めた結果である．

(5) 改善の根本的課題

もう1つの汚染源である農業技術は，一向に改善されない状況が今日まで続き，当局も手を焼いているのが実態である．昆明市の環境保護局は，一応組織横断的な行政機構であり，農業部門に対しても一定の指導権限を持っているが，実際の指導能力は農民段階まで浸透するには至っていない．では行政の怠慢なのかというと，そうともいえない．むしろこの地方の農業技術というのは，行政の指導を超えたところに位置しているといった方が適切である．仮に汚染を引き起こさない近代的な農業技術をつくろうとすれば，「糞尿肥料を使うな」というだけではすまされない．さしあたって考えなければならない問題は，すでに述べたとおり，糞尿肥料の使用をもたらしている根本的問題——零細な土地制度と過剰労働力——である．この2つの問題を解決することが，農業からの滇池汚染を除去する根本的な方法なのである．

農村環境問題は，いまの事例のように，表面的には農業技術問題であるが，背後には，土地所有制度上の問題，栽培作目や地力収奪的栽培技術，農地の区画整理の乏しさ，土壌改良の不足など農地に対する投資不足の問題が潜んでいる．

4. 大規模企業的経営の展開

(1) 大規模経営と環境破壊

これまで滇池の汚染問題について，主として小農経済との関係から述べてきた．では滇池の汚染は小農的経営のみが関与しているのか，といえば決してそうではなく，昆明市に生まれつつある農業の大規模経営も大きく関与している．昆明市農業の主役は小農的経営であるが，一方で，最近は有限会社制を取った大規模経営が発展しつつある．昆明市の統計によると，1990年に1つもなか

った私営企業が95年に63，99年に770，2000年には991にまで急増した．その内容については後に紹介するが，組織的には大規模借地経営ないしは小規模な農家との契約栽培が注目される．これは，第4章，第5章で述べた農業産業化の発展に伴う農業竜頭企業と農家との連結を示す一例である．

では，こうした大規模経営が滇池の汚染という環境問題とどのように関わっているのであろうか．またその関わり方は小農的経営技術から生まれる環境汚染問題と同じものなのだろうか．まず前者の疑問についてであるが，これらの大規模経営の主な栽培作目は花卉であり，小農的経営と比較して施設化と栽培技術の高度化がみられることから，滇池の汚染との関わり方において，やはり小農的経営とは，質的に異なった点のあることが指摘できる．しかし，質的に，小農的経営の場合と変わらない点もある．この論点を具体的に問題にするために，まず，これら大規模経営の経営組織，栽培技術の内容に触れておく．

(2) 「遅れてきた市場経済」と技術・環境対策

まず経営組織であるが，さきほど触れたように，これらの大規模経営は有限会社制を取った一種の私営企業である．まず個人的な資本提供者があり，この人物が，資本の大部分を所有し，したがって企業所有者であり経営者でもあるという内容をもつ．つまり，ここではまだ，所有と経営は未分離の状態におかれている．たとえば雲南省の花卉生産量の多くを占める雲南恒隆格蘭園芸有限公司の場合，初期調達資本6億3,000万円のうち5億8,000万円は，現社長の個人的資産から賄った．残る5,000万円は公司の資金である．現在，有限会社制を一般の株式会社への組織変更を経て，上海株式市場へ上場することを目標とし，雲南省私営100大企業への仲間入りを目指すなど，その勢いはとどまるところを知らない．従業員数は250名である．もう1つの私営企業の例は，昆明市周辺農村にある昆明楊月季園芸有限公司である．1億8,000万円の資本金は，現社長が同じく個人的に調達して設立した会社である．この会社もまた，所有と経営が未分離状態である．この企業は輸出販路の拡大を行いながら，生産の大規模化をさらに進めていきたいという目標をもっている．

もっとも，こうした規模拡大志向をもつ企業はめずらしいことではないから，この点が環境破壊に直結するとはいえない．それ自体は資本の論理そのもので

あり，私的企業の普遍的原則である．中国の私営企業の場合，さきに紹介した企業目標にみられるように，経営の規模拡大をあまりにも急ぐ体質がある点が問題なのである．それがコストのかかる環境問題への配慮を欠きがちとなる．高度成長期初期の日本の製造業が一般にそうであったように，内部不経済の外部化によって，本来負担すべき社会的コストである環境保全費を節約する傾向がある．ここには，遅れてきた市場経済国としての負の特徴がみられる．

この点は，花卉栽培施設や栽培技術の利用に集約的に表れているといえる．花卉は幾棟ものビニールハウスで栽培されているが，そこで散布される糞尿肥料・化学肥料，農薬は盛土されたハウスとハウスの間に掘られた溝を通じて河川に排出される．その結果，滇池は一般の小農的経営が排出する糞尿肥料の残りや農薬と，企業的経営が排出する化学肥料などが混ざり，汚染の化学的組成の状態を一層複雑にしている．栽培技術に関しては，オランダや日本の技術を導入しているが，狭い地域に2,000haにもおよぶ密集したビニールハウス群の環境に及ぼす負荷は相当なものであり，その1棟1棟から排出される利用済み肥料や農薬の量は滇池の汚染を一段と進めている．

連作障害を防ぐ目的で，棟ごとに休耕をしているが，その間，土壌改良のため有機質肥料を撒く場合もある．しかし，そのための有機質肥料は小農的経営が使う未発酵状態の糞尿肥料であり，ビニールハウスに近寄るだけで特有の臭いが漂ってくる．

(3) 要素コストの差

以上のように，大規模経営の場合は化学肥料を中心的に使うという点で，有機質肥料を多く使う小農的経営との違いがあるが，滇池汚染に対する関与度という点では大きな差はない．ただし，小農的経営と企業的経営における経営組織の違いを意識してこの問題をみると，次の点に留意する必要がある．小農的経営における農家肥料（糞尿肥料）と企業的経営における化学肥料，という肥料の質的違いがあるものの，その論理には，原則として経営組織の違いに応じた差があるということである．小農的経営の場合，生産量の増加を直接の目的としながら農家肥料を大量に投下するのに対し，企業的経営の場合，生産性の上昇あるいは資本効率を意識しながら化学肥料を投下しているという差である．

花卉市場では，生産主体が小農的経営であろうと企業的経営であろうと生産された花卉自体は一体化するが，生産段階では作り方や，要素コストの組成と要素間のコスト比率は異なっている．ここで要素コストの組成とは，労働，資本，土地各々に配分されたコストであり，要素のコスト比率とは，コスト全体が要素間にどのように配分されているかを構成比として示すものである．小農的経営と企業的経営を比較すると，前者は労働コストが圧倒的に大きく，企業的経営の場合には資本コストが圧倒的に大きいという違いがある［シュルツ 1969］．ただし小農的経営にあっては，労働コスト（自家労働）は擬制計算する以外になく，具体的な計数として把握することは困難である．言い方を換えれば，小農的経営にとっては具体的に数字として出現しないし，それゆえに実感できないことが労働コストの大きさを無自覚なものにする原因となっている．この結果として，労働集約的な農業経営を可能にしているし，その労働が排泄する糞尿肥料散布に結びつく．

これに対して企業的経営の場合は，労働コストを資本コストに置き換える．生産要素の置き換えは経済コスト全体を節約するうえで効果的で，結局は資本コストが相対的に大きくなる．これを支えさらに促す条件として，規模拡大，つまり花卉の大量生産化と，規模拡大がもたらす製品の標準化という要請が登場し，そして実現されていく．既述の農業産業化政策がそれを促進する一面のあることは否定できない．それを担う物質的要素が化学肥料と農薬の大量散布である．それらが滇池汚染へと結びついていく．

(4) 経営組織差と肥料投下

生産量の増加の原因を，小農的経営においては，主観的には労働の増加に求め，企業的経営の場合には，資本の高度化に求めるという点に，基本的な違いがある．この結果，肥料投下の考え方において，次のような差があることに留意する必要がある．ただし，肥料を多投するという結果に大きな差はない．

まず小農的経営の場合には，肥料散布が範疇としての労働支出と一体的なものとして認識されるという点である．その結果，肥料投下が増えるのである．というのは，小農的経営にあっては，主観的には労働量が増えれば生産量が増えると考えるので，肥料散布が労働と一体的に認識されるもとでは，労働の増

加が肥料投下の増加をともない，比例して増加する．それに対して企業的経営の場合，資本の増強が生産の増加，言い換えれば生産性の上昇をもたらすと認識するので，資本投下の増加が肥料投下の増加を伴うことになる．つまり企業的経営にあっては肥料は流動財であり，その投下は資本の投下の一部としてとらえられる．その結果，企業的経営においても，結果としては肥料投下を促す条件を内部化していることになる．

しかし企業的経営によっては，肥料投下の考え方に，小農的経営の考え方も加わることになる．なぜかというと，雲南恒隆格蘭園芸有限公司の場合，自家経営のほか，500ムー（約33ha）にのぼる小農的経営を委託栽培しているからである．契約先の農家は一般の小農的経営である（その戸数は明らかにしてもらえなかったが）．農家は，6地区にまたがっているとのことである．企業と委託農家との関係は，公司が農家に対して種子，苗を供給し，肥培管理技術を指導する．こうすることによって，公司の要望に従った品種と栽培の規格化を行うのである．農業産業化における「企業＋農家」モデルである．

この方式は，日本などでもみられる契約栽培とほとんど同じで，農家の経営的自立性を保ったまま，農産物を作り，それを公司が買い取る．これによって，公司は実質的な農地の集約化と，そうでなければ自己調達しなければならない経営資本，労働を経営外にリスクを転嫁したまま賄うことができる．この場合，契約先農家がどのような基準で花卉を買い取るのかが問題になるが，これら細部については聞くことができなかった．公司が村政府から50年借地権で借り上げている土地は約200ムー（約13ha）であり，その倍以上が契約農家を通じた事実上の経営土地となっているため，契約農家の存在はきわめて大きな意味をもっている．

なお農家に供給する種子はすべてオランダなどからの輸入に依存しているが，将来は自前で種子開発できることを期待している．このように，種子と技術の多くを海外に依存していることがこの公司の最大の問題で，販売市場は海外に重点をおいているが，海外品種との競争につねに直面している．

この公司のように農家に対して栽培を委託している場合，その栽培の担い手は小農的経営そのものである．つまり，技術的性格は小農技術にほかならない．その結果，この公司が肥料・農薬多投的技術をもつ場合，資本集約的技術がま

ねく誘因と小農的経営が労働多投を通じてまねく誘因との二重の誘因をもつことになる．

もう一方の楊月季園芸公司の場合，約300ムー（約20ha）の土地を1カ所にまとめて利用している．土地所有権自体は村民委員会にあるので，いうなれば大規模借地経営である．この経営の主な栽培品種はバラ，ユリ，カーネーションなどであるが，最もコストのかかる費用は，温室の暖房経費と収穫後出荷まで保管する冷蔵施設費用であるという．ガラス温室とビニールハウスには自動温度制御装置がついており，光熱費は大きな負担である．この公司には農家との契約栽培はなく，資本制的な企業的経営としての性格以外にはない．したがって，肥料・農薬多投の誘因は，資本生産性の向上を図ることによって，促されることになると理解できる．

(5) 「小農・企業併存」の今後

昆明市郊外農村には，以上のように小農的経営と企業的経営とが併存する農業が生まれている．これらは，まさに「農業竜頭企業＋農家」の展開例である．これは日本のような農地法上の制約がないことから可能になっている．整理すれば，①小農的経営，②楊月季園芸公司のような農地使用権をもつ大規模企業的経営，③雲南恒隆格蘭園芸有限公司のように①と②を併せもつ大規模企業的経営，である．このような状態は「小農・企業併存」と呼べる．そして現状をみるとき，この「小農・企業併存」は今後，小農的経営を残しながらも，②または③のような企業的経営が発展していく可能性が大きいことを示唆する．この結果，昆明のような，現在小農的経営が支配的なところにおいても，小農的経営と企業的経営との併存状況が，より鮮明になる方向に向かうのではないかと思われる．

この点は，1つには中国のWTO加盟による海外との競争局面の増加（昆明の場合，自然条件が競合する東南アジア諸国と似ているので，競争はより激烈となる），もう1つには品質の高い農産物の供給という国内需要の要請に対応した経営のあり方への対応，という2つの面から促進されるであろう．WTO加盟に伴う点については，あえて述べる必要はない．ここでは2つ目の点について述べる．この場合，まず注意しなくてはならないことは，小農的経営が残

第6章　農村の環境問題

らざるをえない理由の1つに，①土地整備投資が非常に遅れていること，②農村人口のはけ口が広がる可能性は当分見込めないこと，という2つが大きな制約条件があるという点である．つまり，大部分の農業経営が企業的経営に再編されるにしても，相当の時間と条件整備が必要になる．矛盾するようであるが，こうした制約のもとで，流れとしては企業的経営化の方向に向かっていると思う．ここには，この流れを支えるいくつかの条件がある．

　第1は，小農的経営の現状は一般に貧しく，所得の向上を望む期待が非常に大きいことである．小農的経営の特徴は労働の多投によって家族の生活を維持することにあるが，現状では所得が低く，その改善を求める者が多い．ところが，個々の小農的経営は現状のままでは所得の向上が実現できないことをよく知っている．心の底では，その改善のための方法として，新しい企業的経営との連結あるいは規模拡大を考えている．もちろん，それが個別の力でできるとは思っておらず，既存の企業的経営への参加，もしくは少なくとも数十戸の農家が村民委員会などの援助をえながら企業的経営を起こす，などというかたちとなろう．

　第2は，地域の農家が集まって企業を形成するというような企業化しやすい基盤があることである．小農は現在の日本の農家と違って，共同作業など組織的な生産活動に慣れている．それが利益動機を結合原理に転化して近代的な企業原理のもとに再構成されるならば，企業的経営への道は比較的困難が少ない．それによって，農産物の品質の向上を求める国内外市場への対応と軌を一にすることになれば，それはより強い社会的契機ともなる可能性がある．

　第3は，土地所有権が農家にはないため，経営や生産のあり方を変えることは，日本人には想像できないほど簡単にできる条件があることである．この条件があることによって，中国全体の農業経営のあり方は，日本とは比較にならないほど多様かつ柔軟なものに変わりうる．このような条件があるところでは，農業経営は地域の主作目や生産要素の賦存条件によって，変幻自在でありうる．企業的経営化は，こうして小農経済のなかから自生的あるいは強制的に生まれてくる可能性が高い．

　昆明市周辺農村では，以上のように小農的経営と企業的経営とが併存し，企業的経営に重点が移っていく過程にあるといえる．ではそのような動きが強ま

る結果として，滇池汚染はどうなるであろうか．

この問題に対する答えはすでに明らかなように，現状では，軽減する可能性は低いとみることができる．小農的経営であろうが企業的経営であろうが，滇池の汚染を軽減しあるいは防止する経営内部の自生的インセンティブは乏しい．そのために必要なことは，農地やハウス等から肥料や農薬が滇池に直接流れ込まないような排水溝を建設するか，農地と一体的な浄化施設の整備を行うことである．しかし，現状では農業廃水を浄化施設に取り込むようにはなっていない．農業の近代化と生産の拡大は中国農業にとって大きな課題であるが，環境保全をこれといかに両立させていくことができるか，依然としてその先は不透明である．この点には，遅れてきた市場経済がもつ，矛盾が集約された中国経済の特徴の1つと見ることができる．

参考のために敷衍すれば，農業の近代化あるいは生産の効率化と環境保全は両立するか，という問題の立て方が日本農業ではすでに終焉しているという研究がある．胡は日本農業の経営規模別，肥料・農薬などの環境問題誘発型の物財費の投入額比較を行った結果，規模の大きい経営ほど単位当たり投入が少なく，かつ所得が大きいことを実証的に明らかにした［胡 2007: 234-56］．つまり，環境保全か成長か，という二者択一型の問題の立て方は実は現実性を失い，それをいかに進めるかという点に焦点を当てうるようになったというのである．中国農村の環境問題を考える際にも，これは有益な視点となるだろう．

中国の環境問題を農業，そのなかの一部分でしかない小農技術とからめて見ただけでも，そこには中国全体の環境問題に通じる縮図のようなものを知ることができる．ましてや，すでに世界の工場となり，いまや世界の消費市場ともなりつつある中国全体の環境問題は途方もなく広く，深く，そして把握困難なほど病んでいる．国土は大きいとはいえ，水や平地，緑は不足している．そんなところに，世界中の工場が進出して，なけなしの水を使い平地を埋め尽くして，さらに，アメリカの上を行く規模のGDPを築こうとしている．どこかの国が真顔で宣伝することだが，工場排水や産廃で汚れた土地や水や空気をまえに，環境美化や環境浄化の重荷を農業部門や農家に美辞麗句をもって背負わせるようなことだけはすべきではない．

中国でも農業を生産的な面からではなく環境資源価値として，金額的な換算

対象として見る学者もいる．王，諸らは農業を環境保全価値をもつものとして，その計測方法を検討している（しかし実際の計測はしていない）［王，諸ほか 2007］．従来の生産関数の要素に新たに「環境物品とサービス（空気，土壌，水等）」を加えたもので，実際の計測となると，この単純な説明だけでは難しいように思う．またこのような方法，つまり環境に関係がありそうだと頭のなかで考えた特定の要素を取り上げ，説明変数とする生産関数で環境資源を価値として測るという方法が適切なものかどうか，大いに疑問が残るところである．それは，人間行為と自然現象を混在させ，人間自身が作り出した原因のありか，環境改善の条件を不明瞭にするだけであろう．関数ですべてを説明できるかのように考える現代的思考様式を批判したF.A.ハイエクの『科学による反革命』を読むがよいだろう．

注
1) 「中国環境保護法」第20条では次のように定めている．「各級人民政府は農業環境の保護の強化に当たらなければならず，土壌汚染・土地砂漠化・湿地化・地力劣化・沼化・地面の浮き沈みや不耕作化・土壌流出・水源枯渇・栽培条件維持および生態環境を喪失する現象の抑止・病虫害の防除・化学肥料の不合理な使用・農薬や植物成長に影響を及ぼすものなどの排除に努める」．農村と都市の環境行政の一元化，農業の環境保全の責任を明確にするため，本法の改正をすべきだとの意見が出始めている．たとえば欒志紅［2007］「〈環境保護法〉的修改応加強農村環境保護」『理論前沿』第11期．
2) 国家環境保護総局『中国環境統計年報』2007．
3) 中国統計出版社『中国環境統計概要』2004．
4) 中国統計出版社『中国環境統計概要』2004．
5) 「昆明統計年鑑」（2001年版）．
6) 2002年度愛知大学現代中国学部雲南省現地研究調査．
7) 「中国統計年鑑」（2002年版）．
8) 「昆明統計年鑑」（2001年版）．

引用文献
沈金虎［2007］『現代中国農業経済論』農林統計協会．
吉野正敏［1997］『中国の砂漠化』（愛知大学文学会叢書I）大明堂．
段然，王剛，孫岩，李長生，楊正礼［2007］「農業清潔生産現状及対策研究」『中国農学通報』3月．
張玉林［2007］「蝕まれた土地」『中国21』1月．

万曉紅［2007］「発展循環農業保護生態環境」『現代農業』第 5 期.
李明星［2005］日野正子訳『中国経済の発展と戦略』NTT 出版.
胡柏［2007］『環境保全型農業の成立条件』農林統計協会.
王舒曼，諸培新，呉麗梅，譚栄［2007］「農業資源環境価値与評価方法」『理論探究』
　　第 2 期.
蔡玉秋［2006］「我国農業生態環境悪化原因探析」『商業経済』第 12 期.
シュルツ，T.［1969］逸見健三訳『農業近代化の理論』東京大学出版会.

第7章

基盤整備投資の現状と課題

1. 水利・灌漑投資の現状

(1) 水不足社会，中国

　中国の農産物生産に寄与する主な要素をみると，過去から現在まで，肥料・労働・農薬であった．しかしその基盤たる農業灌漑施設の整備や土地改良，耕地整理は，さらに不可欠の条件である．本章では，水利・灌漑など，中国の農地投資の諸問題と現状を考察する．こうした認識の背後には，将来の農地生産性の低下，すでにみたような環境問題の悪化など厳しい条件が存在しているという事実がある．

　中国では「土地整理」を耕地整理，土地改良の二重の意味に使うことが多い．ある報告では，土地整理も効果が大きく，有効耕地の増加，耕地の地力，作業効率の向上に役立つという［高主編 2006: 49］．「中国土地管理法」第35条は灌漑工事，土壌改良，地力向上，土地荒廃防止，塩害化防止，土壌流出防止，土地汚染防止は各級人民政府の義務であることを定めている．農地を含むあらゆる土地所有が，究極的には国家に属すると理解されていなければ発想できない規定である．あらゆる形で存在する水もまた，中国では国家所有に属する．「中国水法」第3条は次のように定めている．「水資源は国家所有とする．水資源所有権は国家を代表して国務院が行使する．集団経済組織が管理する貯水池と農村集団経済組織が管理するダムの水は各集団経済組織が使用することができる」．

　しかし，法的規定に反して，実際には，水についての十分な整備は政府の責任では行われてこなかったというべきであろう．計画経済が市場経済へ移行し

ていく過程は，人民公社を母体に農民労働の無償の大量動員によって実現されてきた灌漑施設建設が縮小していくのと，軌を一にしていた［劉俊浩 2006: 103］．人民公社の時代から改革開放を経た 80 年代初頭まで，農村の灌漑施設や農地基盤整備が農民労働の動員によって行われていた当時の様子を，陝西省白水県の記録が残している．

水利

建国前の白水県では，川に沿ってできた小規模な水田地帯のダムの堤防のほとんどは，農民の手で造られていた．そして堤防と川の間に，滑車を使って桶に汲んだ水を田に揚げる灌漑施設ができた．民国初年 (1911)，白水県では水田がわずか 30 ムー余りしかなかった．民国 9 年以降，ごくわずかな農家は畜力による木製の滑車を使用し始めた．その後，しばらくしてから鉄製の滑車が使われ出した．民国 29 年以降，白水県では，水田が約 1,237 ムーに増えた．内訳は，白水河流域に 637 ムー，洛河流域およびその支流に 600 ムーである．

新中国建国後，水利事業は迅速に発展し始めた．1949 年，白水県の水田は 1,900 ムーになった．その後 1983 年まで，水利面積は 29.15 万ムーに増え，建国初期の 150 倍になった．有効灌漑面積は 12 万ムーに達した．平均 1 人当たり 0.56 ムーである．基本的には，14.71 万の農村人口の用水問題も解決した．有効灌漑面積は，解決すべき面積の 75.74% を占めるようになった．水田の 1 ムー当たりの収量は，1971 年の 125kg から 1983 年の 263.5kg まで増えた．

ダム建設

白水県人民は県委員会，県政府の下で，水を貯めるためにダムを建設した．1958 年になると躍進渠（今の林皋ダム）を造り始めたが，1960 年 5 月 1 日の放水まで 25 カ月間かかったにすぎなかった．労働力が一番多いときは，1.3 万人であった．それでも本渠しかできなかった．本渠（暗渠または小規模地下溝と思われる：筆者）は林皋河と白水河の合流の所から始め，東へ県庁所在地の西北 2km のところから地面に流れ，全長は 37.5km である．溝に土を埋めるのは 114 カ所，トンネル 95 カ所（全長 5,700m），橋が 12，最高の土堤防 35m，最長のトンネル 407m，最深 47m である．伝統的なやり方で測定しながら行っていた．地質に関する資料もないし大型事業の経験と技術の基礎もない．資金は全部農民が自分で調達，工具も非常に後れていた．そして全工事でも，大きな二輪荷車がわずか 100 台ぐらいしかない．全部，人が担いだり，運搬車で推したり，すべてを

人の力でやった．最大の1カ所の堤防は，1人で2トンの石をローラで牽くというものだった．全部で318.7m³の土，5,400m³の石を移動した．これらのために，稼働日数332.25日を投入した．国は10万元を投資して，水を高原まで引き上げたのだ．同時に，人びとの意識を変えた．しかしながら，探測設計，施工品質，地質の条件などの各種の要因で，放水してから間もなく土砂崩れがあったのでトンネルが崩れ，溝が埋まった所に水が貯まり，渠道の部分も潰れた．さらにそのときは国民経済が困難な時期だったので，第1期工事は廃棄された．1964年陝西省水利庁は地質隊を派遣してボーリングし，林皋ダムの基礎と杜康溝の地質構造を調べた．1965年水利庁は設計員を派遣して改めて測定，設計した．省計画委員会の批准で1966年4月第2次施工を始めた．1968年8月本渠が貫通，1971年12月ダムの堤防等の主要工事が完成した．410.89万m³の土，4.11万m³の石，1,178m³のコンクーリートを移動した．稼働日が延べ1,135万日，投資960.9万元，そのうち，国の投資は582.73万元である．

石堡川ダムは中型水利灌漑工事である．1960年白水県は実地調査を行った．1966年と1967年に陝西省水力発電探測設計院は何回も探測した後，工事計画書，任務書を提出した．1969年には陝西省「革命委員会生産組」の批准により，渭南地区で専門機関を設置し施工および管理を担当することになった．白水県，澄城県は各々灌漑施設面積によって堤防，本渠等の工事の建設を担当した．白水県は堤防長を930m以下（堤防総高は59mで，白水県が埋めるのは48m）および水門，排水道等を担当する．澄城県は堤防長930m以上で，幅11mおよび本渠（37.9km）を担当する．支渠は各県が各々担当する．出勤人数が一番多い白水県は1万人以上に達した．1969年10月に工事を開始，1972年10月完成，合計371.3万m³の土，12万m³の石，5,880m³のコンクリートを移動した．稼働日の総数は，357.39万日である．その後，支渠に関する工事に入った．国家投資は1,106.3万元（ダムの工事，9カ所のステーションおよび3本の支渠を含む）に及んだ．

そのほか，小ダム（1型）を2つ（1つは故現ダム，もう1つは今の鉄牛川ダム），小ダム（2型）を5つ（后洼ダム，武子ダム，西洼河ダム，中原ダム，先鋒ダム）造った．

完成した以上の工事は，土量1,232.06万m³，石材量15.21万m³，稼働日2,047.19万日である．国家投資は1,195.9万元（石堡河ダムを含まない）である．総有効容積2,343.2万m³で，ダムの調節水量は2,742.7万m³（石堡河ダムを含まない）である．1983年まで，各ダムの工事はほぼ完了した．その後各々使用し始めた．ダムの灌漑施設面積は26万ムーで，有効灌漑面積は10.3万ムーであ

る．

重点工事の案内
(一) 林皋ダム

林皋ダムは，林皋村から南西1.5kmにある．1971年竣工，1972年に使い始めた．林皋ダム管理所は北井頭に設置し，その下に6つの管理所（水庫，南窯，杜康溝，北井頭，荒地，器休）および1つの幼魚場を設置した．ダムの重要な工事は堤防，水路，排出道である．堤防は高さが34m，長さが460mである．有効ダム容積は1,959万m³である．元々の本渠は堤防の右側から穴を開けて水を引き，北井頭公社郭家道村の出口まで長さが18kmで林皋，大楊，北井頭という3つの公社を経た．溝に土を埋めるところは18カ所，トンネルが10（長さ10km），各建設物が53である．元々の本渠は，器休村の西1kmのところで終わる．長さは11.5kmである．北井頭，馮雷，西固という3つの公社，さまざまな建築物53を含む．全本渠は全長が29.5kmで，設計存水量は3.6m³/秒，最大流量は4.2m³/秒である．

支渠7条，長さは49.9kmで，各類の建築物は428である．本渠は16本，支渠は68本で，総長は149.6kmで，小型建築物は4,325である．

灌漑は北井頭，城関，城郊，雷牙，馮雷，西固，雷村等の7つの公社，53大隊を対象にした．その施設面積は11.3万ムーである．1972年使用開始後，灌漑面積が次第に広がり，1983年まで有効灌漑面積は7.9万ムーに達した．

(二) 石堡ダム

石堡ダムは洛川県の盤曲河の左にある．本渠は盤曲河から黄龍山を回って，右側は山南に，東は澄城県の大峪河に及ぶ．白水県の北原，縦目，史官という3つの公社の農地を灌漑し，その施設面積は10万ムー（そのうち，引き上げ灌漑4万ムー）で，同時に澄城県の12の公社19万ムーを灌漑した．

ダムの高さ59m，有効ダム容積は6,220万m³である．要となる工事はダムの底から流す水路，排水道，余水路もある．本渠の全長は37.9km（白水県内14.1km）そのうち，石渠は4.9kmである．各々の建築物は141（白水県内64）で，大型の建築物は32（白水県内8），トンネルは5本で長さが2,329m（白水県内2本），水道橋は9本（白水県内5本）で，排水溝は5（白水県内3）である．溝に土を埋めるのは10カ所（白水県内8）である．ダムから本渠までは2.56km以内で，設計流量は9m³/秒，最大流量は11.5m³/秒である．

灌漑地域には支渠を8本設置し，全長191kmである．白水県内には支渠が3本ある．長さは23.8kmである．分支流は6本で，長さが42.7kmである．その

第7章　基盤整備投資の現状と課題

うちは干斗が14本，支斗が81本である．建築物は517である．一支渠のトンネル工事は長さが6.7kmである．ステーションは9カ所，各々，路長，窨科，后寨，丁家山，石索，北彭牙，孫家山，東坡，史家山に設置されている．総能力は1,325.5トンでそのうち，路長ステーションが一番大きい．5台の機械を取り付けてある．容量は1,035トンである．水を吸い上げる流量は1m^3/秒で，揚程は55mである．支渠は1978年に竣工した．1983年まで，有効灌漑面積は2.4万ムーに達した．(『白水県志』1989，李小春訳，監訳高橋)

　人民公社の解体，改革開放以後，とくに1990年代以降になると，ここで引用したようなかたちの灌漑施設整備は，急速に減少し始めた．というのは，80年代の後期以降になると，農村義務工や蓄積工が減少し，それまで依存していた農民の組織的動員を正当化する根拠がなくなったからである［劉俊浩2006: 117］．

　そこでまず，灌漑施設整備の現状や問題点についてみていく．中国の2005年の総用水量は5,573億m^{3}で世界の18.5％を占め世界一である[1]．しかし人口が多いので，1人当たり用水量は430m^3，世界平均750m^{3}の57％，アメリカの4分の1，日本の半分程度にすぎない．小麦天水農業のイギリスは中国より少ないが，栽培作物と農法の違いによるものであり，イギリスが水不足というわけではない．中国の低さは，世界的に見て際立っているのが実態である．政府は5,000万人が飲用水確保に困っていることを認めている．その重要な理由は端的にいえば降雨量の少なさにあり，全土の年平均降雨量は600mmにすぎず，地域差も大きい．年間降雨量が多い地域は東南沿海区(1,600mm)，長江中遊区(1,400mm)，西南区(1,200mm)で，少ない地域は西北区(200mm)，東北区(450mm)，京津地区(600mm)，青蔵区(420mm)である．

　そんな中にあって中国政府は，総用水量の約65％を農業に振り向けている．それでも中国農業は水が不足している．表7-1により1980年からの推移を見ると，総用水量は大きく増加，この25年間で1,229億m^3，28％の増加を見た．人口の増加，水資源開発の進展によるものである．一方農業用水量は，21世紀に入ってから減少する兆しを見せている．総用水量に占める農業用水量の割合も大きく低下しており，1980年は85％であったが現在は65％程度に大き

表7-1 農業用水の比率推移
(単位：億m³，％)

	総用水量	農業用水量	農業用水比率
1980年	4,344	3,699	85.2
1993	5,198	3,817	73.4
1998	5,435	3,766	69.3
2000	5,498	3,784	68.8
2002	5,497	3,738	68.0
2004	5,548	3,586	64.6
2005	5,573	3,623	65.0

資料：張岳他編著『水利与国民経済発展』163頁から作成．

く低下している．工業部門の成長，都市生活者の水需要の増加が背景にあると同時に，農業用水向けの水資源開発の停滞，気候温暖化などによって水資源の減少が生じているといえよう．

(2) 低い用水率

 中国水利部によると中国の現在の水資源総量は2兆8,124億m³というが，そのうち用水として実際に利用できるのは表7-1のように5,573億m³なので，用水化率はその20％弱にすぎない．しかも地域的には大きな差がある．その基本的な原因は，広大かつ多様な国土の存在と広い意味での国家的水コントロールの不十分さにある．水資源総量2兆8,124億m³は平原部に10％しかなく，残りは山岳部に集中している．地域的にも偏在しており，北方には18.6％しかなく，残る81.4％は南方に集中している．また地理的・気象的理由から用水効率（資源量に占める用水量の割合）が北方は南方に劣るので，北方は用水・水管理の社会コストが高い．用水効率を考える上で，降雨量の多い南方はその56％が水資源となり，うち76％が地表径流，24％が河川基流となるが，北方は乾燥地帯なので降雨量の26％しか水資源にならず，うち採水がしやすい地表径流は72％，大河に流れ込む河川基流が28％と南方よりやや多い，

 本書で関心のある点は，最近の中国の水事情全体に関する話題ではなく，農業用水である．この点で注目しておかなくてはならない点は，次のことである．つまり，表7-1のとおり農業用水量は減少傾向にあるが，これを面積単位当たりで見ると，よりはっきりする．いまこの様子を図7-1で確認しよう．1980年農地1ムー（6.667a）当たり600m³あった用水量は1990年550m³，2000年にはさらに減少して470m³へ，そして2004年には450m³にまで減少している．

 これは何を意味するのであろうか．筆者の解釈では，第1に，耕地面積の統計上の増加（統計の変更による．実際の増加もあるにはあるが，退耕・還林政策や農地転用により減少も大きい）に対して，水供給が追いつかない現状を示

(m³/ムー)

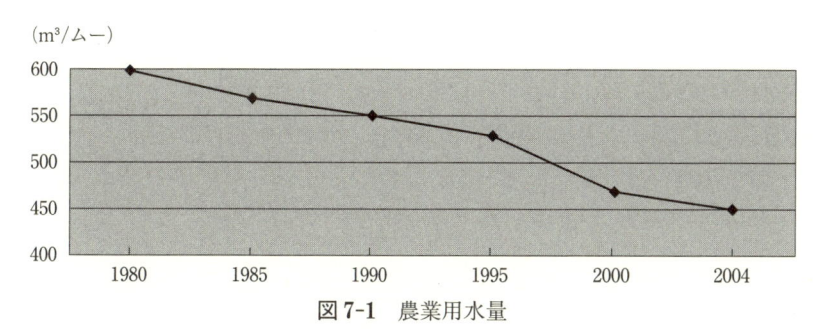

図7-1　農業用水量

資料：張岳他編著『水利与国民経済発展』36頁．

している．もちろん，統計上の増加のみならず，新規農地供給が行われており，その供給源は，限界地以外にはありえず，したがって水供給効率の劣る農地が増えていると思われる．第2に，農業用水供給量の全体的減少傾向の影響である．この点については，後述のように，さまざまな原因が考えられるが，経済成長を主因とする限られた水の分配先の変化，つまり工業用水，生活用水への比重の変化が大きい．

　一方，農地の被害面積はやや減少する傾向がある．表7-2はそれを示している．ここでいう被害面積は干害や洪水・冠水で収穫物の80％以上が減収となった被害のことである．この表は1995年からの10年間の推移を見たものであるが，2000年から2003年まで被害面積は3,000万ha程度あった．被害面積はその年の気象によって変わりうるが，2004年以降の2年間は大きく減っている．被害のうち多くは干害によるもので，洪水・冠水を上回ることが常態となっている．ここからまずいえることは，中国の災害による農産物減収面積が極めて大きいことである．その面積規模は，多い年で，日本の農地面積の全部を合わせた6倍以上にも達する．また，中国全土の農地面積に対しても20〜30％に相当する．しかし，被害面積は同じ年に複数回起こりうるので，延べの農地面積に対するその割合はもっと少ないとはいえる．

(3)　水不足の地域差

　図7-2は中国全土の水の過不足を示している．沿岸部は豊富であるが，中西

表 7-2 自然災害面積

(単位:1,000ha)

	被害面積	干害面積	洪水・冠水面積
1995 年	22,267	10,401	7,604
1996	21,233	6,247	10,855
1997	30,307	20,012	5,839
1998	25,181	5,060	13,785
1999	26,731	16,614	5,071
2000	34,374	26,784	4,321
2001	31,743	23,698	3,614
2002	27,319	13,247	7,474
2003	32,516	14,470	12,289
2004	11,967	7,950	4,017
2005	16,695	8,479	8,216

資料:張岳他編著『水利与国民経済発展』72-73 頁から作成.
注:被害面積は減収 80% 以上をさす.

部にいくにしたがい水不足になる実情を表している.この地図からは,中西部を除くと,中国の水不足は深刻ではないかのように見えるかも知れない.しかし,水が豊富にあるということと,必要なときに必要な量を確保できるよう水のコントロールがうまくいっているかどうかという問題はまったく別問題である.この点は水不足の場合にも当てはまる.農業用の水をいかに確保するかという問題は,やはり水をコントロールする部類に入る.そして水コントロールが人間の手によってうまくできるようにすることが灌漑であり,灌漑面積は水コントロールの状態を示す1つの重要な指標となる.

またどのような灌漑が行われているか,という点は,地域における人間による水コントロールがどのような方法で行われてきたかを示す要点であり,そこからは「水社会」,「灌漑と風土」なる概念[玉城,旗手1985]も想起されるのである.水のコントロールつまり灌漑には,溜池灌漑,河川灌漑,井戸灌漑などがあるが,加えて灌漑の規模は農業の発展という面だけでなく,灌漑工事を行い,利用する地域の農民や,農民社会の枠組みを越えて,地域社会が歴史的に,どのような政治・経済・社会をつくりあげてきたかという問題と関連する.ウィットフォーゲルは中国の灌漑社会に視点を定め,この点を提示したが,その単純な形式論に根本的な批判を加えたのが玉城と旗手であった.

その要点は,フォーゲルが自然に対する人間の働きかけ方が政治権力や社会構造のあり方を規定するとストレートに考えたのに対し,玉城と旗手は自然と人間の間に,すでにそこに形成されてきた人間の態度を介在させることで,地域的あるいは国別の特徴を見出そうとしたのであった.この概念が彼らの考える灌漑社会である.玉城は「水社会」[玉城 1981:15-56]という呼び方で,い

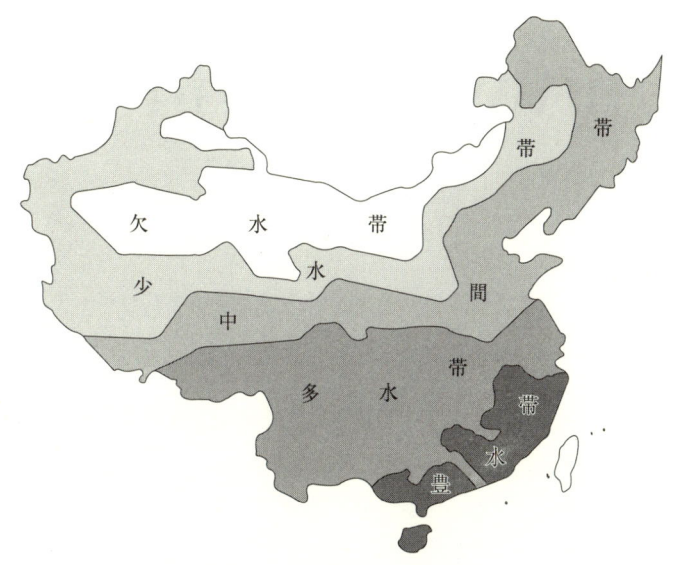

第7章　基盤整備投資の現状と課題　　　　　　　　　205

図7-2　中国の水需要地図

資料：中国水利部．

かに水とその確保の仕方や使い方が，文化形成や経済，政治と関係が深いかを提起したのであった．これらは中国社会の地域的特徴を把握する際のヒントになり，中国を地域研究の対象とするとき方法論的ヒントとなるが，ここではこの興味ある問題はさりし当たり措かなければならない．この問題は，稿を改めて考察するつもりである．

(4) 灌漑地域差の拡大

さて中国全土の農地についての灌漑状況を見ると，図7-3のように，地域別に大きな差や特徴がある．また表7-3に明瞭なように，中国全土の最近の灌漑率は50%を下回って，低下する動きが見られる点が注目されよう．1995年の中国全土の灌漑率は52%であったが，2005年の灌漑率は42.3%に低下している．その理由は何か．

1つは，2000年以降の耕地面積の統計上の増加である．統計上の増加とはいえ，灌漑が行われていない耕地の増加が数字上現れたと思われることである．

表7-3 灌漑率と灌漑面積指数推移

	耕地面積増加倍率 (1995-2005)	灌漑率		灌漑面積指数 (1995=100)							トレンド (95-05)
		1995	2005	1995	2001	2002	2003	2004	2005		
全国合計	1.37	51.9	42.3	1.000	1.101	1.103	1.096	1.105	1.117	↑
北京	0.86	80.9	52.8	1.000	0.999	0.980	0.554	0.578	0.562	↓
天津	1.14	83.2	73.1	1.000	0.999	0.999	0.998	0.996	1.001	→
河北	1.06	62.0	66.1	1.000	1.110	1.093	1.090	1.104	1.126	↑
山西	1.26	33.0	23.7	1.000	0.919	0.918	0.911	0.905	0.906	↓
内蒙古	1.49	32.3	32.9	1.000	1.392	1.429	1.446	1.483	1.521	↑
遼寧	1.23	35.5	36.6	1.000	1.232	1.242	1.257	1.263	1.268	↑
吉林	1.41	22.9	28.9	1.000	1.529	1.658	1.709	1.764	1.785	↑
黒竜江	1.31	12.2	20.3	1.000	1.910	1.996	1.929	2.085	2.187	↑
上海	1.09	99.2	75.3	1.000	0.975	0.940	0.894	0.854	0.825	↓
江蘇	1.14	86.2	75.4	1.000	1.018	1.014	1.002	1.002	0.996	→
浙江	1.31	87.7	66.7	1.000	0.987	0.991	0.989	0.992	0.999	→
安徽	1.39	68.4	55.8	1.000	1.101	1.113	1.120	1.127	1.135	↑
福建	1.19	77.8	66.2	1.000	1.006	1.002	1.004	1.005	1.014	↑
江西	1.30	81.4	61.2	1.000	1.009	1.008	0.997	0.980	0.974	→
山東	1.15	69.6	62.3	1.000	1.037	1.029	1.021	1.022	1.027	↑
河南	1.19	59.4	60.0	1.000	1.178	1.187	1.185	1.194	1.203	↑
湖北	1.47	64.8	41.7	1.000	0.933	0.923	0.940	0.952	0.950	→
湖南	1.22	82.5	68.0	1.000	0.999	0.998	0.998	1.001	1.004	→
広東	1.41	64.2	40.3	1.000	0.972	0.957	0.884	0.882	0.886	↓
広西	1.69	56.3	34.5	1.000	1.032	1.032	1.030	1.030	1.033	↑
海南	1.78	42.1	22.1	1.000	1.001	1.041	0.982	0.940	0.932	→
重慶・四川	1.48	46.8	34.1	1.000	1.092	1.084	1.088	1.076	1.078	↑
貴州	2.66	33.3	14.5	1.000	1.078	1.097	1.115	1.132	1.163	↑
雲南	2.24	43.5	23.1	1.000	1.139	1.154	1.166	1.175	1.188	↑
西蔵	1.63	73.0	44.8	1.000	0.952	0.985	0.964	0.948	1.003	→
陝西	1.51	39.5	25.3	1.000	0.981	0.981	0.949	0.968	0.969	→
甘粛	1.44	25.6	20.5	1.000	1.101	1.107	1.114	1.124	1.154	↑
青海	1.17	30.1	25.7	1.000	1.175	1.091	1.025	1.017	0.995	→
寧夏	1.57	34.5	33.4	1.000	1.457	1.474	1.485	1.460	1.522	↑
新疆	1.27	88.9	80.4	1.000	1.129	1.099	1.097	1.118	1.153	↑

資料：『中国統計年鑑』から作成。
注：耕地面積が増加したため灌漑率が低下した一方、灌漑面積指数は上昇する場合もある。

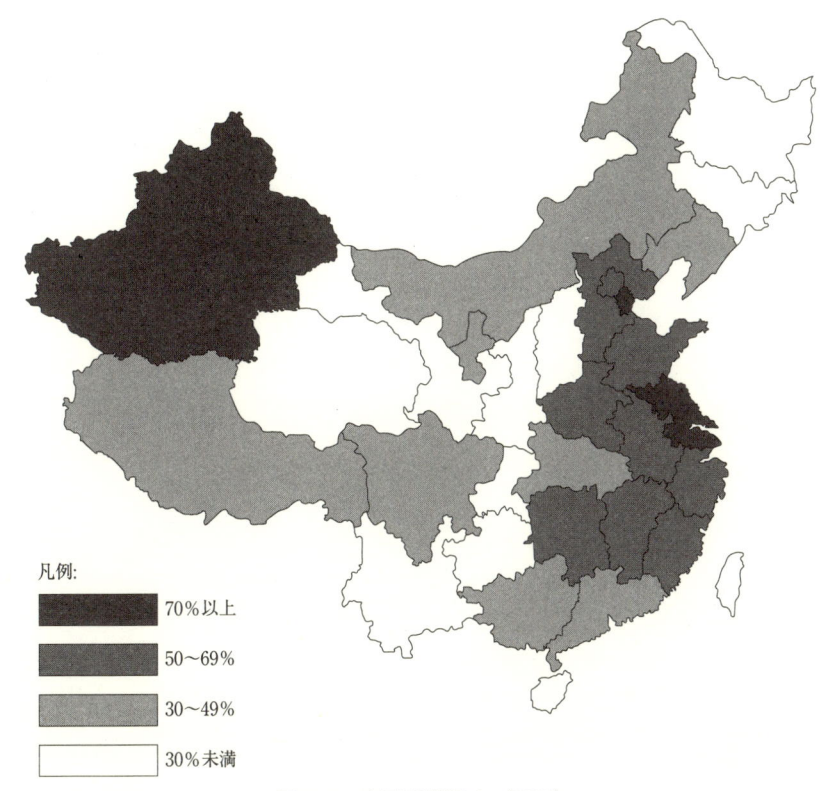

第 7 章　基盤整備投資の現状と課題

凡例:
- 70% 以上
- 50〜69%
- 30〜49%
- 30% 未満

図 7-3　地区別灌漑率（2005）

表 7-3 に見られるように，耕地面積は北京など大都市を除き，大部分の地域で増加している．1995-2005 年までの 10 年間に，全国の数字上の耕地面積は 1.37 倍になった．

　もっとありそうなことは，新たな開墾が行われていることも確かだが，土地条件が劣悪なところが多く，灌漑の不可能な，あるいは灌漑がまったくできない限界耕地が増加したことによるのではないかと思われる．言い方を換えれば，灌漑に適した農地は，容易には入手しにくい状態になったか，あるいは農地の実質的劣化現象による部分もあるのではないかということである．そのために，耕地面積は増えたが，灌漑面積は増えなかったので，灌漑率が低下したと見ることもできる．灌漑率の低下には，こうしたいくつかの要因が重なっている．

灌漑面積の動きを1995年を100とする2005年までの指数をみると，地域別に特徴的事実のあることが分かる．すなわち表7-3のように，河北，内蒙古，遼寧，吉林，黒竜江，河南では灌漑率が増加する傾向にあるが，特に北京，山西，上海，湖北，広東，海南，貴州，陝西などでは明らかな減少傾向をみているのである．増加している地域は比較的に降雨量も多く，農業の盛んなところを含んでいるが，減少している地域は大都市近郊あるいは降雨量が少ないところが含まれている．山西，陝西は農業地帯であるが，元来，河川灌漑が乏しく，井戸水に依存する地帯である．この地帯は井戸水の水位が下がる傾向にある地域で，井戸水の減少あるいは枯渇の危険さえあるので，灌漑面積指数の減少も実際にありうることである．

　表7-4は，耕地面積と灌漑面積の推移を地域別にややくわしく見たものである．これによると，全国の耕地面積は1995年9,497万ha，灌漑面積は4,928万haであるが，2,005年には耕地面積1億3,000万ha，灌漑面積5,503万haである．このように灌漑面積自体は増えているが，耕地面積が増えたために，表7-3に示したように，灌漑率は減少したのである．再び表7-4に戻ると，耕地面積が大幅に増えながら，灌漑面積の増え方が遅いか減少している地域がある．たとえば，黒竜江は灌漑面積の増え方が遅い地域であるが，山西は灌漑面積が減少しているのである．こういう地域はめずらしく，厳しい農業用灌漑の様子が伝わってくる．

　なお同表に，最近の溜池数，溜池貯水量，洪水対策・塩害対策面積，土壌流出対策面積を付しておいた．2005年の例では全国に8万5,100の溜池があり，総貯水量は5,624億m³で，長江全体の地表水8,630億m³の65％に相当する量をまかなっている．溜池の数の多い（1,000以上）地域は，河北，吉林，浙江，安徽，福建，江西，山東，河南，湖北，湖南，広東，広西，重慶・四川，貴州，雲南などである．溜池が多いのは，それだけ広範に，溜池灌漑をする地域が多いことを意味するが，数が多いことだけが，溜池灌漑によって水を確保する農家が多いことを意味するわけではない．溜池の貯水量が，重要な要素になる．溜池の貯水量が300億m³以上の地域は遼寧，吉林，浙江，河南，湖北，湖南，広東の各省である．これら地域は慢性的水不足地帯や，地形の面で溜池灌漑が都合のよい地帯である．現在，溜池では，その水の減少と水質汚染が問

題になっている．この地域では至る所に溜池があり，ときに生活雑排水の捨てどころあるいは汚れるに任せているところがある．その基本的な理由は，降雨量の減少であり，温暖化による乾燥の影響である．近年，このような気象上の変化による灌漑農業への影響が日増しに大きくなっている．

(5) 洪水対策と地域格差

その一方で，局地的な集中豪雨が農地を襲う傾向も顕著になっている．洪水対策は中国で非常に重要であるが，最近では洪水が従来以上に懸念されるようになった．洪水や冠水ばかりでなく，干害もまた中国農業にとっては大きな問題である．前掲表7-2により1995-2005年までの10年間に起きた自然災害をみると，自然災害面積は最近になってやや減少する傾向にあるが，依然として日本の農地面積の3倍以上の広大な面積が被害に遭っている．1つの特徴は干害面積と洪水・冠水面積ともにそれぞれ毎年1,000万ha近く被害に遭っていることで，食糧生産に与える影響は非常に大きいことが窺える．この表には示していないが，地域的には河北，黒竜江，江蘇，安徽，山東，河南などで目立っている．

洪水対策について見よう．ただし洪水対策という場合，コントロールの対象が農業用水に限らず，河川一般がその対象になるという留意が必要である．表7-4の洪水対策面積合計が全耕地面積の5分の1，2,130万haとなっているが，正確なところは不明である．その理由として，河川洪水対策はある程度把握できても，砂防ダムなどの山林洪水対策面積の把握が難しいことにある．仮に砂防ダムのようなものがあったにしても，退耕還林などの施策による統計上の耕地面積の変更などがあったり，商工業用地に転用されたのに，地目形式は農地となったままの農地が存在するなどのため，その正確な把握は困難といっていいであろう．

洪水対策面積の多いところ（100万ha以上）は河北，吉林，黒竜江，江蘇，安徽，山東，河南，湖北の各省である．これらの地域は年間降雨量（2005年）が安徽（1,000mm），湖北（1,100 mm）を除けば少ないが，いずれも稲作地帯を擁し，大きな河川を抱えている地域であるという特徴がある．

表 7-4 耕地面積と灌漑面積の推移

	耕地面積		灌漑面積					
	1995	2005	1995	2001	2002	2003	2004	2005
全国合計	94,971	130,039	49,281	54,250	54,355	54,014	54,479	55,029
北京	400	344	323	323	317	179	187	182
天津	426	486	355	354	354	354	353	355
河北	6,517	6,883	4,040	4,485	4,415	4,404	4,460	4,548
山西	3,645	4,589	1,202	1,104	1,104	1,095	1,088	1,089
内蒙古	5,491	8,201	1,776	2,472	2,538	2,569	2,634	2,702
遼寧	3,390	4,175	1,204	1,483	1,495	1,513	1,520	1,527
吉林	3,953	5,578	904	1,383	1,499	1,546	1,595	1,614
黒竜江	8,995	11,773	1,095	2,090	2,185	2,112	2,282	2,394
上海	290	315	288	281	270	257	246	237
江蘇	4,448	5,062	3,833	3,900	3,886	3,841	3,839	3,818
浙江	1,618	2,125	1,419	1,400	1,406	1,404	1,407	1,418
安徽	4,291	5,972	2,934	3,229	3,264	3,285	3,305	3,331
福建	1,204	1,435	937	942	939	940	942	950
江西	2,308	2,993	1,880	1,898	1,894	1,873	1,842	1,831
山東	6,696	7,689	4,663	4,836	4,797	4,761	4,767	4,790
河南	6,806	8,110	4,044	4,766	4,802	4,792	4,829	4,864
湖北	3,358	4,950	2,174	2,028	2,007	2,044	2,071	2,065
湖南	3,250	3,953	2,680	2,676	2,676	2,675	2,683	2,690
広東	2,317	3,272	1,488	1,447	1,425	1,316	1,313	1,318
広西	2,614	4,408	1,472	1,520	1,519	1,517	1,516	1,520
海南	429	762	181	181	188	177	170	168
重慶				632	641	650	617	618
四川				2,533	2,501	2,503	2,503	2,508
(重慶・四川)	6,190	9,169	2,899	3,165	3,142	3,153	3,120	3,126
貴州	1,840	4,904	612	660	672	683	693	712
雲南	2,871	6,422	1,250	1,424	1,442	1,457	1,469	1,485
西蔵	222	363	162	154	160	156	154	163
陝西	3,393	5,141	1,340	1,314	1,315	1,272	1,297	1,299
甘粛	3,483	5,025	893	982	988	994	1,003	1,030
青海	590	688	177	208	194	182	180	177
寧夏	807	1,269	278	405	410	413	406	424
新疆	3,128	3,986	2,780	3,138	3,054	3,051	3,107	3,204

資料:『全国農業統計摘要』(2001-2005) から作成.

第7章 基盤整備投資の現状と課題

(単位：1,000ha)

溜池数	溜池貯水総量(億m³)	洪水対策面積	塩害対策面積	土壌流出対策面積
2005	2005	2005	2005	2005
85,108	5,624	21,340	6,032	94,654
83	93	150		371
143	28	400	210	39
1,099	160	1,643	839	5,981
731	54	89	211	5,185
487	82	277	305	9,221
967	356	996	305	5,756
1,238	307	1,018	137	3,334
628	88	3,270	197	4,111
			52	29
917	189	2,795	701	864
3,971	386	495	3	2,239
4,872	196	2,210	102	1,955
2,681	140	118	40	1,129
9,394	283	351		3,666
5,555	196	2,601	945	3,787
2,344	397	1,904	698	4,122
5,807	554	1,196		4,099
13,326	388	471		2,671
6,610	415	502		1,291
4,327	251	204	102	1,488
990	95	11		28
2,752	49			1,886
6,683	163	91		5,272
9,435	211	91	0	7,159
1,961	78	50		2,627
5,370	106	234	5	4,229
50	12	32	0	18
999	69	130	59	8,931
272	89	12	66	7,744
152	299		10	744
198	19		92	1,644
501	85	38	974	220

(6) 低下する水位

表7-5は灌漑を電力を用いて実施している面積と，耕地面積に対するその割合を示したものである．電力を用いた灌漑は，地下水のポンプ揚水が主なものと見てよい．この表によると，中国全土の電力灌漑の実面積は2001年以降あまり増えていない．しかし地域別には，内蒙古，吉林，黒竜江，甘粛，新疆などでは増えている．耕地面積に対する割合が高い地域は北京，天津，河北，上海，江蘇，浙江，安徽，山東，河南など降雨量が少なく，水資源に制約のある地域が目立つ．江蘇は70％に達しているが，ここは灌漑率自体が高いところで，加えて年間の降雨量が1,000mmを超える多雨地帯に属し，水の排水には電力を利用する場合が多いという特徴をもっている．

灌漑と関連する問題として，ほかに塩害，土壌流出問題がある[2]．塩害は多くの場合，地下水位の上昇と土壌の乾燥から起こるとされているが，中国各地では水位の低下が傾向的に進み，集中豪雨などで地下水位が急に上昇すると塩害が起こりやすい．現在，中国全土

表 7-5 電力灌漑・電力排水面積

(単位:1,000ha)

	電力灌漑・排水面積					耕地面積	(a)/(b)
	2001	2002	2003	2004	2005(a)	2005(b)	
全国合計	36,212	36,214	36,162	36,055	36,716	130,039	0.282
北京	310	302	160	157	163	344	0.475
天津	396	398	394	392	394	486	0.812
河北	4,261	4,078	4,204	4,282	4,346	6,883	0.631
山西	942	947	949	949	947	4,589	0.206
内蒙古	2,202	2,261	2,380	2,428	2,743	8,201	0.334
遼寧	1,593	1,631	1,580	1,581	1,554	4,175	0.372
吉林	1,257	1,355	1,371	1,223	1,423	5,578	0.255
黒竜江	2,295	2,357	2,284	2,462	2,576	11,773	0.219
上海	245	237	234	219	206	315	0.654
江蘇	3,698	3,655	3,646	3,620	3,543	5,062	0.700
浙江	1,050	1,039	1,038	1,039	1,050	2,125	0.494
安徽	2,770	2,821	2,839	2,860	2,879	5,972	0.482
福建	170	162	159	161	160	1,435	0.112
江西	574	571	572	545	562	2,993	0.188
山東	4,462	4,440	4,438	4,426	4,421	7,689	0.575
河南	3,825	3,883	3,864	3,902	3,917	8,110	0.483
湖北	1,246	1,206	1,181	1,190	1,236	4,950	0.250
湖南	1,164	1,156	1,181	1,173	1,169	3,953	0.296
広東	436	418	402	410	405	3,272	0.124
広西	264	263	262	269	252	4,408	0.057
海南	18	20	19	20	24	762	0.031
重慶	194	194	193	189	184	―	―
四川	616	563	560	228	228	―	―
(重慶・四川)	810	757	753	416	412	9,169	0.045
貴州	71	70	70	70	72	4,904	0.015
雲南	199	199	197	196	195	6,422	0.030
西蔵	6	7	9	9	6	363	0.017
陝西	862	846	796	739	754	5,141	0.147
甘粛	387	394	397	421	420	5,025	0.084
青海	20	17	20	19	17	688	0.024
寧夏	66	80	105	111	89	1,269	0.070
新疆	614	645	660	766	781	3,986	0.196

資料:『中国統計年鑑』から作成.

で確認されている塩害化面積は 81.8～100 万 km^2 といわれている [劉新衛,張麗君ほか 2006: 30].

一方,逆に地下水位の過度の低下も深刻な問題である.たとえば陝西省は井

戸灌漑が中心であるが，最近は地下水位の低下が著しく，多くの農地で200〜300mと深くなっているという話を最近現地で聞いた．地下水は一種の地下資源であり，無尽蔵ではなく，くみ上げには一定の節度を必要としている．降雨が減る一方なのに，地下水をくみ上げ続ければ，当然のことながら地下水位はさらに低下するはずである．それを制限し，地表水の貯蔵湖つまり溜池の増設や，河川灌漑のための頭首工（川から取水するための施設）の設置数を増加し，用水路の整備などを進めていく必要性が高まっている．

西安では，くみ上げすぎのため，地下水の水自体がアルカリ臭と塩味を伴うようになった[3]．塩害対策には塩害防止対策と塩害除去対策の2つがあるとされるが，いずれも莫大な時間と費用がかかる．それに灌漑施設の設置，継続的な土壌改良などが不可欠であり，現状では，中国で十分には手が回らない分野である．表7-4で示した塩害対策面積は，主にそのような対策が施された農地である．

2005年時点の全国塩害対策面積は600万ha，総耕地面積の6%に及んでいる．塩害対策がこのようなかなりの面積に施されており，その必要性がいかに高いかを物語っているからである．地域的には河北，内蒙古，遼寧，江蘇，山東，河南，新疆ウイグルなどに多い（30万ha以上）．しかし塩害対策面積の多いところが直ちに塩害の多いところとは言えず，塩害が起きても対策が進まない地域もあると見るべきである．また，塩害対策の効果がどうか，という点についても関心を寄せるべきであろう．

(7) 土壌流出地域の拡大

次に土壌流出についてであるが，農地投資不足や気象変動による影響が最も端的に表れる問題である．土壌流出は土壌保全管理技術の停滞がもたらす砂漠化，風害と過放牧が大きな原因と言われてきたが，近年はそれ以外に，耕土保全対策の立ち後れや農地改良投資の不足，温暖化による降雨量の減少，化学肥料の多投などの要因が複合的に作用していっそう困難な問題になりつつある．気象変動の影響は予想外に早く進行して，耕土の流出や耕土剥離現象が広い範囲で起きている．新中国成立以来今日まで，中国の土壌流出が起きた面積は356万km^2（総面積の37%）におよび，うち水による浸食が165万km^2，風

食によるもの191万km²という［劉新衛，張麗ほか2006: 30］．

　土壌流出対策面積を表7-4で見ると，9,465万haとなっている．これには農地以外の土地たとえば山林も入っている可能性もある．それにしても，全耕地の約90％の規模で土壌流出対策が行われているとは驚きである．これには2つの意味がある．1つは，その面積の広さであり，土壌流出が中国全土で起きていることを示している．もう1つは，対策の中身がいったいどのようなものなのかという点である．土壌流出は気象との関係や化学肥料の多投，土地改良の軽視など複合的な要因によって起こるが，その対策には簡単にはできない面的な大規模工事が含まれるであろう．そうしたとき，いったい，何をもって対策としているのか，まったく不明であり，にわかには信じがたい面も否定できない．

　その点は非常に重要ではあるが，まず地域別に対策面積が大きなところ（300万ha以上）を挙げると，河北，山西，内蒙古，遼寧，吉林，黒竜江，江西，山東，河南，湖北，四川，雲南，陝西，甘粛である．土壌流出あるいはその対策という点で見た場合，これらの地域に共通する点を見出すことは非常に困難である．あえていえばこれらの地域の作目には，夏はトウモロコシ，冬から春にかけては小麦という共通性がある．これら地域では柳の防風林が耕地を区切るように植えられているが，トウモロコシは生育上，乾燥土壌を必要とするため耕土は硬くなり，真夏のグラウンドを鍬で少し耕したようなゴツゴツした土になりがちである．そのうえ化学肥料を多投するので，土壌に粘りが欠けて堅くなり雨や風に弱い．水田の場合，土壌流出が起こるのは洪水や大雨のときに限られるが，畑作地帯では，あらゆる自然現象や化学肥料の多投が土壌流出の原因になることを示している．

(8)　水利収入と水利資産ストック

　中国農業にとって，灌漑施設の整備は死活問題である．表7-6はその投資額とそこから得られる収入，そして2000-05年までの資産ストックの動きを見たものである．この表は，水利全体をカバーしており，農業用水利だけを取り上げたものではないので，ここでの議論をはみ出るデータであるが，参考にはなると思われる．まず2000-05年までの6年間における水利収入の推移を見ると

第7章　基盤整備投資の現状と課題

表7-6　水利収入と資産ストック　(単位：億元)

	水利経営総収入	実現利潤	水利資産ストック
2000年	1,170.0	54.0	3,340.0
2001	1,038.8	30.9	3,519.7
2002	1,074.7	31.8	3,869.7
2003	1,038.3	17.0	4,023.0
2004	1,091.8	9.4	4,864.7
2005	1,111.8	11.3	4,959.0

資料：水利部資料．

1,100億元程度で，あまり大きな変動は見られない．この水利収入とは，農業用水利であれば村民委員会あるいは個人による売水，あるいは利用料である．しかし，ここには生活・工業用などの水利用も対象となっている．総収入に比べ，大きな変化を見ているのは水利利潤であり，2000年の54億元以降傾向的に減少し，2005年には11億元となっている．この理由は，水利施設の管理費用の膨張と考えられる．水利資産の膨張は表に見られるように大きく伸び，2005年には5,000億元になろうとしている．この施設の増大に対するメンテナンス費用および減価償却費の増加が，利潤を圧縮していると見られる．水需要が減少して，水の価格が低下したことによるものとは考えにくい．

表7-6は水利全体を対象としたものである．農業用水利の場合，その資産ストックは一定の条件を付けて計測可能であるが，本書の場合，灌漑施設投資は土地合体資本としてこれに含めて，本章第3節で計測を試みている．

(9)　灌漑と収穫量との関係

灌漑施設の整備は農村環境の整備にも資するが，最大の効果は農産物生産の維持・増加を図ることにある．そこで，灌漑施設の整備が進捗している地域は食糧生産が多いといえるのかどうか検証してみよう．表7-7と図7-4がこの設問に対する結果を示している．まず表7-7であるが灌漑率は直近の2005年を，収穫量は2004年と2005年の平均をとっている．ここでの収穫量は秋まき穀物である．そして全国の地域別のデータの対数をとり図で示すと，図7-4のとおりのきれいな関係図を得ることができた．灌漑率の高いところでは収穫量も高く，灌漑率が低いところでは収穫量も少ないという関係が示されている．この図は，水を制するものは食糧生産を制することができるという，古今東西に共

表 7-7　灌漑率と収量の関係（2004, 2005 平均）

地区	実　数（%, t/ha）		対　数　値	
	灌漑率	収量（秋播き）(04, 05 平均)	灌漑率	収量（秋播き）(04, 05 平均)
全国合計	42.31	4,788.5	3.75	8.47
北京	52.77	4,617.0	3.97	8.44
天津	73.14	4,689.5	4.29	8.45
河北	66.07	3,728.5	4.19	8.22
山西	23.73	3,514.0	3.17	8.16
内蒙古	32.94	3,700.5	3.49	8.22
遼寧	36.57	5,849.5	3.60	8.67
吉林	28.93	5,915.5	3.36	8.69
黒竜江	20.33	3,561.0	3.01	8.18
上海	75.30	7,533.5	4.32	8.93
江蘇	75.42	6,958.5	4.32	8.85
浙江	66.71	5,859.5	4.20	8.68
安徽	55.77	4,364.0	4.02	8.38
福建	66.19	4,980.0	4.19	8.51
江西	61.16	5,068.5	4.11	8.53
山東	62.29	6,095.0	4.13	8.72
河南	59.97	4,547.5	4.09	8.42
湖北	41.72	6,693.0	3.73	8.81
湖南	68.04	5,776.5	4.22	8.66
広東	40.27	4,795.0	3.70	8.48
広西	34.48	3,700.5	3.54	8.22
海南	22.08	3,520.0	3.09	8.17
重慶・四川	34.09	5,386.0	3.53	8.59
貴州	14.51	4,676.5	2.67	8.45
雲南	23.12	4,205.0	3.14	8.34
西蔵	44.84	5,297.5	3.80	8.57
陝西	25.26	3,250.5	3.23	8.09
甘粛	20.49	3,521.0	3.02	8.17
青海	25.65	3,708.0	3.24	8.22
寧夏	33.37	4,668.0	3.51	8.45
新疆	80.38	6,310.0	4.39	8.75

資料：『中国統計年鑑』2005 から作成．

通する考え方の正しさを示すものであろう．

　南水北調事業が完成すれば，それに伴って，支流開発や用排水施設の整備など大きな工事が始められ，北方の農村隅々の水不足を緩和することに寄与することが期待されている．しかし同時に，水の社会的コストは急上昇し，その買

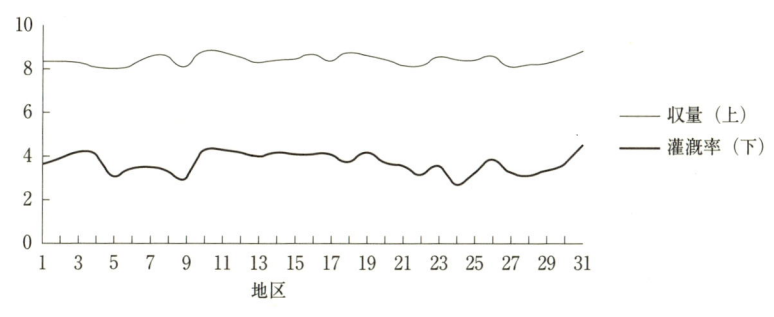

図7-4 灌漑率と収量の関係（対数）
注：地区は表7-7より1全国合計から31新疆までを示す．

い取り価格も上昇する可能性が高い．その上昇を吸収できるかどうかは，収穫量の増加にかかっているが，それは一面では，農家がコスト吸収できない場合も起こりうることを示している．また灌漑の効果が上がりすぎ，収穫量の適度な増加を超えてしまう場合も起こりうることで，この場合は，さらなる売難（買い手の確保の困難），あるいは価格の下落が起こることもありうる．この点では，中国の農家にとっては，図7-4で見られるような正の関係が維持されることが望ましいことはいうまでもない．しかし灌漑の生産力の拡大における意味は二重であり，この調整が崩れると，社会的な利益（生産増加による農産物価格の低下）と農家の私的利益が相反する事態も起こりえないことではない．

(10) 施設老朽化と灌漑紛争

中国の農業灌漑は灌漑区（「灌区」）ごとに整備され，管理運用がなされる仕組みとなっているが，ここには大きな問題がある．最大の問題は灌漑施設の老朽化と新規改良投資の難しさである．また灌漑施設の管理主体，所有権，水利費の決め方，その徴収管理，施設の維持管理あるいは改良主体などの問題もある．もともと中国には後述の用水戸協会（水利農家団体）を除けば，日本や欧米のような水利組合はなく，人民公社が水利の調達・管理や調整，水利用に伴う集団間や水域間で多発する争いの調停役を担っていた．ところが農家請負責任制を採用してから，農業用水は基本的に，農家個々の責任で確保する方式に転換された．そのため，さまざまな問題が起きる条件が生まれた．人民公社の

廃止で灌漑設備建設の停滞も起き，水利施設の老朽化が進んでいる．投資の増加が必要で，主に灌漑設備建設などの基盤整備に向けられなければならない［南 1990: 84-6］という意見もここから生まれる．それまでは，かなりの灌漑投資が行われていた．たとえば，華北における50年代に進められた灌漑事業は，井戸，溜池建設，黄河の利水という広範なものである．60年代初期の海河流域の灌漑面積は井戸灌漑の進展により50年代初頭の2倍になった．60年代には農村電力も徐々に普及し，電力灌漑面積は大幅に増加した［田島 1996: 147］．

　現在，最大の問題は灌漑施設の老朽化である．人民公社時代，灌漑施設は農民の義務労働によって建設され，ある程度維持されていたが，その解体後，灌漑システムと合わせて宙に浮く事態がうまれた．現在の灌漑施設，その中心は用水施設であるが，その大部分は旧い時代に，多大の無償労力を使って造ったものである．今日ではそのレベルも低く，老朽化が著しく，改修や新設が遅れ，農業生産性の向上を抑制する大きな理由の1つとなっている．

　もともと中国には「靠水吃水」（こうすいきっすい）（河や湖に近ければ河や湖で生計を営む－生計は自然次第）ということわざがあるが，現在の農地の大部分はこのことわざに通じるお天気次第という側面が強い．中国の多くの灌漑施設の「渠道」（用水路）は「土渠」（土でできた用水路）が多いが，その多くは崩れ，水漏れが激しく，送水力とスピードが弱いので効率が著しく悪い．地表水の灌漑が適切に行われないことが，地下水依存を強める最大の理由ともなっている．これは環境問題に直結している［李ほか 2006］．筆者が見学した南方，北方，中部の農地，とくに水田やそのほかの穀物栽培農地では，いずれも同様の現象が起きていた．いずれも耐用年数がすぎていても，修復や新設はほとんどみられない．張正剛ほか［2007］による黒竜江省の研究事例では，レンガあるいはセメントで漏水防止処置がとられている用水路はわずか20～30％にすぎず，灌漑施設も旧式の地面灌漑が大部分で，パイプ灌漑や暗渠灌漑など先進国では一般的な方式はほとんどないという．そのため灌漑水の利用率が50％未満にすぎず，先進国に比べると30％も低いのが実態である．このような問題を解決するには莫大な資金投入が必要であるが，同時に，灌漑施設の「受益者は誰か，費用負担者は誰か，投資をするのは誰か，施設所有者は誰か」を明確にしたうえで，

地域内灌漑組織の形成を行うことが不可欠である．貧困地区での投資低迷も大きな問題である．灌漑施設の老朽化が進む一方で，その維持管理・補修がおろそかにされる例が多い［馬ほか2006］．貧困問題は構造的であり，容易に解決するものではない．人民公社の解体は，無償労働に駆り出す手段まで解体してしまった一方で，代替策が創られなかったため影響は大きい．

中国の灌漑施設の整備は急を要するが，渠らは次のように指摘している［渠ほか2007］．整備のポイントは従来方式の土渠を管道（パイプ）灌漑に改めることである．現在，河北，山東，河南，北京，天津などを中心に管道灌漑の普及が取り組まれているが，全国的に見ると普及率は低く，500万ha程度で全農地の3％弱にすぎない．これを増やすことが急務である．そのわけは，表7-8のように，土渠に比べパイプ灌漑は効率性が格段に優れているからである［渠ほか2007］．

すなわち管道水の流速は通常の土渠に比べほぼ2倍であり，短時間で給水ができる．1ムー当たりの水需要量は，土渠の577m³に比べ316m³と約半分で済む．水に無駄が生じないからである．また土渠の場合，灌漑系統全体で54.5ムー（3.6ha）の農地を必要とするので，その分，農地を無駄にするが，管道にすれば，その無駄がなくなる．ただし1ムー当たり（6.67a）の建設費用は管道の方が高く292.5元（約4,500円），これに対し土渠の場合は86元（約1,300円）と安い．灌漑の維持コスト（1ムー当たり）は土渠46.2元（約700円），管道25.3元（約400円）である．しかし農家サイドから見ると，用水単価（用水価格）は1m³当たり0.08元（1.2円）と同じである［渠ほか2007］．末端の負担額が同じであれば，管道施設の建設費を誰が負担するか，という問題が重要になってくる．実は，この点はまだ十分に整理されていない．灌漑施設の受益者，所有者，管理者，投資者が十分に定まっていない現状［李ほか

表7-8 土渠と管道の灌漑効率の比較

	流速 (m/s)	年需水量 (m³/ムー)	必要農地	投資	節約農地	灌漑コスト	用水単価 (元/立法m³)
			(ムー/元)				
土渠	0.50	577	54.5	86	0	46.2	0.08
管道	0.98	316	0	292.5	54.5	25.3	0.08

資料：渠ほか［2007］「管道灌漑系統対耕地集約利用的可行性分析及探討」『資源調査与評価』．

2006]で，この問題は，非常にデリケートな論点を含んでいるせいでもあると考えられる．

(11)「農民用水戸協会」の誕生と役割

灌漑には組織性や地域性を要する．人民公社や村民委員会に代わって，最近では灌漑を利用する農民が組織する協会組織（社団法人または法人格なき社団組織）が中国の各地で生まれ拡大する動きを見せている．中国ではこれを「農民用水戸協会」と呼んでいる（「用水戸協会章程」に基づく名称．以下「用水戸協会」）．現在中国全土で2万協会を数えるに至り，当該協会がカバーする灌漑総面積は1億ムー（670万 ha）に及んでいる[4]．

用水戸協会が区域とする地理的範囲は，原則として1つの水利系統あるいは水利単位となっており，これには支系統も含まれる．会員資格はその地域で灌漑施設を利用する農民で，加入・脱退は自由である．ただし，有資格農家のほとんどが加入している模様である．業務は次のように，大きく4つに分かれている．①区域の灌漑工事およびその管理運用，②徴収する水価格を会員大会で決めること，③水販売業者または機関に対し，農家に代わってその代金を支払うこと，④農家のために灌漑技術または情報を提供すること．また会員は以下の権利をもつとされている．①用水権，②会員代表の選挙権および被選挙権，③協会に対し意見を表明し，要求を行う権利．しかし義務もある．①用水量にしたがった水利用料を支払うこと，②用水戸協会の決議および協会の規程を遵守すること，③灌漑施設の維持管理に努め，同施設の保全に努めること，④節水に努めること．

この用水戸協会が比較的早くできたところは湖北省である[5]．湖北省の農業水利問題の専門家である胡は，湖北省で用水戸協会が発展した様子を以下のように述べている．1995年の段階で，省内4カ所の大型灌区において，世銀の援助による試験的な取り組みが始まった．ここでは1995年，灌区の自主管理方式を採用し，灌区内の水管理単位と用水戸協会が提携するモデルとなる事業を開始した．しかしこの段階では，まだ用水戸協会は10協会程度，灌漑面積も少なかった．しかし2002年になると用水戸協会は116協会に増え，灌漑面積は7万 ha 以上になり，2006年には用水戸協会数は一挙に1,883，協会がカ

バーする用水路の総延長は6,953km，灌漑面積は40万haへと大幅に増加した．参加農家戸数は62万戸，省内50県，296の郷鎮，3,967の村に及んでいる［胡2006］．これは，用水戸協会のような水利組織の需要があったこと，用水戸協会がそれに応える組織であったことを示していよう．胡は，用水戸協会の役割として以下を強調する．

①灌区（位置づけは，用水戸協会の上部団体）における末端行政組織レベルで，灌漑の管理体制が準備されたこと．特に，農民に対する水供給が統一的な仕組みのもとで実施されるようになったことの意義．ただし，利用料を支払わない農家がまだ残っていること，農民に対する利用料負担が小さくないことは問題であるとしている．一方で灌区の水管理組織が負担すべき利用料が安価なため，水の浪費のもとになっている．しかし，筆者は用水戸協会は，灌区と水の最終利用者である農家の中間組織として，両者の調停的役割を担っていると見ている．これらの役割と灌漑システムのあり方から，「灌区＋用水戸協会＋農家」を新しい水管理系統組織の形成と見ることもできるのではないか．

②漏水の防止と水をめぐる農家間の紛争調停機関としての役割をもつ組織が誕生したこと．このような組織がなかった段階では，用水路の保全作業や改修作業に出る者はいなかったし，集団作業の音頭をとる者もいなかった．また水争い（日本語でいう水論）が絶えず，特に水不足の際には用水の末端に位置する地域では水が届かず，上流へ多数の農民が押しかけ，力づくで水の確保を図るような行動も稀ではなかった．用水戸協会ができてからは，話し合いにより平等な水の配分ができる仕組みができた意義は小さくない．

③水費用の節約が可能になったこと．従来，農家が支払う水利用料は，農家→小組→村→郷（鎮）→県→灌区水管理組織と，中間で徴収する組織が3～4つもあった．しかし用水戸協会設立後は，水利用料の支払いは農家と灌区水管理組織が直結することになり，余分な負担が省略されるようになった．そしてようやく，水の「利用量・価格・利用料」が一体的になった請求書が農家に届くようになったのである．

また灌漑の専門雑誌『水利天地』で，寒は，用水戸協会ができたことで利用料徴収のための農地検分が厳格化し，「黒地」（公的な面積に現れない，農民のへそくりとなる闇の農地－少なくないのが実態）が消滅したことを報じている

[寒2007].

ただし,用水戸協会はまだ歴史が浅く,さまざまな問題を抱えている.筆者が特に指摘しておきたい点は,①組織間の権利と義務関係面の調整問題と,②水の価格設定問題（灌漑施設利用価格問題）である.①の問題は,灌区水管理組織と個別の用水戸協会との調整,灌区に多数生まれた複数の用水戸協会間の調整,用水戸協会ともともと灌漑施設を持っていた村民委員会（その元は人民公社）との灌漑施設の所有権の調整がついていない,あるいはその道筋すらついていない点である.特に灌漑施設は公共財的性格を持っているが,所有権が誰に帰属するか,という問題は施設管理や更新のための費用負担者を特定する場合,最大の問題である.この点の解決をいかに図るのか,用水戸協会にとっては,自らの社会的存在を賭けた重要な課題であろう.②の水の価格設定問題は,水資源の賦存状況と送水化のための技術的水準,したがってそのコストが地域的に異なるためより複雑である.水の単位当たりコストを算出すること自体はさほど困難ではないが,地域的に異なる点が問題になる.水系や水源が異なれば,コストも異なるのが水の習性である.異なったコストは地域的な距離差がほとんどないところでも生まれる.これを農家がいかに納得するか,あるいはさせるか,という問題は極めて厄介である.この問題への取り組みは用水戸協会の非常に大きな課題となるであろう.

2. 土地改良投資の問題

(1) 流動財投資から土地改良投資へ

「人多地少」の中国では,農業生産力の向上は国家的な課題である.それを可能にする基礎的な物的条件は,生産性の高い農地を増やすことである,中国の耕地面積は,国家統計局によれば約1億 ha であるが,最近の穀物生産量は4億8,000万トン程度である.だから耕地面積1ha 当たりの穀物生産量は4.8トンとなるが,この生産性水準は,東南アジア諸国,たとえばタイやミャンマーに比べた場合半分程度にすぎない.最大の理由は,中国で2期作や3期作ができる地帯はほとんどないからである.これらの地帯と肩を並べることは不可能だし,そこまで届く必要があるかどうか見方も割れる.しかし,高齢化する

とはいえ人口はまだ増えるので、現在の穀物生産量を維持することは最低限必要である。

そのために土地改良は、非常に重要な手段となる。これまで中国の農産物生産の増加を支えてきたのは肥料、農薬、労働であるが、農地が基礎的な条件をかなり維持してきたことが効果を発揮しえた要因であった。

灌漑施設の整備も、土地改良の概念に含めることができる。本書では、地力を維持増加し、それを保全し、機械やそのほかの施設利用により農地の経済的効率を高める条件をつくることを土地改良という。中国では「農地を四角にし、網の目状の農道を造り、用水を進め、排水を行い、水はけを良くし、水に流されない農地」に整備することが土地改良である［張克旺 2007］。しかし最近は、農村に小都市を設けるという国家政策を反映する土地改良も行われるようになった。これは小都市化のための土地を設けるために農地を削ることであり、全国的に農地が減少するなかで起きている現象である。

(2) 農業財政支出と土地改良

国は 2006 年の農業税の廃止に加え、表 7-9 に見られるような農村・農業向け財政支出を実施してきた。土地改良向けの項目は農業基本建設投資に含まれている。見られるように、1998 年以降急増しており、2003 年以降は 500 億元 (7,750 億円) を超える規模に達している。しかしこれでは、まったく不十分である。上述したように、各地の灌漑施設の整備は急を要している。国家財政の農業支出に占める割合は、近年停滞あるいは減少気味である。農業予算に対する国家予算の薄さを反映したものである。その背景には、国家財政の緊迫があり、国債の発行によって農業支出が裏づけられている事情がある。しかも国の農業支援予算のうち、多くは行政管理部門経費によって占められ、生産性資金は少ない［大橋 2005: 168］。民間部門における資本過剰の存在が明らかであるが、農業部門はその資本吸収ができていない点も問題である。というのは、農業部門には過剰な資本が安心して投資でき、市場利回りを獲得できる制度的保障や私的資本を保護する手段が乏しいからである。

農業支出全体に占める農業基本建設投資の割合は概ね 20% で、傾向的な変化は少ない。しかし、どのような土地改良に対してどのような支出がなされた

表 7-9　国家財政による農業支出

(単位：億元)

	合計	農業支援	農業基本建設投資	科技三項費用	農村救済費	その他	財政支出中農業支出
1978	150.7	77.0	51.1	1.1	6.9	14.6	13.4
1980	150.0	82.1	48.6	1.3	7.3	10.7	12.2
1985	153.6	101.0	37.7	2.0	12.9		7.7
1989	265.9	197.1	50.6	2.5	15.7		9.4
1990	307.8	221.8	66.7	3.1	16.3		10.0
1991	347.6	243.6	75.5	2.9	25.6		10.3
1992	376.0	269.0	85.0	3.0	19.0		10.1
1993	440.5	323.4	95.0	3.0	19.0		9.5
1994	533.0	399.7	107.0	3.0	23.3		9.2
1995	574.9	430.2	110.0	3.0	31.7		8.4
1996	700.4	510.1	141.5	4.9	43.9		8.8
1997	766.4	560.8	159.8	5.5	40.4		8.3
1998	1,154.8	626.0	460.7	9.1	58.9		10.7
1999	1,085.8	677.5	357.0	9.1	42.2		8.2
2000	1,231.5	766.9	414.5	9.8	40.4		7.8
2001	1,456.7	918.0	480.8	10.3	47.7		7.7
2002	1,580.8	1,102.7	423.8	9.9	44.4		7.2
2003	1,754.5	1,134.9	527.4	12.4	79.8		7.1
2004	2,337.6	1,693.8	542.4	15.6	85.9		9.7
2005	2,450.3	1,792.4	512.6	19.9	125.4		7.2
2006	3,173.0	2,161.4	504.3	21.4	182.0	303.9	7.9

資料：『中国統計年鑑』．
注：「科技三項」とは重要科学研究費補助など三項目の科研費．

か，つまり土地改良に支出された国家資金の細目は不明である．中国では，土地改良の実施内容およびその資金支出を詳細に示す資料はなく，断片的な概要しか分からない．

(3) 少ない土地改良面積

農地を含む土地利用計画や保全管理を行う国土資源部（日本の国土交通省，農水省の一部を合わせたもの）によると，第10期5カ年計画期間中に実施した国家投資による土地改良は2,400万ムー（160万ha）にすぎず，新規増加農地面積は500万ムー（33万ha）にとどまった．土地改良の結果，土地の生産力を10～20％向上させ，生産コストを5～15％下げるなどの効果を生んだ．これを従来の状態の農地面積に換算すれば，400万ムー（27万ha）相当の新

第7章　基盤整備投資の現状と課題

表 7-10　地区別の農地改良投資モデル

	投資組合せモデル	投資主体	資金調達方式
西部地区	政府投資＋農民労務	政府＋農民	財政資金
	政府投資＋援助性金融機関借款＋農民労務	政府＋金融機関＋農民	財政資金＋低利借款
	援助性金融機関借款＋農民労務＋…	金融機関＋農民	低利借款等
東部地区	政府・企業提携投資	企業	自己資金＋社会融資
	土地出資＋企業経営＋政府監督	企業＋村民委員会，農民	自己資金＋社会融資
中部地区	政府主導＋商業銀行＋村民委員会＋農民労務	村民委員会	銀行借入
	政府立案＋企業参加＋政府監督	企業	自己資金＋社会融資

資料：曹，謝ほか［2007］「農地開発整理投資模式研究」『中国国土資源経済』.

農地が誕生したに等しいという試算を行ったのである．この試算とその考え方は正当なものである．農地は実質的に供給増加できるのである．

　国土資源部はこのたび 2020 年までの農地整理計画を策定したが，現在の合計農地面積 18 億ムー（約 1 億 2,000 万 ha）を維持し，うち 6.5 億ムーについて，「田，水，路，林，村」に関する土地改良投資を行い，2,500 万ムー（165 万 ha）相当の新農地をつくるに等しい効果をあげる計画だという．要点は，東部，中部，西部の地域ごとに，特色ある土地改良投資を行うことにある．たとえば東部地区は高水準の生産力を持った農地の開発整備を図り，中部地区は穀物生産を主とする総合食料生産基地として，西部地区は地形条件の整備改良を図りつつ，自給穀物の確保を図るなどのための投資である．

　このような状況を踏まえ，曹，謝らは中国の区域ごとに，農業部門に対する資金調達と投資促進のための工夫をすべき旨を提唱している．このような具体的なモデルの提唱はあまり例がないので，引用しておきたい（表 7-10）．

　西部地区は政府投資や援助性資金による資金調達のほか，重要な位置づけを与えられているのが農民の労務提供である．その理由として，西部地区は経済発展が遅れ内部資金蓄積が十分でないこと，農民の収入も低いこと，つまり地区内部からの資金調達能力が低いことを挙げている．そのために，地区が単独でできることは農民の労務提供のみという構図を描いている．労務提供は無償労働と同義なことから，果たして現実味があるかどうかは疑わしいが，全体のアイディアとしてはおもしろい．東部地区は企業に大きな期待を寄せている．

政府が土地改良の企画立案を行い，これに賛同する企業が土地改良投資を行い，その土地を企業が利用するという図式が「政府・企業提携投資」である．そして農民は，土地改良を行う企業に雇用され，農作業に従事し賃金を得るという図式である．「土地出資」とは，農民の土地使用権を企業に譲渡し（株式見合いの土地現物出資のようなもの），企業が大規模農業経営を行い，農民を雇用するという仕組みである．農民は雇用賃金を得るだけでなく，現物出資した農地に対する収益配当も受ける．中部地区は政府が重要な役割を担うものとして位置づけられている．すなわち，政府は銀行借入に対する信用保証を行い，あるいは利子補給を行うなど，借入者たる企業あるいは村民委員会（土地改良事業主体）を財政的に支援するというものである．なお各々の地区ごとに資金調達方式が記されているが，これも，投資組合せモデル，投資主体と関連がある．このうち「社会融資」とは広い概念で，個人融資以外の資金調達方法一般を指すことが多い［曹，謝ほか2007］．

　土地改良の推進に関する最大の障碍の1つは，以上見たように莫大な資金をいかに調達するか，という点である．この点は民間に過剰な資本があるから，その資金を回せばよいということになるが，実態はそのようなわけにはいかない．なぜかといえば，投資の安全性，利回り確保が保証されないからである．投資の安全性については，投資対象となった財あるいは権利の帰属が曖昧であることが最大の問題である［姜2007］．投資利回りの確保については，農業投資の収益性の弱さという根本的な問題がある．加えて，安全性と利回りの確保の両方に当てはまる問題として，地方政府あるいは指導者層の市場経済活動やその成果に対する介入等がなくならないという問題がある．

　ではなぜ農業投資が少ないのだろうか．その理由は，農民自身による投資の不足にある．そして農民が投資を嫌う理由は，農業投資に対する回収効率の悪さが直接の原因だとする見方もある［樊2003: 96-7］．概ね正しいが，農民が投資を嫌う原因は回収効率の悪さにのみあるのではなく，農地利用継続についての不安，そしてそもそも農地所有者（農地資本所有者）でもない自分が，なぜ投資をしなくてはならないのか納得できないからだとみた方がよい．

(4) 土地改良に伴う問題
1) 資本と土地所有

　土地改良には莫大な費用がかかるが，この負担者の問題は未解決である．土地改良とは土地合体資本の改良のことであり，改良した結果生まれる資本は本来，土地所有者に帰属するが，土地を借りた者が行った土地改良投資により増強された資本もまた土地所有者に帰属する．この点は中国でも当てはまり，土地使用権は30年なので，資本回収期間が使用権の残存期間を超える場合，借り手（農家）による土地改良投資は行われにくくなる［張克旺 2007］．または，土地改良投資の未回収があり，かつ，使用権を村民委員会に返還する場合，借り手（農家）はその未回収部分の返還（補償）を土地所有者である村民委員会に要求する権利がある．これは資本と土地所有の対立を意味する．

　中国において土地改良の進展を阻害する条件は，上述した資金的な問題のほか，財産権の帰属問題が非常に大きい．投資は本来，私的市場経済制度における自由な活動に属するが，中国農業部門に対する投資の場合にはそれほど単純ではない．とくに投資対象が農地である場合，より複雑さを増す．もしも投資者が農地所有者である場合には，投資を阻害する条件があるとすれば，投資により得られる予想利回りの採算性だけである．しかし，中国の農地は村民委員会が持っている．村民委員会は農民が構成員となる団体であるが，農民個人は所有権を持たない．区分所有権や持ち分といった概念も存在しない．村民委員会を脱退すれば農民であることをやめることなので，マンション入居者が退去しても自分の区分所有権を持ち出すことができるのとはわけがちがう．また，一定の年齢に達し，跡継ぎがなければ，自分が耕してきた農地は村民委員会に返還するが，これは所有権を返還することではない．ただ，農地を返すという抽象的理解が村民委員会と自分との間で成立するのみである．つまり農民はこと村民委員会内部においては，個有の人格権を持っていないのに等しい．

　農民個人が資金を負担して，農地に対する固定資本投資が行われないのにも理由がある．しかし農民自身の手で土地改良を行うことで増収が図られ，所得が増加すれば，農民にとっては意味のある投資となる．しかし，そのためには行った投資資金の回収が完全に行われることが前提である．この不安が解決されない限り，農民にとって意味のある投資は存在しないのである．そして，こ

の解決を妨げているものが農地制度である．中国政府は，このような投資未回収部分を投資者に対して有償補償する法令を定めているが，本来は農地所有者たる村民委員会が行うべき性格のものであり，これに代わって行う補償は論理整合性を欠くものである．もし政府が，このような対策を講じるのであれば，はじめから土地改良投資に対する財政投資責任を明確にすべきであろう．

　農地所有者は，村民委員会であるといいながらも，実質的な投資責任を担いえない存在である．現在，その矛盾はますます明瞭になっており，農地利用以外の無秩序な転換を勝手に行うなど，権限と義務の法的不明瞭さから生じる弊害が目立つようになった．これらの問題を合わせて考えるならば，農地所有制度の変更，制度的な私有化を採用すべきであり，そしてやがては，そうならざるをえないのではないか．

2) 境界紛争と交換分合の困難

　土地所有権の所在問題とは無関係に，土地改良を契機として顕在化する問題がある．それは，個々の農民間の土地使用権の境界問題である．もともと，農民間には，農地の水利用の仕方，農地の境界などをめぐる対立が絶えない．水利用については近隣同士や水系の上下流間で紛争することが多く［張克旺 2007］，村民委員会や郷鎮あるいは県の調停を受け，その場を取り繕うことが通例である．村民委員会には，土地，財産，貸借等に関する紛争を調停する機能が与えられている．

　中国の農村問題を描いたレポートは，農民と権力との対立や権力紛争を描くものがほとんどで，農民内部のこうした対立や紛争を取り上げる例は皆無である．もちろん，こうした事例を数えた統計はない．しかし，どこの村民委員会にも近隣の紛争解決を受ける組織が設けられ，その長と担当者数名の氏名は村に掲示することになっている．筆者も，その張り紙や組織図を至る所で見た経験がある．

　農民間紛争の事例を紹介した記事をいくつか取り上げよう．

　事例1：「農民の法律意識は浅薄だ．広大な農村に住む農民のある者は法律意識が薄弱で，自分に密接な関係がある問題についてさえ法律知識がほとんどなく，党や国家の政策についての理解にも欠ける．農民の中には，水利・土

地・請負農地などの争いを起こし，これを公的な解決に委ねることを避け，私的な力に依存し，悪口や暴力に訴え，ついには殺人を起こす者さえいる．またある者は子どものけんか，家畜，林野などささいなことにこだわり，村中に不和をもたらしている」(甘粛省張掖市甘州)[6]．

事例2：「西県小廟鎮に，長年にわたって荒廃したままの土地があった．数年前，この土地の周囲にある7つの村が連合会を組織し，この荒廃地の土地整備を行い，1,000ムー程度の農地にする計画を立てた．この土地は7つの村にまたがるので，いかに分割するかという問題になった．農民間の対立は一気に激化した．土地は整備されたが，利用されないままの状態が続いた．

そこで，事態を見かねた小廟鎮人民政府が斡旋に乗り出し，大部分の農地を関係する村に分配し，残る紛争の大きな275ムーを請負に出すことにした．結局，その土地はある養殖企業に貸し付け，その収益として1ムー当たり420元を農民に分配することで決着した」(安徽省)[7]．

事例3：「"三大紛糾"(土地，山林，水利権)は調和社会に重大な影響を及ぼす要因であることは争う余地がない．……2003年から2006年6月まで，全区で受理した"三大紛糾"の事案は3万7,001件に達し，直接関与した農民の数は延べ○○人に上った．……2003年以来，全市民の間で起きた集団性の事件の55％は"三大紛糾"関連の農民であった．……不完全な統計ではあるが，2003年1月から2006年6月までに"三大紛糾"が理由で起きた武闘事件は○件，○人が死亡，○人が重傷を負い，調和社会と経済発展を著しく損なった」(広西自治区)(○○は原典伏せ字：引用者)[8]．

こうした紛糾は氷山の一角にすぎず，公の目に触れない多数の類似事件が起きていると察することができる．これらは，区画整理，土地改良による農道，用水路，畦整備，機械化作業のための諸整備などを行うたびに顕在化する．「黒地」の出現もまたこうした際に起こる．これらは土地改良を消極化する要因でもある．

また，区画整理や土地改良は農地の使用区域の再編成を伴うことが多いが，この調整も多くの問題を併発させる．当初，農地は農家の人口割を基本に分配されたが，それは単位当たり面積を小さいものにしたので，地理的まとまりが

なく，日本の旧いミカン産地のように，零細分散農地制を支配的にさせた．農地をめぐる近隣関係の問題は，この点が背景となって生じている．

区画整理や土地改良には結果として農地の交換や分合の機会を生むが，こうした複雑に入り組んだ農地が，それを困難にしている．農地は各々土壌の性質差や位置の差によって地力が異なるが，この事情を最もよく知っているのは農民である．所有権はないにしても，長年耕してきた農地にはやはり愛着と計算が働き，交換分合はすんなりとはいかない．その結果，区画整理や土地改良の効果が十分に発揮できない事態が生まれることがある．

中国には水に関する農民同士の争いが，かつての日本の場合と同様，頻発している．その紛争解決策までも法に規定されている．

「中国水法」第57条は次のように規定している．「単位間，個人間，単位と個人間に発生した水利紛糾は当事者が協議して解決する．当事者が協議せずまたは協議しても解決できなかった場合は，県級以上の地方人民政府あるいは権限がある部門で調停解決を申請すること，または直接訴訟を起こすことができる」．

3. 農業土地資本ストックの推計：土地所有と土地資本ストック

(1) 農地問題の所在

農地所有権の帰属を長い間曖昧にしてきたことは，投資後形成される土地資本やその収益の帰属がはっきりしない問題を生み，農地に対する投資の主体が誰なのかという問題を生む結果を招いている．

本節では，農地に対する投資，その蓄積の結果としての土地資本ストックについて推計・考察を試みる．具体的には，中国農業土地資本ストックがどの程度なのかを推計するための方法とその結果を提示しようというものである．中国では農地を資本として捉える見方はほとんどないが，これは，形式上はともあれ，農地の最終的所有者が国家であり，企業家ではないという形式論議に基づくものと考えられる[9]．しかし，実体としていかなる経済体制にあろうと，社会は一定の投資に対しては，それなりの付加価値を与える．

なお，本節が試みる課題についての先行研究は中国，日本，そのほかにおい

てほとんどみられない．資本蓄積論の視角から，中国農業に関する資本一般の蓄積に関する先駆的論考は散見され，参考になる点は少なくない．だが，農業土地資本ストックについては，土地は資本ストックに含まれるべきではないといった誤りが見られることも事実である[10]．そのような誤りの根底には，土地は自然であり供給が限られる，といった，サムエルソン，シュルツがおかした誤りに通ずるものがある．農地の場合，農地に対する投資の結果，自然物ではなく土地資本となる．これは，一種の物的資本であり，資本として供給は自然の限界を超える．

(2) 農業土地資本の一般的性格

本書の立場は中国の農地も農業生産要素の1つとして，資本投下の対象となるというものである．今日の中国農業に，社会主義的な仕組みが貫徹しているとみることは正確さを欠いている．農村の至る所で，いまなお人民公社のような集団的経営組織が残っている[11]．しかし，そこにも，実効的にその成果が生まれているかどうかは別にして，いまやコスト意識や収益の計算には市場経済的原理が支配している．そしていかなる投資にも一定の収益を求める動機が作用し，市場が求めるやり方を行う経営には，それなりの収益が生まれうるようになっている．

この原則的仕組みは農業用土地においても同様であり，一定の投資には，一定の収益が生まれるようになっている．ここに農業用土地が資本となる契機があるし，政治的強制を別にすれば，それなしでは投資動機は生まれようもない仕組みになっている．しかし，農業土地資本に対して行われる投資の主体が農民や村民委員会にかぎられるとみることはできない．農業土地資本には，のちに述べるように，ほかの生産要素にない国家投資を必要とする理由があるからである．この点は，まさに農業土地資本がもつ特殊な側面である．そして，この特殊性は，土地所有の私有制の排除という考え方を生んだ根拠でもある．

現実的にも国家が巨大な土地所有者といえそうで，農民は，膨大な数の借地農業者集団として組織化されてきた．かといって，彼らは，原則的には，資本家的借地経営者になったわけでなく，営農と農業労働を併せもつ，しかし土地所有のない，その意味では「半借地型小農経営」である．

この点で，農民と土地所有者としての国家という，古典的な対立軸が形成されるに至ったといえそうである．しかし，農業土地資本の投資主体が誰であり，誰であるべきか，という問題を自動的に解決するものではない．つまり，農民は農業労働主体として，国家は制度的には土地所有者であるが，土地投資者は誰なのか，依然として見えにくい．

　まず最初に，農業土地資本の定義に関する一般的見解をみておきたい．

　①「土地に投下されて土地と合体し，土地そのものと不可分になった資本，……．農業用に用いられている土地，すなわち農地は，自然のままの土地ではなくて，過去の時代にそれに資本が投下され，土地改良が行われた結果の産物である」[篠原 1973: 13]．「土地に加えられた資本は，土地と一体化してしまい，不可分離，非可動的である．農業部門において，こうした土地と資本とが一体化したものは，農業土地資本と呼ばれる」[篠原 1973: 85]．

　②「土地資本は固定資本だが，価値の独特な流通をもつゆえに固定資本という規定を受けるだけでなく，土地との合体という物的特徴を土地資本はもつ」[堀口 1984: 53]．「土地改良投資が代表的」[堀口 1984: 58]．「用排水路，灌漑施設，開墾，地ならし，経営用建物，区画整理，取付道路の場合のように，より永久的に土地に固定され，土地に合体される資本」[堀口 1984: 60]．

　③「土地資本とは，土地に対して投下され，土地に合体して機能する固定資本のことであって，普通考えられる土地改良のほか道路，鉄道あるいは開墾・埋立・干拓など，さまざまの現実形態をふくむ」[玉城 1984: 92-3]．「土地資本は，結局土地の付属物に転化し，したがって土地所有に帰属してしまう」[玉城 1984: 114]．

　以上の引用によって明らかなように，論者によって多少の差異は残るが，土地資本についての概念は，ほぼ完成しているといってよい．つまり土地資本とは，土地に合体された投資，すなわち固定資本であり，土地から分離できない資本のことである．それだから一般の固定資本と同様に，価値の減価があり，その経過的価値であるストックをもつことになる．つまり土地が農地の場合，それは自然資源としての単なる土地ではなくなり，経済システムによって生産される資本となる［経済企画庁 1996］．肥料や農薬などは，購入あるいは自家評価され，市場価格形成の仕組みを通過してきた物財である．これらも生産に

対する商品の投下にはちがいないが，流動資材という性格の投下であり，固定資本投下ではないので，土地資本範疇に含むことはできない．

このように，土地資本は固定資本であるが，同時に，市場経済を通過した物財の投下の結果形成されたものであるという点が重要である．物財以外では，労働投下も資本形成に参加するが，賃金を得たもの，すなわちその高低は別にして，対価として賃金を受け取った土地改良等全般への投下のみが土地資本の形成に参加するのである．賃金対価を伴わない労働投下は，確かに物的ストックを増やすが，勘定としての資本ストックは増えず，計算上は排除される．というのは，一定の簿記会計的なルールにしたがって計測可能であるもののみが資本として位置づけられ，それゆえに貨幣的・数字的に把握されうるからである．

言い換えれば，土地資本はほかの固定資本一般と同様に，マクロ的経済量の一角を占めなければならない．また最も重要なことは，価格化されなかった財・サービスの投下（無償労働による土地改良など）は，交換経済を基本原則とする経済制度のもとでは，なんらかの方法で計測できたにしても，原則的な意味で贈与に相当する．贈与によるものは当該市場経済が形成した枠外のものに位置し，それは，原理的にいえば河川が運ぶ肥沃な土壌や大地と変わらないモノの「蓄積」である．資本の蓄積（ストック）を意味するものではない．

現実的には，このようにして農業用土地は「改良」されることはしばしばありうる．しかし，それらは計測できないゆえに，価格化されないで形成された資本部分の結果生まれる増加的収益ではあっても，経済的原則に従うことができないものである．こうした問題については，筆者とはやや異なる視点からではあるが，次のような指摘がある．「中国の農村における蓄積メカニズムに関連して強調しておくべき点は，……いわゆる『労働蓄積』が広範囲に行われたことである．すなわち，農民が合作社といわれる疑似共同体の指令に従い，大量に農村の基本建設，たとえばダムや灌漑排水路の建設あるいは道路補修に参加したことである．このような『義務労働』（『義務工』）に参加した農民は労働日の分配には与っても，物的報酬が増えるわけではなかった．それは，結果的に資本ストックの増大となって表われるが，もし仮に手弁当でなされたとするなら，会計上の蓄積資金は使われなかったことになる」［中兼1992:30］．仮

に無償労働による農業土地資本形成を労賃を支払ったかのようにして計測すれば，資本は無償労働に相当する資本から生まれる利益を対価なしで受け取ることになるが，これは市場経済における分配上の均衡関係を壊すことになる．単純にいえば，他部門に比べての農業資本利益の上昇をもたらす．なぜなら利益に見合う資本は計測可能な資本のみを分母とする以外にないが，利益自身は計測されない資本が生んだ利益部分も計測されるので，計算上の利益率が高くなるからである．

(3) 農業固定資本ストック計測の意味

1) 人工的価値として

　農業固定資本ストックを問題にする意味は，どこにあるのか．農業土地資本は，農業固定資本の一部である．農業資本は流動資本と固定資本に分かれる．流動資本は肥料，農薬，水道光熱，肥育家畜・家禽，消耗品として生産に投下されるその他の直接費用である．これらは当該生産期間中に資本として機能するが，そのすべてはその期間内に生産物形成のために消化されてしまう．これに対して固定資本の生産物への転化は当該年を越えて徐々に行われ，耐用年数を経過して後に，帳簿から消える．当該年における転化の価額は，経過期間中に計上される減価償却費に相当する．つまり，減価償却費はいうまでもなく費用であり，その価額に相当する額は，見合い勘定として計上される減価償却引当金となる．つまり，農業固定資本の額が大きいほど，年当たりの費用も大きくなるが，それは生産物への固定資本の転化の額が大きくなることを意味し，多くの費用には多くの生産物，したがって多くの販売価額をもたらすということになる．もちろん，販売価額が大きいことと収益が大きいこととは必ずしも一致しない．この点は経営技術論の問題であり，また農産物価格論の問題領域に属することである．

　次に農業固定資本の分類である．農業固定資本は農業土地資本とそのほかの固定資本とに分かれる．そのほかの固定資本は，農業用建物，農業用機械，農業用運搬車両，農業用電力装置，永年性樹木，繁殖用大家畜・搾乳牛，農業用鉄道・同車両などが主なものである．繁殖用大家畜とは搾乳牛，繁殖牛などがその典型例であり，牛乳や子畜の生産を目的として飼養される家畜類のことを

指す．性格上，採卵鶏もまた固定資本である．これらの資本は，投資の継続と控除要因としての減価償却の加減算により大小が決まるが，その大きさは直接，個別の経営体の経営規模を示すことはいうまでもない．

　農業固定資本のうち農業土地資本も，原理的には同じ理由から意味をもつ．しかし，そのほかの固定資本と決定的に異なる点は，そのほかの固定資本の大小がその名目的数，たとえば，面積や馬力，頭羽数など，量的な規模によって決まるのに対し，農業土地資本はその量すなわち面積だけがその規模を示すわけではない点にある．したがって，TFP（total factor productivity: 全要素生産性）を考慮する際にも，土地面積のみを取り上げてはならないのである[12]．むしろ，目に見えない内的生産要素すなわちその土地が持っている自然的要素と人工的な資本量を区別することが重要である．このうち自然的要素は，自然がもたらす恩恵であり生産性に影響を与えるが，それを取り出して会計的かつ直接的に計測することは不可能なものである．これに対し人工的な部分は，投下された資本価値すなわち市場価格資本である．この部分は理論的に計測可能であり，土地資本ストックとは，この部分を指すのである．

　土地資本ストックを計測することは，農産物生産に対する量的・質的影響が生まれる要因を分析する際に重要である．土地資本ストックは，農産物の質的・量的影響とともに，経営技術面では効率性や収益性に対しても影響を与える．したがって，農業生産の評価と問題の抽出に当たって，その量的把握を行うことは非常に重要な課題となる．この点でP. サムエルソンらが採用しているJ. クラークの地代論には，その前提となる考え方に誤解がある．彼らは次のようにいう．「土地の特異性の一つは，そのほかの諸要素とは違って，その全供給が自然条件によって固定されており，一般的には，その価格の上昇に反応して増加できるものではなく，また土地価格の低落に反応して減少するものではない」[サムエルソンほか 1993: 658]．この考え方は，土地が用途にかかわらず一様の意味をもつという考え方にとらわれており，農業用土地のもつ「特異性」についての配慮を欠いたものといえる．この点で，T. シュルツは人間の能力を生産に役立つよう向上させることができるという意味で資本としてみなしているのに，その同じ方法で増強できる土地の能力については変化する資本としてはみていないという同じ誤りをおかしている［シュルツ1969:

167-8].

　確かに商工業用地や宅地の場合，その量という面では「全供給が自然条件によって固定される」．しかし農業用土地の特異性は，これと違った意味をもつ点にある．それは，面積だけの問題ではなく，土地そのものが資本をもつ点，そしてその資本量が変化する点にある．つまり，農業用土地は単なる物理的・面的に一定の広がりを持ち，建構築物を物理的にささえる自然物ではなく，それ自体が資本，つまりは土地資本だという点で異なるのである．

　サムエルソンらはこの点を無視するので，地代（したがって地価）決定の仕方を土地の絶対的供給量と需要量との交点に求めることになる[13]．そして供給曲線の形状は，原点から一定の距離すなわち供給量が定まる点で，横軸に対して垂直な直線とするのである．限界生産物の価格が賃金率に等しくなる点が総供給であり，単位当たり労働に対する限界生産物がそれよりも多い労働には，賃金率に等しい限界生産物しか生産しない労働の限界生産物との差を地代として与える，という考え方である．賃金率を超える所得は労働ではなく土地の成果物とするものといえるが，その原因は面積の大小にあるのかそのほかの要因にあるのか説明されていない．異なる限界生産物がなぜ生まれるかというのは，土地の性質の違いにあり，その違いの供給自体が変動するためであり，土地の絶対的な供給量の制限によるものではないと考えるべきであろう．言い換えれば，地代（したがって地価）を決定する要因は土地の供給が自然的に固定するからではなく，土地資本の供給量と資本の質にある．そしてそれは弾力的であるので，地代もまたその資本ストックに応じて弾力的になると考えた方がよい．

　結論的にいえば，サムエルソンらは土地資本ストックという，農業用土地の持つ特異性を看過していることになる．土地資本ストックの量的把握をする上で，土地量の供給制限はもちろん重要であるが，農産物生産の質的・量的拡大が行われる大きな影響要因はそれだけではない．もしそれだけだとすれば，人口増加に対して増える農産物需要量には土地の増加供給による以外に対応策がなく，もしそれができなければ農産物価格はつねに上昇し，その結果，農地価格も限りなく上昇するということになってしまう[14]．

　農業土地資本計測の意味は結論的にいえば，1つには，農業生産に寄与する農業用土地を資本として，つまり，生産要素のうちの人工的かつ可動的な価値

として把握することにある．

　この点を考慮すれば，クラークの図は，図7-5で示したように，土地資本ストック増加による実質的な土地の増加効果を生むことになろう．クラークの考え方は修正され，土地資本ストックを考慮すれば，新しい所得が考慮され，それは経営者所得と資本所得へ拡張される．つまり土地供給は面積を示す垂直な供給曲線の端から右上がりの勾配を伴う曲線が生まれて増えたに等しくなり，この頂点と限界需要曲線との接点まで生産＝供給が伸びるといえる．その結果，資本と経営に対する報酬が生まれると想定できる．

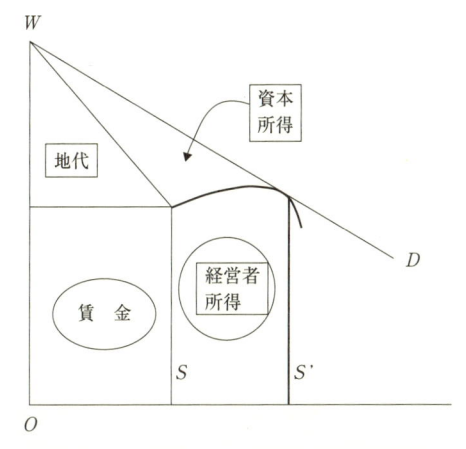

図7-5　土地資本ストックによる所得効果

2）農業土地資本と土地所有

　農業土地資本がほかの農業固定資本と異なる1つの特徴は，借地型経営における土地投資主体が不明瞭という問題があることである．土地に合体する資本の場合，可視的でなく，会計上の記録も乏しいことから，投資主体を明瞭に分けることはできない．本来，投資結果としての収益は当該投資主体に帰属するが，中国の場合，農民は土地所有者でなく，かといって農業資本家でもない．農地は「中国土地管理法」，「中国農村土地承包法」によって所有権，使用権が概念づけられ，その関係が法制化されている．使用権は産権つまり物権として保証の対象に位置づけられるが，所有権優位は不動であり，使用権は従的な権利といっていい．こうした関係のもとで，中国農業土地資本投資は制限的影響を受ける．その結果，農民個人による土地投資はほとんどないといってよく，法制上の農地所有者たる村民委員会はどうかというと，これも動機は弱い．両者に共通する資金的問題，土地投資のもつ面的な広がりを持つ協力が必要ということも，投資については制約的に作用している．

中国農民の基本的形態は、共同の農作業集団の一員という側面をもっている点も否定できないが、自由な作付けができるかどうかという点を基準にすれば、「半借地型小農経営」として定義づけることが可能である．つまり、投資主体と投資結果の損益帰属を考えると、農民と法制上の土地所有者たる村民委員会、あるいは、その上部組織としての国家あるいは地方行政とが分け合う関係がある、とみなされる．

　ところが土地投資主体が誰なのか、制度的には確立されていない．面的・線的広がりが求められる水利施設投資のような場合は、広域的な行政権力を束ねた党が主体となって進めてきたとみていいが、基盤整備や区画整理、開墾などは誰が投資主体なのか判然としない．仮に農民が農業用土地に対して固定資本投資を行ったとすれば、それは土地に合体され、その土地資本は土地所有に帰属し、その投資未回収部分の補償が確実に行われない問題が残る．つまり資本と土地所有の対立関係が生まれるのである．本来土地所有者へ分配されるべきものは農業生産が挙げた剰余としての地代である．この対立関係そして所有権優位のもとでは、本来払うべき額以上に剰余の一部が農業税あるいはその一部として支払われる場合があった．中国の農民が村民委員会に納める費用は「土地管理費」等の名目による場合が多いが、その細目明細は必ずしも明瞭ではない．

　中国には「農用地分等定級規程」、「農用地評価規程」があり、また最近施行された「関与開展補充耕地数量質量実行按等級折算基礎工作的通知」（国土資発〈2005〉128号）があり、農地を地形、灌漑保証率、排水条件、土壌養分含量、土壌質などによって等級区分している．土地等級は、「中国農村土地承包法」第37条でも触れられているが詳しくはない．「土地管理費」は、農業税をはじめとして、第11期5カ年計画で削減されることになった．

3）有益費補償の問題

　土地投資は一般に面的な広がりを要求されるので、個々の農民にとっては、そもそも投資計画やその実行意欲、あるいはその契機や資金的能力の面で問題がある．しかし仮に投資を行った場合には問題がないかというとそうではない．問題とは、使用権存続期間に関する法制上の制限である．農地の場合、その期

間は法律によって30年と定められている（牧地は50年）．土地資本の減価償却期間は長いとはいえ，その最終年が到来しないうちに，使用権が収用の対象となった場合には，未回収投資額が生まれる．2005年には，中国全土で8万7,000件の暴動が起きたと伝えられているが，このうち相当の件数は農民からの土地収用に原因があるとみられている[15]．使用権の収用による投資未回収は，結果として，農民収益からの控除とならざるをえない．言い換えれば，これは投資者＝農民の経済的損失である．そして，損失の発生は，農民の投資を消極的にさせる要因となる．これに対して「中国土地管理法」第47条は，政府が一定の補償を行うことを規定しているが，補償金額の算定や支払いがどこまで確実に保証されうのか，疑問がないわけではない[16]．

この問題を総括的にいえば，以下のようになろう．すなわち借地については，「期限内に価値移転が終わらない資本分は，（借地経営が取得する－引用者）超過利潤分でカバーされなければならず，超過利潤を生じず未回収分が残るような土地投資は，有益費償還といった方法がない場合には行われない」［堀口1984: 54］場合がある．すなわち借地農業者としての中国農民に「超過利潤」が確保できないとすれば，土地投資は行われないことになる．

4）土地資本投資と国家の役割

一般的に農業土地資本投資は，国家事業としての要請が強くなる傾向がある．上述したように，中国の場合，金額的かつ面的規模の大きさや時間的な長さからいって，実際の投資主体として国家が入り込むことが避けられない．特に社会主義農業制度を前提にすると，農業用土地の所有制度は私的所有制ではなく国有に近いので，投資主体もまた国家となるというのが建前となる．であるがゆえに，国家が投資主体になることが求められるが，この場合，既述したように，国家が投資資金を支出してそれを行うか，それともいわゆる労働奉仕のように実際の対価を払うことなく行うのかによって，その評価は違ってくる．

ここでは，実際上の土地改良等の効果と経済的概念である投資とを分けて考えることができる．社会主義制度として私的土地所有を否定した場合，土地投資主体が国家となることは明白であるが，市場経済国家のもとにおいても，国家が重要な投資者としての位置を占めることは既述のとおりである．そしてそ

の投資も，土地資本形成に参加する．一方，社会主義制度のもとにおける国家による投資は，土地資本の形成に参加するだろうか．筆者は，無償労働によって行われた投資はストック勘定からは除外されるべきだと思う．無償労働による投資は対価なき投資になるので，計測不能であるばかりか，複式簿記を念頭においた場合の見合い勘定，あるいは調達のない運用はないから，実際にあるかどうかは別にして，国家勘定としての貸借対照表と損益計算書が成り立たない．しかし社会主義制度における勘定は基本的に単式簿記で，しかもフロー勘定があってもストック勘定を無視する傾向があるから，そもそもこうした議論にはなじまなかったとしても不思議ではない．

(4) 農業土地資本ストックの計測は可能か

以上述べたことから，農業土地資本ストックは厳密な計算，測定はできないので推計する以外にない．ほかの固定資本と異なり，土地そのものは摩滅により廃棄されることがない特殊性もあり，厳密な計算はそもそも無理である．この点は，固定資本に必要な会計処理である減価償却費の計算を行う際，その計算をいかなる方法で行うべきか，という問題を派生させる．しかし，農業土地資本に対する減価償却の方法はいまだ検討されたことがなく，本書でも，この点は避けて，ほかの固定資本と同様の方法の1つを採用するにとどまる．しかも中国の場合，農業固定資本投資の長期統計に難があり，加えて，農業土地資本投資統計の把握は非常に困難であるという問題がある[17]．さらに，ストック統計は一切存在しない．しかしこの点は，中国に限ったことではない．

したがって，農業固定資本全体はもちろんのこと，農業土地資本ストックを直接把握する方法はない．そこで，ほかの生産要素との関係から導き出された擬制計算の域を出ない．それゆえ，おおよその金額しか計測できず，ここで推計と言うのもそのためである．

(5) 農業土地資本ストックの推計方法

農業土地資本ストックの推計方法には，大きく分けて2つの方法があると思われる．①マクロ経済恒等式の利用，②生産要素フローのストック化（ストック還元），である．いずれも，統計的整備がなされていることが前提となるが，

第7章　基盤整備投資の現状と課題　　　　　　　　　　　　　241

その前提が十分でない面が多々あり，推計上，種々の障碍がある．以下では，それらの問題点もできるだけ記述するようにしたい．

　一般の固定資産の資本ストックの測定方法には，大別して①直接法（現存するすべての資本を実測調査して把握する方法．日本の国富調査など），②恒久棚卸法（パーペチュアルインベントリー法：PI 法）（資本は耐用年数期間中資本ストックとして継続して存在，耐用期間中の毎年の新規投資の合計が粗資本ストックとなる．粗資本ストックから期間中の資本減耗＝償却累計額を控除した残存額が純資本ストックとなる），③ベンチマークイヤー法（BY 法）（基準年（ベンチマーク年）の資本ストックを確定，これに新規投資 I_t，除却 R_t を加減して期末の資本ストック K_t を推計する．つまりその式は $K_t = K_{(t-1)} + I_t - R_t$））［経済企画庁 1996］．

　中国農業土地資本ストックの計測を行う場合，いずれの方法を利用するにしても障碍がある．そこで本書では，次のような方法を取ってみた．

マクロ経済恒等式の利用　マクロ経済恒等式を利用するこの方法は，厳密には，「マクロ経済恒等式の考え方を利用するもの」というべきかもしれない．中国統計にも，マクロ経済恒等式どおりのマクロデータを示す 1 枚の統計表は存在しないので，筆者はそれを検証的に試みたことがあるが，恒等式どおりの結果が生まれることは確認した［高橋 2004］．

　マクロ経済恒等式を利用して農業資本ストックの推計を行うこの方法は，マクロ恒等式から所得（Y），投資（I），貯蓄（S），消費（C），納税（T），政府支出（G），国際収支（CB）のフローを推計し，毎年の I を順次ストックに置き換え，積み上げていく方法である．この方法は，考え方としておかしくはない．しかしこの方法を採用することは事実上不可能である．というのは，農業部門に限定したマクロ経済恒等式自体の計測が不可能だからである．これを行うには，すべての項目について，農業部門独立のデータが必要である．しかも，農業土地資本のフロー値を，ここから算出することはできないことは決定的である．

生産要素フローのストック化　次の方法として考えられるのは，生産要素フローのストック化という方法である．本書で利用したような，各生産要素投入量（フロー）を推計し，それをストック計算する，いわば

迂回的な方法である．具体的な方法は以下である．

ここで試みるのは時系列的な農業部門（林業，牧畜業，漁業を除く．定義的には耕種農業．以下「農業」）の土地資本ストック推計なので，まず農業生産要素のフロー値を求め，それをストック値化する方法である．ここでの生産要素は，農業生産性固定資産償却，農業土地資本償却である．農業土地資本償却は，ここでは未知数である．

(6) 要素フロー推計

推計結果を示す前に，上述した要素ごとに，その推計方法を説明したい．推計に利用した個別のデータは中国の各種政府統計表からの生データである．

1) 農業生産性固定資産償却

農業生産性固定資産償却は，まず各年の農業生産性固定資産を求め，それをストック化し，各々の年の償却額を求めた．各年の農業生産性固定資産投資額は表7-11として示している．ここでの課題は資本ストックを求めることなので，あえて償却を求める必要はないが，農業固定資本の一部である農業土地資本を求めるには，まず生産要素全体のフローのデータを求める必要があるので，こうした迂回的方法を取っている．

農業生産性固定資産の償却方法は耐用年数を16年とし算術級数法により，新規投資額から毎年の減価償却額を控除して積み上げた額を求める方法である．新規投資額とは「農業基本建設投資」，「更新改造投資」，「その他」（年によりみられるが，無視できる程度）を合計した額で，以下に述べる統計表から拾い出した．農業生産性固定資産償却はストックからフローを導き出したが，その方法は，ベンチマーク・イヤー法に属する．本書は推計期間の起点を1983年としている[18]が，作業的には1951年から毎年積み上げていく計算を行い，当該要素のフローとストック計算を行っているので，1983年は経過年であり，それより前のストックを踏まえたものとなっている．なお農業生産性固定資産の耐用年数は1985, 1990, 1995, 1996, 1997, 1998, 1999の各年の役畜，農機具，農業用建物等の投資額につき，各々の耐用年数を乗じて得た加重平均値とした．この結果，計算上は16.7年となるが16年とした．また一般の償却費

第7章　基盤整備投資の現状と課題

表7-11　農業部門固定資産投資推移と諸指標

(単位：億元)

年次	固定資産投資額計	基本建設投資額	更新改造投資額	生産性固定資産投資額計 (a)	耕種農業GDP	耕種農業GDP年増加額 (b)	投資効果係数 (b)/(a)	食糧生産量 (万t)	前年対比
1952	5.8	5.8		3.8	310.2	—	—	16,392	
1953	7.6	7.6		4.9	323.2	13.0	2.63	16,683	1.018
1954	4	4		2.6	351.7	28.5	10.98	16,952	1.016
1955	6.1	6.1		4.0	369.0	17.3	4.37	18,394	1.085
1956	11.6	11.6		7.5	315.1	−53.9	−7.15	19,275	1.048
1957	11.6	11.6		7.5	365.9	50.8	6.74	19,505	1.012
1958	25.6	25.6		16.6	312.8	−53.2	−3.20	20,000	1.025
1959	31.4	31.4		20.4	283.4	−29.4	−1.44	17,000	0.850
1960	43.5	43.5		28.3	338.5	55.1	1.95	14,350	0.844
1961	16.3	16.3		10.6	363.8	25.3	2.39	14,750	1.028
1962	13.3	13.3		8.6	379.4	15.6	1.81	16,000	1.085
1963	20.2	20.2		13.1	423.9	44.5	3.39	17,000	1.063
1964	23.9	23.9		15.5	489.9	66.0	4.25	18,750	1.103
1965	22.5	22.5		14.6	541.7	51.8	3.54	19,453	1.037
1966					544.8			21,400	1.100
1967					545.7			21,782	1.018
1968	97.6	97.6		63.4	559.6	83.4	1.31	20,906	0.960
1969					613.5			21,097	1.009
1970					623.8			23,996	1.137
1971					636.0			25,014	1.042
1972					698.9			24,048	0.961
1973	150.8	150.8		98.0	729.6	116.1	1.18	26,494	1.102
1974					760.0			27,527	1.039
1975	34.2	34.2		22.2	739.9			28,452	1.034
1976	36.9	36.9		24.0	731.0	−8.9	−0.37	28,631	1.006
1977	37.9	37.9		24.6	840.6	109.6	4.45	28,273	0.987
1978	47.5	47.5		30.9	945.5	104.9	3.40	30,477	1.078
1979	51.0	51.0		33.2	1,078.0	132.5	4.00	33,212	1.090
1980	46.4	45.0	1.4	30.2	1,100.6	22.6	0.75	32,056	0.965
1981	29.8	24.5	5.3	19.4	1,247.4	146.8	7.58	32,502	1.014
1982	37.6	29.0	8.6	24.4	1,391.5	144.1	5.90	35,450	1.091
1983	37.2	30.9	6.3	24.2	1,601.0	209.5	8.67	38,728	1.092
1984	35.3	32.0	3.3	22.9	1,789.8	188.8	8.23	40,731	1.052
1985	33.6	29.5	4.1	21.8	1,820.3	30.5	1.40	37,911	0.931
1986	29.5	24.4	5.1	19.2	2,093.1	272.7	14.22	39,151	1.033
1987	33.2	27.7	5.5	21.6	2,612.2	519.2	24.06	40,298	1.029
1988	36.4	29.5	6.9	23.7	2,678.5	66.3	2.80	39,408	0.978
1989	41.2	34.6	6.6	26.8	3,205.3	526.8	19.67	40,755	1.034
1990	56.6	50.0	6.6	36.8	3,369.8	164.5	4.47	44,624	1.095

年次	固定資産投資額計	基本建設投資額	更新改造投資額	生産性固定資産投資額計 (a)	耕種農業 GDP	耕種農業 GDP 年増加額 (b)	投資効果係数 (b)/(a)	食糧生産量 (万t)	前年対比
1991	73.2	62.0	11.2	47.6	3,621.6	251.8	5.29	43,529	0.975
1992	99.6	85.3	14.3	64.7	4,216.8	595.2	9.19	44,266	1.017
1993	130.8	113.9	16.9	85.0	4,384.3	167.5	1.97	45,649	1.031
1994	158.3	139.2	19.1	102.9	5,928.0	1,543.7	15.00	44,510	0.975
1995	197.7	176.7	21.0	128.5	7,630.9	1,702.9	13.25	46,662	1.048
1996	291.5	266.3	25.2	189.5	8,707.6	1,076.7	5.68	50,454	1.081
1997	379.3	334.2	45.1	246.5	8,786.6	79.0	0.32	49,417	0.979
1998	566.0	513.2	52.8	367.9	9,069.2	282.6	0.77	51,230	1.037
1999	697.2	651.1	46.1	453.2	8,916.6	-152.6	-0.34	50,839	0.992
2000	723.5	685.7	37.8	470.3	8,703.6	-213.0	-0.45	46,218	0.909
2001	669.1	657.0	12.1	434.9	9,130.7	427.1	0.98	45,264	0.979
2002	847.2	807.5	39.7	550.7	9,482.4	351.7	0.64	45,706	1.010
2003	829.7	790.4	39.3	539.3	9,649.1	166.7	0.31	43,070	0.942
2004	897.4	871.9	25.5	583.3	11,827.7	2,178.6	3.73	46,947	1.090

資料：『1950-1985 中国固定資産投資統計資料』（中国統計出版社），『中国固定資産投資統計数典 (1950-2000)』，『中国固定資産統計資料』(1986-1987, 1988-1999, 1990-1991)，『中国農村経済統計大全 (1949-1986)』，『中国農村統計年鑑』（各年），『中国農業発展報告』(2005)．

注：1) 生産性固定資産：固定資産投資額には，統計上，農業生産に直接寄与しない固定資産，たとえば住居などが含まれるので，これらを除外するため，統計上の実績値をもとに 65％ を生産性固定資産とみなした．
2) 耕種農業基本建設投資額は不明なので，農林牧漁業基本建設投資に 1999-2003 年までの農業基本建設投資に対する農林牧漁業投資額の平均比率 0.7 を乗じた推計値．
3) 1987 年以降の投資額は，主に『中国農村統計年鑑』に依拠．
4) 2004 年基本建設投資は統計組み替えにより表示変更．2004 年からの表示は「新建」，「拡建」（この両者が従来の「基本建設投資」に相当），「改建・技術改造」（従来の「更新改造投資」に相当）に変更され，時系的つながりが途切れているので注意．本書では，さし当たり従来の表記法を利用．
5) 2004 年の更新改造投資は都市部のみで，水利を除く．農村分は 2005 年『中国統計年鑑』では不明．
6) 農業 GDP，1986 年まで『中国農村経済統計大全 (1949-1986)』のまま．1987-1993 年は，農林漁業 GDP に『中国統計年鑑』中の農林漁業総産値のうち農業部門の比率を乗じた推計値．1993-2004 年は，『中国農業発展報告』(2005)．1993 年の統計改訂のため，1994 年以降と以前は接合しない．
7) 1996 年以降，統計の再変更があったので注意（以下同）．2003 年には新国民経済分類法の変更により，農林牧漁業 GDP に，農林牧漁業サービス業が含まれることになったので注意．
8) 空欄は，統計なし．
9) 拙稿「中国農業資本ストック・資本係数の研究」（愛知大学国際問題研究所紀要第 125 号）を補訂．

計算の場合は税制上の措置から残存価格を設ける場合があるが，ここでは定率法を用いるので，それがないものとした．つまりこの場合の償却率は除去率と同じことである．この耐用年数を求めるに当たっては，中国の農業固定資産耐

用年数を規定した「農業企業財務・会計制度」(耕種農業用土地はなし) を参考にした．この制度は個々の資産の耐用年数を項目ごとに細かく定めたものであるが，平均すれば，本書が採用した年数の 16 年とほぼ近似している[19]．

各年の償却額，その前提となる資産ストックの基となる農業生産性固定資産額（フロー）は，「農業固定資産投資」額から，農業生産に直接寄与しない住居投資を控除して得た額である[20]．

2) 農業労働費投入

農業労働費投入は，ここで取る方法では直接無関係であるが，線形モデルによる要素弾性値測定のため，要素フローの1つとして，次の直接生産費投入とともに，土地資本償却費を演繹（推計）する方法を試算できるかもしれないので，一応掲載する．その数値は，農業部門農業従事者数に，耕種農業1人当たり純収入を乗じて得た額である[21]．しかし自家消費農産物がある場合には，それを市場評価した額が収入として計上されるので，実際の現金収入というわけではない．このような規定は当然である．問題があるとすれば農産物の市場評価の仕方であるが，この点は不明である．また，農産物の市場価格や公定価格が上昇すると自家消費額も増え，したがって名目的な純収入も増え，逆の場合は減るという関係が成り立つ．

3) 直接生産費投入

やはり直接関係ないが，ここで採用した生産費は米，小麦，トウモロコシの3種類の作目の平均値である．直接生産費に含まれる項目は，日本の生産費調査でいう物財費に相当するものである．記述のとおり，生産費調査は単位面積当たり（1ムー当たり）なので，これを作付面積に乗じて，国全体のデータを求めた．しかし，調査方法の変更等によって，時系列的にデータを揃えても接合性には問題がある．しかし，この点は無視することにした[22]．

4) 農業土地資本償却

農業土地資本は農業生産性固定資産とともに，総農業固定資本の一部であるが，統計的基礎データが存在しないので，なんらかの推計を行う以外ない．小

島は次のようにいう.「土地は商品ではないという考えから，土地価格が存在しないので，土地資産額統計はない.国営部門以外，協同組合経済や個人業については，政府の設備投資が行われてこなかったので，推計ができない.推計のベースになる統計がつくられていなかったと思われる」[23].そこでまず，統計上の傾向を勘案し，農業生産性固定資産償却からその半分程度を占める水利施設償却を取り出し，これを農業土地資本償却の一部とする.したがって，この段階で農業生産性固定資産償却額は半分に減ることになる.ついで，水利施設償却額と同程度を土地改良，開墾等に相当する新規投資にかかる償却額とみなした.

水利施設償却額と同程度を農業土地資本償却とみなした理由は，以下のとおりである.

①中国の農業生産改善は建国以来，水害の被害対策や土地生産性向上のため，水利投資に重点がおかれ［アドラー 1958: 145］，さらに機械化推進に力点がおかれてきたこと.地域によって異なるが，中国の用水灌漑施設は河川灌漑と溜池灌漑，井戸灌漑などに分かれるが，改革開放以後，北方で多い井戸灌漑は私有である例が増えている.非農家が井戸を掘り，1時間10元というように農家に売水する.このような投資は，深さにもよるが西安近郊農村の例では井戸掘りに27万円を投じ，ポンプで汲み上げるので，電気代を負担するというものであった.

この結果が，上述したような農業生産性固定資産投資の約半分が水利投資という結果を生んだ.つまり，水利投資を除く土地投資は，当時の農民組織または政府機関の財政的制限からあまり余裕がなく，おそらく水利投資以外のほかの土地投資を行うことには制約があったと思われる.

②土地改良には水利施設投資とならび，とくに水田地帯では暗渠排水施設や客土，耕地整理，農道整備といった土地資本投資が必要である.このうち，土地改良の重要な一部であり，コストのかかる暗渠排水投資等は技術的・財政的問題からほとんど実施されなかったとみられる.暗渠排水は排水の効果を上げるだけでなく，塩害防止にも役立つので，非常に有効な手段である.

③以上のような制約要因があるものの，農業生産の向上には目を見張るべき実績がある.これを肥料・農薬の多投や労働の集約的投下，新品種の導入に大

第7章　基盤整備投資の現状と課題　　247

きな原因をみいだすことはいいとしても，土地改良自体がまったく行われなかったと断言する根拠はなく，これら要素の改善等に関連する土地改良を考慮する必要がある．そこで，水利投資と同程度を一般の土地改良投資等とみたのである．

④土地改良投資の少なさは，各地で圃場状態を観察すれば，ある程度窺える．耕地整理，農道，土壌，そのほか農地形状などを見れば，推計できる面がある．

なお，ここで留意しなければならないことは，開墾が新規土地投資に該当するので，これを金額的にどう見積もるかという問題であるが，開墾主体の実態が不明瞭なことやコストが明らかでないこと等から推計は困難である．一方で，1983年を100とする耕地面積の指数は2004年で90と減少が大きい．この意味は，耕地の転用等が開墾を上回っていることであり，結局，償却の増加，ストックの減少というように作用する．しかし本書では，金額的な差し引き結果の推計が困難なことから，この点を考慮外におくことにした．考慮する場合には，おおまかな処理ではあるが，本書の推計最終年である2004年末のストックから，約10%を差し引くことになる．

以上のようにして作成したものが，表7-12の中国耕種農業生産要素推計値（フロー値）である．

(7) 各ストック推計

1) 農業生産性固定資産ストック

農業生産性固定資産ストックについては既述したが，まず農業生産性固定資産償却のとおり，各種統計から各年別投資フローを求めた．次いで，減価償却を控除した残差に，ストック推計年の新規投資を加えた．

2) 農業土地資本ストック

農業資本ストック推計にはG.チョウの研究が1つの先駆的な役割を果たした．彼は土地を含む農業部門全体の資本ストックを推計，1985年時点で1,292億元としている．ただし，「農業資本」の範囲や推計方法，使用データに不明瞭さがあるという問題がある［Chow 1993］．

さてここでは，ストック推計年における農業土地資本ストックを，ストック

表 7-12　中国耕種農業生産要素推計値

(単位：億元)

年次	耕種農業GDP	総固定資本償却(土地資本を含む)	生産性固定資産償却	うち水利施設	水利含む土地資本償却	農業労働投入額	農業生産直接費用	耕種農業販売総額	広義の所得率
1983年	1,601.0	11.8	7.9	3.9	7.9	492.1	504.0	2,608.9	0.614
1984	1,789.8	11.7	7.8	3.9	7.8	576.4	549.5	2,927.3	0.611
1985	1,820.3	11.4	7.6	3.8	7.6	581.2	550.4	2,963.4	0.614
1986	2,093.1	11.0	7.3	3.7	7.3	624.6	594.0	3,322.7	0.630
1987	2,612.2	10.8	7.2	3.6	7.2	641.5	683.8	3,948.3	0.662
1988	2,678.5	10.8	7.2	3.6	7.2	698.9	823.1	4,211.4	0.636
1989	3,205.3	11.1	7.4	3.7	7.4	779.2	1,066.6	5,062.2	0.633
1990	3,369.8	12.1	8.1	4.0	8.1	1,100.4	1,208.1	5,690.4	0.592
1991	3,621.6	14.0	9.3	4.7	9.3	1,105.9	1,227.5	5,969.0	0.607
1992	4,216.8	17.0	11.3	5.7	11.3	1,150.1	1,254.1	6,638.0	0.635
1993	4,384.3	21.3	14.2	7.1	14.2	1,456.7	1,389.3	7,251.6	0.605
1994	5,928.0	26.5	17.7	8.8	17.7	1,928.7	1,977.5	9,860.7	0.601
1995	7,630.9	33.1	22.1	11.0	22.1	2,505.9	2,500.3	12,670.2	0.602
1996	8,707.6	43.8	29.2	14.6	29.2	2,982.2	2,895.6	14,629.2	0.595
1997	8,786.6	57.8	38.5	19.3	38.5	3,058.6	2,891.3	14,794.3	0.594
1998	9,069.2	79.8	53.2	26.6	53.2	3,024.5	2,816.1	14,989.5	0.607
1999	8,916.6	105.8	70.5	35.3	70.5	2,902.8	2,771.4	14,696.6	0.607
2000	8,703.6	129.5	86.3	43.2	86.3	2,748.7	2,494.6	14,076.4	0.618
2001	9,130.7	146.7	97.8	48.9	97.8	2,628.5	2,382.3	14,288.2	0.639
2002	9,482.4	170.5	113.7	56.8	113.7	2,585.2	2,395.8	14,633.9	0.648
2003	9,649.1	189.5	126.4	63.2	126.4	2,579.0	2,282.8	14,700.4	0.656
2004	11,827.7	208.9	139.2	69.6	139.2	3,234.0	2,716.1	17,986.6	0.658

注：1) 生産性固定資産償却は，まずその前提となる生産性固定資産ストックを求めた．このストックは，前年末のストックに当年新規投資を加え，耐用年数を16年とする算術級数法により求めたものであるが，毎年の償却額はその過程で算出される．形式的には，ベンチマーク・イヤー法に属するが，まったく同じではない．
2) 生産性固定資産償却のうち半分は，統計上の傾向値を参考に水利施設分とみなした．
3) 土地資本償却は水利施設分に，その同額を上限と考え，これを加えたものとした．
4) 直接費用は『1953-2003 三種糧食平均成本収益匯総表』(国家発展改革委価格司)．この費用には，肥料代，農薬代，その他農業生産資材，つまり生産に直接必要な物財費のすべてを含む．ただし労働費を除く．
(http://www.npcs.gov.cn/WebSite/CBC/UpFile/File108.xls：市販統計書もあり)
5) 上記1～3から，総固定資本償却は，生産性固定資産償却から水利施設分を差し引き，水利を含む土地資本償却を加えたもの．
6) 販売総額はGDPおよびすべての費用項目を足して得た額．

表 7-13　耕種農業土地資本ストック推計

(単位：億元)

年次	フロー			ストック				
	総固定資本償却（土地資本を含む）	内訳		総固定資本ストック（土地資本を含む）		内訳		
		生産性固定資産償却	土地資本償却	a)	b)	生産性固定資産ストック	土地資本ストックa)	土地資本ストックb)
1983年	11.8	3.9	7.9	259.4	298.7	62.9	196.5	235.8
1984	11.7	3.9	7.8	256.5	295.4	62.2	194.3	233.2
1985	11.4	3.8	7.6	251.5	289.6	61.0	190.5	228.6
1986	11.0	3.7	7.3	241.9	278.6	58.6	183.3	219.9
1987	10.8	3.6	7.2	237.7	273.7	57.6	180.1	216.1
1988	10.8	3.6	7.2	237.7	273.7	57.6	180.1	216.1
1989	11.1	3.7	7.4	243.4	280.3	59.0	184.4	221.3
1990	12.1	4.0	8.1	266.8	307.2	64.7	202.1	242.5
1991	14.0	4.7	9.3	307.0	353.5	74.4	232.6	279.1
1992	17.0	5.7	11.3	373.4	430.0	90.5	282.9	339.4
1993	21.3	7.1	14.2	468.2	539.1	113.5	354.7	425.6
1994	26.5	8.8	17.7	582.9	671.2	141.3	441.6	529.9
1995	33.1	11.0	22.1	728.4	838.8	176.6	551.9	662.2
1996	43.8	14.6	29.2	964.4	1,110.5	233.8	730.6	876.7
1997	57.8	19.3	38.5	1,271.2	1,463.8	308.2	963.0	1,155.7
1998	79.8	26.6	53.2	1,755.6	2,021.6	425.6	1,330.0	1,596.0
1999	105.8	35.3	70.5	2,327.5	2,680.2	564.2	1,763.3	2,115.9
2000	129.5	43.2	86.3	2,848.8	3,280.4	690.6	2,158.2	2,589.8
2001	146.7	48.9	97.8	3,226.6	3,715.5	782.2	2,444.4	2,933.3
2002	170.5	56.8	113.7	3,750.8	4,319.1	909.3	2,841.5	3,409.8
2003	189.5	63.2	126.4	4,169.9	4,801.8	1,010.9	3,159.0	3,790.9
2004	208.9	139.2	139.2	5,708.8	6,405.0	2,227.8	3,481.0	4,177.2

注：a)償却期間25年，b)30年．

の耐用年数を25年および30年の2つとし，表7-12の償却額を償却率で割り戻して得た額とした．その結果，表7-13が得られる．償却期間を25年とした場合の，2004年時点の土地資本ストックは3,481億元，30年とした場合4,177億元となる．これに農業生産性固定資産ストックを加えた農業固定資本ストックは償却期間を25年とした場合5,709億元，30年とした場合6,405億元という結果が得られる．

この推計を多いとみるか少ないとみるかであるが，中国の総固定資本ストックの計算分野の権威的実績をもつ張軍らの1952-2000年までの長期計測によれば，2000年の総固定資本ストックは18兆1,658億元としている［張軍ほか

2004］．これには，農業，工業，その他産業の土地資本ストックだけでなく，工場諸設備，生活・産業インフラ，住宅，オフィスなどすべての固定資産が含まれているので，単純な比較はできないがある程度の参考にはなる．これと対比してみるとき，農業土地資本ストックおよび農業固定資本ストックは，非常に少ないが，実態に近いものであるといってもいいように思われる．

　また，農業土地資本ストックについては，農業生産性固定資産ストック全体の規模が1つの比較材料となる．投資規模やその年次別推移が，土地の場合とそのほか固定資産と同じという根拠はないが，実際の灌漑率が50％弱にとどまっている現状やこれまでの財政による農業支出の規模からいって，両者間に，それほど大きな差はないように思う．財政による農業支出は，実際の農業関係投資の推移を測る有力な指標である．また土地投資については，土地の国家所有という仕組みから無償労働供出が日常化していたことを勘案すると，実際に労働費の支給行為を伴う投資はそう多くはなかったと推定される．したがって，原データの有無や精度等の制約を勘案すれば，推計には大きな障碍があることは確かであるが，一定の目処を付けることはできると思われる．この点については，中兼のように「公表されている項目を見る限り，樹木は含まれていないことはほぼ確実であるし，土地はむろんのこととして，機械類を除く水利施設など，土地や河川に付属した施設は恐らく評価されていない」として，推計の困難さを指摘する場合も見られる［中兼 1992: 120］．

　ここで試みたようなフローのストック化計算という方法を使った資本ストックの推計は，工業等の産業部門に共通する最も一般的な方法である．そして，実際にも，方法論としての試みがいくつかなされている[24]．しかし現段階では，方法的に確立されているとは決していえるものではない．また中国でも，最近その試みは比較的多くみられるようになってきた[25]．これまで希薄だった，資本ストックの重要性に対する認識の高揚が背景にあると思われる．ストック統計の整備は中国だけの課題ではないので，今後このような試みは，中国においても増えていくのではないかと思われる．

(8) 資本と労働の貢献度

　表7-14は，線形モデル化した耕種農業のGDPに対する総固定資本ストッ

第7章 基盤整備投資の現状と課題

表7-14 中国耕種農業生産要素推計値：対数

年次	耕種農業GDP	総固定資本償却 (土地資本を含む)	農業労働投入額	農業生産直接費用
1983年	7.3784	2.4672	6.1987	6.2225
1984	7.4899	2.4561	6.3567	6.3089
1985	7.5068	2.4364	6.3651	6.3106
1986	7.6464	2.3975	6.4371	6.3870
1987	7.8680	2.3799	6.4638	6.5277
1988	7.8930	2.3800	6.5496	6.7131
1989	8.0726	2.4038	6.6583	6.9722
1990	8.1226	2.4954	7.0035	7.0968
1991	8.1947	2.6357	7.0084	7.1127
1992	8.3468	2.8316	7.0476	7.1342
1993	8.3858	3.0578	7.2839	7.2365
1994	8.6874	3.2770	7.5646	7.5896
1995	8.9400	3.4999	7.8264	7.8242
1996	9.0720	3.7804	8.0004	7.9710
1997	9.0810	4.0567	8.0257	7.9695
1998	9.1126	4.3795	8.0145	7.9431
1999	9.0957	4.6615	7.9734	7.9271
2000	9.0715	4.8636	7.9189	7.8219
2001	9.1194	4.9881	7.8742	7.7758
2002	9.1572	5.1387	7.8576	7.7815
2003	9.1746	5.2446	7.8551	7.7332
2004	9.3782	5.3417	8.0815	7.9069

資料：表7-12から作成．

クと投入労働の貢献度を測るために，表7-12の土地資本を含む総固定資本償却費（K）と労働投入（L）の数値を対数化し1つの表にまとめたものである．これを回帰式に置き直した結果が次式である．

$$\text{GDP} = 2.1905 + 0.0920K + 0.8200L$$

この式中，総固定資本償却費および労働投入の係数は各々に対する分配であり，生産（GDP）に対する貢献度を示す．これによって明らかなように，総固定資本の数値は労働投入に対してきわめて低い．農業部門に対する固定資本投資の低さを示すと同時に，中国耕種農業における土地資本ストックを柱とする固定資本ストックの少なさを示し，中国農業が労働依存型の古い体質をいま

なお変ええないでいることの証左ということができる．この点は，中国のマクロ経済の発展が資本投資主導型であったことと対照的である．また，0.092＋0.820＜1 なので，規模に関して収穫逓減であり，特に労働に当てはまるが追加投資を行っても技術水準が一定の場合，ある点を超えると逓減的にしか生産は増えないことになる．さらに生産を増やそうとすれば，労働ではなく，資本投資の増大が必要ということを示唆する．労働集約的な投入を主とする中国耕種農業の実態を物語っているといえる．

(9) 土地資本ストックと土地資源節約

土地資本ストックの増加がもたらす効果は多様であるが，ここでは，資源節約という点から考察しておきたい．図 7-6 はそれを描いたものである．この図の縦軸は食糧供給＝需要を，横軸には土地面積を，原点からの斜線は土地生産性の水準を各々意味している．

土地資本ストックの増加は，一定の需要を満たすのに必要な土地面積を節約する効果を持っている．これは土地生産性の上昇による（図では斜線勾配の増加）もので，仮に需要が増加すれば，さらなる土地資本ストックの増加（図では勾配の増加）あるいは少しの面積の増加によって対応できることを示す．

この意味は，土地資本ストックの増加によって，土地資源の節約ができるということである．1980 年代以降，中国の耕地面積の減少にもかかわらず食糧生産量の傾向的な増加が見られた背景には，土地資本ストックの増加があったものと思われる．この点は土地資本ストックの表 7-13 に見られるような，同時期における急速な増加とある程度見合うものである．

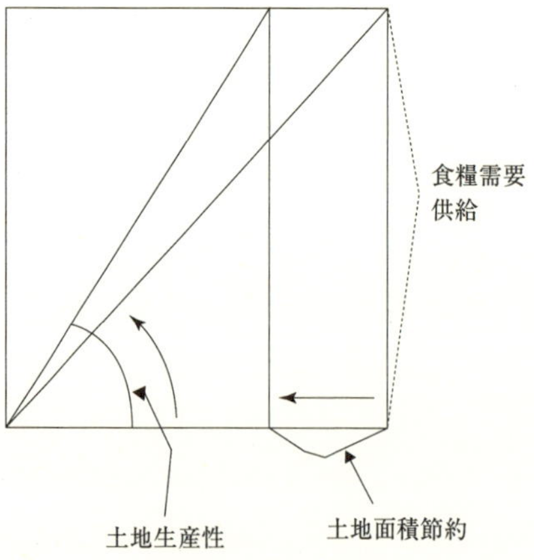

図 7-6 土地資本ストックによる資源効果

(10) 巨大な不在地主と土地資本投資

中国政府は第11期5カ年計画のなかで社会主義新農村建設を宣言した．このなかで，農業固定資本投資については，農地面積の維持と質の確保，小型水利施設の建設，大型灌漑区の改造，生産性の低い農地の改良，農業防災能力の向上などを謳っている．その結果，実行されれば農地資本ストックの向上が期待されるが，文書の性格上，予算上の措置が確約されていない．場合によっては，先送りになる可能性も否定できない．

しかし，個々の働く農民の経済が国家のさじ加減ひとつによって左右されるような制度的枠組みは正常といえるであろうか．中国の農民経済は，国家という巨大な不在地主の支配下にあるようなものである．しかしほとんどの農民は，国家がそのような存在であることに何の疑問も抱かずにいるので，現状改善を望む場合には，国家から何かをしてもらう意識しかないのも当然である．つまり自己責任意識が乏しいので，国家依存過多の意識が形成されてきたのも頷ける．

中国農業の生命線は年間5億トン程度の食糧を生産することにあるが，もし，その裏づけが不十分だと，これを補うに足るだけの技術改良による生産の維持が課題となろう．中国の農村には耕作放棄地が増加しているので，農地は過剰であるから，もはや農地に対する投資は重要でなくなっていると考えがちである．しかし，それは誤りで，実際に耕作される農地が量的に減少すればするほど，土地生産性を高めるための新規あるいは改良のための灌漑投資や土地改良投資が必要になる．

農業固定資本全体の投資（フロー）と食糧収穫高との間には，かなり強い相関関係が認められる[26]．この点を考慮すれば，土地資本ストックを増やすことは，中国経済全体の重要な課題となろう．

注
1) 『中国水資源公報』2005年ほかによる．
2) 「中国水土保持法」は，第23条・24条で次のように村民委員会と農民に土壌流出防止義務を課している．「国家は土壌流出地区の農業集団経済と農民に対し，土壌流出の進行防止を奨励する．そのため，資金，エネルギー，食糧，税面で優遇措置を講じる」．第24条「土壌流出地区の集団経済組織が所有する土地を個人に請

け負わせている場合は，土壌流出の防止責任を請負契約に含める」．
3) 高橋 2006 年調査による．
4) 『農村工作通信』2006 年 9 月．
5) 徐らはイギリスの 2004-06 年の対中援助プロジェクトの 1 つとして，湖南，湖北，新疆で始められたと述べている（徐成波，陸文紅，王薇 [2007]「組建農民用水戸協会応注意的問題」『中国水利』9 月．
6) http://www.gzxw.com.cn/index.html
7) http://www.hxah.cn/html/2/20070615/55746.html
8) http://www.gx-info.gov.cn/wenzhai/viewwenzhai.asp?id=204
9) 中国の論壇では「資本化」という言葉が氾濫気味であるが，この場合の意味は，大きく分けて 2 つになる．1 つは農地そのものを資本的意味に捉え直すことではなく，農地を転用し，工業用地化あるいは商業用地化する意味である場合である．それによって，使用権をもつ農民がその権利をもとに，転用された農地の工業化等による収益の分配を受けるのである（たとえば蒋省三，劉守英 [2003]「土地資本化与農村工業化」『管理世界』第 11 期）．一方，使用権そのものの流動化を通じた大規模経営を展望する意味で，資本化を使う場合がある．これらにあっては，農業用土地の使用権の流動化ができにくい現状に批判的であることが多い（たとえば張跌進 [2003]「論農村土地使用権資本化」『安徽師範大学学報』〈人文社会科学版〉11 月）．
10) たとえば田栄富 [2004]「長江デルタ地域の資本ストックの推計」『久留米大学大学院比較文化研究論集』3 月．中国が対象ではないが，タイ農業粗資本ストックの推計を試みた新谷正彦の論文「資料タイ農業の粗資本ストック推計：1950－1997 年」（『西南学院大学経済学論集』Vol. 35, No. 3）は農地資本ストックについて何も触れていない．
11) 武漢市東西湖区，西安市后県后寨村など．
12) TFP 計算に当たり，コブ・ダグラス生産関数などを用いる際，このような手法を使う例がしばしばみられるが，筆者には疑問である．
13) P. サムエルソン・W. ノードハウス [1993]『経済学（下）』（原書第 13 版，都留重人訳，岩波書店．657 頁，第 27-4 図（国民生産物の分配）．
14) 同上「トウモロコシの価格が高いのはトウモロコシ用農地の価格が高いからだ，というのは実は本当ではない．実際には，その逆の方が真理に近い．トウモロコシの価格が高いからトウモロコシ用地の価格が高いのである」[サムエルソンほか 1993: 659]．
15) 朝日新聞，2006 年 8 月 6 日．
16) 中国学界においても，この点については懸念が示されている．例えば張小燕，黄克竜，鄭光輝，田崇新 [2005]「論農用地征用価格的評估」『農機化研究』3 月，など．

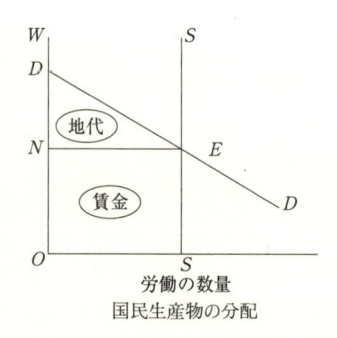

17) 中国諸統計でいう「農業固定資産」には生産的資産と非生産的資産とがあるが，「農業固定資産ストック」という表現はない．本書でいう農業固定資本ストックは，生産的資産に属するストックを指している．農業土地資本ストックは，その一部ということになる．
18) 1983年に，中国は統計上の改革を実施している．詳しくは小島麗逸編 [1988]『中国の経済改革』勁草書房，第5章参照．
19) 固定資産の耐用年数は，各国で異なる．たとえば，「農業用建物」を例に取ると以下のような幅がある [経済企画庁 1996]．オーストラリア 13，オーストリア 18，ベルギー 15，フランス 10，ドイツ 15，イタリア 18，アメリカ 17年，イギリス 13（単位：年）．
20) 「中国農村経済統計大全（1949-1986）」，「中国固定資産投資統計資料」（1986-1987，1988-1999，1990-1991の各巻），「中国固定資産投資統計数典（1950-2000）」，「中国農村統計年鑑」（各年），「中国統計年鑑」から加工・作成し推計（その方法は，基本的には高橋 [2005]「中国農業資本ストック・資本係数の研究」愛知大学『国際問題研究所紀要』125号，から変わっていない）．
21) 『中国統計年鑑』各年による．
22) 国家発展改革委価格司成本処「1953-2003三種糧食平均成本収益匯総表」によるものとした．作付面積は「中国統計年鑑」による．「直接生産費用」とは，同表による以下の諸項目．苗代，農家肥費，化肥費，農膜（農業用ビニール）費，農薬費，畜力費，機械作業費，排灌費，燃料動力費，など11項目．
23) 小島麗逸編 [1989]『中国経済統計・経済法解説』アジア経済研究所．ただし，最近は農地価格に関する各種の研究が現れている点は留意される．たとえば劉治欽，楊秋林 [2004]「農用土地的会計確認和計量深討」（『農業技術経済』第4期），張小燕，黄克竜，鄭光輝，田崇新 [2005]「論農用地征用価格的評価」（『農機化研究』3月）など．
24) 篠井保彦 [2003]「JIDEAモデルのための資本ストック推計」（『国際貿易と投資』Winter, No. 54）．これによると，①基準となる年の資本ストックに新規投資を加え，これから除去額を控除，経過年ごとに累積計算する「ベンチマーク・イヤー法」，②固定資本ごとに耐用年数を推定し，耐用年数に基づいて除去（設備廃棄）し，新規投資の消減状況を推定，その結果残存する資本を毎年積み上げる「恒久棚卸法」，とがある．
25) 中国で資本ストック計測を試みた文献に以下がある．ただし，いずれも農業土地資本ストックではなく，固定資本一般である．
①王益煊，呉優秀 [2003]「中国国有経済古典資本存量初歩測算」（『統計研究』5期）

$K_t = I_t + (1-\delta)K_{t-1}$

K：資本ストック純値，I：投資額，δ：減価償却率
1998年国有経済固定資本ストック推計値：16兆7,996億元（現在価）
②鄧芸，銭力，馬生全 [2005]「甘粛省資本存量的計算：1952-2003」（『西北民族大学報』〈自然科学版〉No. 3）

*蓄積法：$K_t = K_0 + \sum_{t-1}^{t} A_t$

K_t：第 t 年生産性資本，A_t：第 t 年生産性蓄積，K_0：ベンチマーク・イヤー生産性資本

1977 年省生産性資本ストック試算値：2,913 億元（1990 年価格）

*純投資法：$K_t = K_{t-1} + (I_t - \delta_t)/Px$

K_t：第 t 年資本ストック，K_{t-1}：前年の資本ストック，I_t：t 年固定資本形成総額，δ_t：減価償却，Px：固定資産投資価格指数

1977 年省生産性資本ストック試算値：1,898 億元（1990 年価格）

③張軍，呉桂英，張吉鵬［2004］「中国省際物質資本存量計算：1952-2000」（『経済研究』第 10 期）

$K_t = K_{t-1}(1-\delta) + I_t$ （①の王らと同じであるが，この方法は，元々はゴールドスミスによるものである）

2000 年全国資本ストック推計値：18 兆 1,658 億元（現在価）

26) 自由度修正済み重相関係数は 0.7796 である．

引用文献

S. アドラー［1958］本橋渥訳『中国の経済』岩波現代叢書．
大橋英夫［2005］『現代中国経済論』岩波書店．
寒風［2007］「農民用水戸協会－水稲王国的新実践」『水利天地』3 月．
渠俊峰，李鋼，高小英［2007］「管道灌漑系統対耕地集約利用的可行性分析及探討」『資源調査与評価』3 月．
姜文亮［2007］「土地整理項目質量控制問題研究」『国土資源導刊』第 2 期．
経済企画庁経済研究所［1996］「主要国における資本ストックの測定法」『経済分析』第 146 号，6 月．
胡学家［2006］「発展農民用水戸協会的思考」『中国農村水利水電』第 5 期．
高向軍主編［2006］『搞土地整理建設社会主義新農村』中国大地出版社，49 頁．
呉三忙［2007］「全要素生産率与中国経済増長方式的転変」『北京郵電大学学報』（社会科学版）1 月．
P. サムエルソン，W. ノードハウス［1993］都留重人訳『サムエルソン経済学（下）』（原書第 13 版）岩波書店．
篠原泰三編［1973］『農業土地資本の研究』東京大学出版会．
T. シュルツ［1969］『農業近代化の理論』逸見謙三訳，東京大学出版会．
曹海欣，謝媛媛，呂萍ほか［2007］「農地開発整理投資模式研究」『中国国土資源経済』2 月．
高橋五郎［2004］「中国海外直接投資と農業・農村部門投資の関係」（愛知大学 21 世紀 COE プログラム国際中国学研究センター 2004 年度国際シンポジュウム，第 2 部予稿集）．
田島俊雄［1996］『中国農業の構造と変動』御茶の水書房．
玉城哲［1981］『水紀行』日本経済評論社．

玉城哲 [1984]『土地資本研究』論創社.
玉城哲, 旗手勲 [1985]『風土』平凡社.
張克旺 [2007]「試論農地整理与農村土地使用制度改革」『郷鎮経済』5月.
張軍, 呉桂英, 張吉鵬 [2004]「中国省際物質資本存量推計：1952-2000」『経済研究』第10期.
張正剛, 許志勇, 張竹梅 [2007]「関於黒竜江省近期農村水利問題的探討」『黒竜江水利科技』第2期.
陳鵬程, 李建勛 [2007]「農業技術進歩貢献率研究総述」『南方農業』3月.
中兼和津次 [1992]『中国経済論』東京大学出版会, 120頁.
樊綱 [2003] 関志雄訳『中国　未完の経済改革』岩波書店, 96-97頁.
堀口健治 [1984]『土地資本論』農林統計協会.
馬丁丑, 王生林, 陳秉譜 [2006]「貧困地区農業技術推広過程中的外部環境障碍分析与思考」『陝西農業科学』No. 4.
南亮進 [1990]『中国の経済発展』東洋経済新報社.
李成軍, 才希強 [2006]「農業節水存在的問題及其改進」『山東省農業管理幹部学院学報』第4期.
劉俊浩 [2006]『農村社区農田水利建設組織動員機制研究』中国農業出版社.
劉新衛, 張麗君, 李茂 [2006]『中国土地資源集約利用研究』地質出版社, 30頁.
Chow, G. [1993] "Capital Formation and Economic Growth in China", *The Quarterly Journal of Economics*, Aug.

第8章

農村内の二元構造

1. 閉じこめられた村

　三農問題は，発展から取り残された中国農業・農民・農村の改革の必要性を意味する．より根底にある問題は，中国経済の発展格差つまり二元経済の問題であり，政治的には農民の権利の弱さと差別の問題であり［中兼2007］，社会的にはその地位の低さと弱者の問題である．ここでは，そのような問題の1つひとつを対象にすることはせず，経済的な貧困に焦点を絞り，その事例を見ることにする[1]．

　白水県堯禾鎮の王溝村は陝西省銅川市にある．白水県は銅川市の東に位置する．2002年の人口は28万人，うち農民世帯員が24万人である．総戸数は7万3,000戸である．2002年の白水県のGDPは18億7,500万円，うち43％は第1次産業があげたものである．農民の1人当たり純収入は15,300円，うち出稼ぎなどの移転収入が3,800円である．純収入は全国水準の約3分の1である．堯禾鎮は白水県中心部から約12km北へ入った山間部に位置する．耕地面積は4万7,240ムー（3,100ha）である．

　堯禾鎮の一村落である王溝村の2006年（以下，時点は同じ）の人口は180人，34世帯が住む農業以外に産業はない純粋な村である．村全体の年間収入は50万円で，1人当たり2,800円，1世帯当たり15,000円，農民1人当たりの年間純収入は全国平均が53,000円なので，これに比べるとはるかに低い．中国には，集落あるいはかつて生産小隊，現在の村民小組でこうした村が多数存在している．王溝村もまた山間部のそうした1つであるが，34戸のうちレンガ造りの家は3戸だけで，あとは土で粘土細工のように造った古い家である．

表 8-1　王溝村の農家の概況

調査農家番号	家族構成（人）	夫婦年齢 夫	夫婦年齢 妻	子どもの数	土地面積（ムー）	果樹園（ムー）	畑面積（ムー）	主な作目	在村収入（元）
1	6	42	40	4	11.8	3.8	8.0		2,400
2	6	61	61	2	10.2		10.2		600
3	6	67	66	2	11.0	3.0	8.0		1,000
4	6	64	61	2	10.2	2.0	8.0		800
5	5	61	40	3	10.2		10.2		1,200
6	5	28	25	3	10.0		10.0		1,000
7	5	34	30	3	10.0		10.0		2,000
8	6	70	65	3	10.2	2.0	8.0		2,500
9	6	55	50	2	12.0		12.0		300
10	3	25	23	1	10.0	2.0	8.0		200
11	1	74			2.0		2.0		
12	2	76	72		2.0		2.0		
13	3	35	30	1	5.0	1.0	4.0		9,200
14	3	33	30	1	4.0	2.0	2.0		9,000
15	6	66	61	3	8.5		8.5		2,000
16	5	40	38	1	7.0		7.0		1,250
17	3	26	24	1	10.0		10.0		300
18	5	50	28	3	7.0		7.0		400
19	7	66	58	4	12.4		12.4		100
20	6	70	42	4	9.4		9.4		
21	7	67	65	3	7.0		7.0		
22	7	67	66	2	9.3		9.3		
23	7	70	65	4	11.8		11.8		400
24	6	68	38	3	11.0		11.0		400
25	7	68	66	3	11.8	3.0	8.0		800
26	5	32	30	5	10.0	2.0	8.0		400
27	7	40	38	3	12.0	2.0	10.0		400
28	5	66	40	2	10.0	2.0	8.0		800
29	4	28	26	3	7.0		7.0		1,000
30	6	65	48	2	12.6		12.6		
31	6	70	66	2	10.2		10.2		
32	6	30	28	4	12.0		12.0		
33	7	55	51	3	11.8		11.8		600
34	5	38	35	2	10.2		10.2		－
合計	180			84	319.6	30.8	293.6	小麦	
平均	5.3	55	44	24	9.4	2.8	8.6	トウモロコシ サツマイモ	

資料：李小春が行った調査を再集計．
注：―は不明．

第8章 農村内の二元構造

在村収入源	出稼ぎ数	出稼ぎ収入 (元)
果樹園	1	880
売血	1	446
果樹園		460
果樹園		570
出稼ぎ	1	576
出稼ぎ	1	640
トラック運転手	1	1,200
果樹園	1	950
家畜	1	950
家畜	2	1,800
	2	80
	2	40
果樹園＋医療経営	1	6,000
果樹園＋医療経営	1	5,400
出稼ぎ	1	426
家畜	2	968
家畜	1	1,260
売血	1	1,280
家畜	1	494
	1	480
	1	505
		411
売血	1	514
売血	1	706
果樹園	1	457
果樹園	2	1,240
果樹園＋出稼ぎ	1	320
果樹園＋出稼ぎ	1	544
出稼ぎ	1	586
	1	640
	1	666
	1	533
売血	1	542
		―

　その村に住む全34農家の経済・社会・生活の状態を示したのが表8-1である．まず家族構成は平均5名，1戸を除き配偶者がおり，1人暮らしが1戸ある．最も家族数が多い世帯は7名で7戸ある．夫婦（独居の1家族を含む）の平均年齢は，男53歳，女44歳である．子どもの数は84名で，1世帯に平均2.4名いる．一人っ子政策が施行された1979年以降に生まれた子どもが，1世帯に3人以上という例が少なくない．2人までは珍しくないが，3人以上は制度上は認められないから，みな違法ということになる．

　農地についてみると村全体で320ムー（約21ha）で，1戸当たり9.4ムー（63a）である．しかし，地形は悪く地力も乏しいうえに土地改良はまったくといっていいほど行われていない．11戸の農家には果樹園があるが，面積は全体で31ムー（207a）にすぎない．農地の大部分は普通畑で，小麦，トウモロコシ，サツマイモ，豆類が栽培されている．

　畑作と果樹作以外に家畜を多少飼っているが，その様子は表8-2のとおりであり，昔ながらの1頭飼いである．牛は17頭いるが，17戸に1頭ずつ，羊は26戸に46頭いて頭数は1〜2頭にとどまる．豚はほとんどの家で飼っているが，最大5頭，平均2頭である．鶏は全部で257羽，全戸が飼っているが，庭先飼い程度にすぎない．

表 8-2　飼養家畜家禽類

調査農家番号	牛	羊	豚	鶏	ウサギ
1	1	2	2	8	
2		2	2	6	
3			1	2	8
4			2	2	6
5	1		2	2	6
6	1		2	3	6
7	1		3	2	6
8	1		2	5	10
9	1		2		10
10		2	3	6	
11				7	
12			2	10	
13			2	10	
14	1		2	6	
15	1	2	2	10	
16			2	10	
17		3	2	10	50
18	1	1	5	10	
19			2	8	
20	1	2	3	8	
21		1	2	5	
22		1	1	7	
23	1		2	7	
24		1	2	6	
25	1	2	2	6	
26				10	
27		1	3	10	10
28	1	2	2	6	
29		1	2	5	
30		2	2	7	
31	1	2	2	6	
32			2	6	
33		2	2	10	
34	1	2	3	5	
合計	17	46	74	257	

資料：李小春が行った調査を再集計．

2戸の農家がウサギを飼っているが，これは食肉として，さらに毛皮として売るためである．近隣に一般の非農家の消費者はいないため，卵や牛乳・羊乳販売による安定的な定期収入を得る道は閉ざされている．

収入は農業収入，出稼ぎ，売血などであり，絶対額は前述のように極めて低い．売血による収入を得ている農家は5戸で，なかには60歳，70歳代の高齢者さえも含まれている．売血は日常的に行われ，それでも収入は400元，500元にすぎず，生活が困窮の極みにあることが窺われる．彼らを含む村人の多くは，現状の改善の見通しをもたず，土地が悪く，ほかに収入の道もないことから，現状をやむをえないものと受け取り積極的な行動を取ろうとする者は少ない．非識字者は夫の9人，妻の8人に達しており，うち2組は両方とも非識字者である．小学しかいかなかった者は夫で12名，妻で17名，学校へいかなかった者を合わせると，夫21名（62％），妻25名（76％）となる．生活改善の契機となる意識改革の機会が乏しく，外部の進んだ世界との接触機会も極めて限られているため，変化がなく，率先して行動する者も生まれにくい環境である．

この王溝村は，外部との接触が乏しいうえに，村民自らが内にこもり，十年一

日が如くの生活を繰り返している．中国の華々しい経済発展とは無縁な村でもあり，遅れた底辺に位置する村である．その意味で，王溝村はさまざまな可能性から閉じこめられた陸の孤島であり，自らの生命を削りながら生きるしかない象徴的な貧困の村である．

農業税の廃止は農民にとってありがたいことであるが，ここでは，ほとんど話題にもならない．現金収入自体がもともと低く，税金として収めるべき現金も乏しかった．このような村が変わりうる条件とはなんであろうか．あるいはそもそも，変わりうる条件が内部に，あるいはそれが外生的なものでもかまわないが，あるのであろうか．

王溝村は中国のなかでは貧困の程度が高いというわけではない．また，多くの研究者が農村貧困問題について調査しており，その報告を目にする機会は少なくない．その一例は中国農村経済研究センターの謝らが，2003年に山西省で実施した100戸の農家調査報告である．この調査によると，ある村の場合，農家1戸当たり収入が最低3,300円，最高が114,000円，平均41,000円で，1人当たりにすると平均年収は11,000円という．政府が規定する貧困線は10,000円なのでそれよりは高いが，低収入線13,000円を下回る［謝ほか2005］．おそらく農業以外に収入の途が乏しい多くの村の現状は，このようなものであろう．したがって，もはや通常区分されている「都市」と「農村」という区分では農村経済の現実を正確に捉えることは困難になっていると思われる．少なくとも，統計上の区分として必要なのは「農村」をさらに2つに分け，たとえば「都市近郊農村」，「純農村」といったようにすることである．これは日本の農村区分の仕方と似たものであるが，さらに「中間的農村」も必要であろう．日本以上に複雑で多様な顔をもつ中国農村を，1つの区分だけですべてを括ることは現実的でも科学的でもない．

2. 裏S字型発展仮説

経済成長の初期段階で経済格差は拡大するが，成長が持続することにより解消するとするS. クズネッツの逆U字型発展仮説［クズネッツ1955］は，中国に妥当するであろうか．この点に関しては，否定的な意見が多い［大橋2005:

188］．筆者自身も懐疑的である．それどころか，まったく通用しないのではないかと思う．先進国経済の現実的な例をみるまでもなく，経済発展は格差を生み，そして拡大させるのであって平等化を実現した事例はないとさえいっていい．確かに発展途上国の例や先進国の仲間入りが近いシンガポールなどの例，そしていまでは先進国となった日本や韓国の例や，20世紀以前からすでに経済的発展を遂げていた欧州やアメリカの例を見ると，まったく別のアルファベット状の模様を描くことができる．

それは逆U字型などではなく，図8-1のように，アルファベットのS字をちょうど裏返した形の発展である．ある程度まで発展すると，格差が消えるようになるが，その先の発展——これは先進国型の発展である——が継続すれば，今度は再び格差が起こるのである．現在先進各国で見られる格差はこの形の格差であり，さらにこれは拡大する可能性をもつ性質の格差である．これをクズネッツに倣って表現すれば逆S字型発展仮説といえるだろう（紙に〜模様を描き，それを裏返すとS字に見える）．ましてや，発展途上の国が平等になることは想像できない．制度的にそれができるのは理念としての社会主義だけである．現実の資本主義社会でそれが可能だとすれば，政府の所得再配分政策による以外になく，それは経済成長が自然に作り上げることではない．

S. クズネッツ[2]は，経済成長の過程で生産要素は農業部門から他産業や都市へ移転し，その過程を経て，農業部門の労働人口の適正化，所得再分配が起き，経済成長の成果が農業部門にも分配されると考える．しかし，中国の場合，政府が農村の都市化政策の推進に力を入れているが，容易に進展がない状況である．なぜかといえば，農村の労働力を吸収するにはあまりにも多くの農村労働力が存在し，移転が進まないうちに，次から次へと新しい労働力が補給されてくるからである．最近の中国の人口自然成長率は年0.6％，1,000万人程度であるが，生産年齢化した人びとを吸収するには生産の資本集約化のスピードがこれを上回るため容易ではない．端的に言えば労働過剰の状態が起きているから，クズネッツ仮説はますます当てはまりにくい状態になってきたのである．

王溝村の現状は，理論設定上の条件を別にすれば，W. ルイスと同じような見解をもつR. ヌルクセ的である．ルイスは，もっと自由経済を前提とする経済学的な均衡を重視するが，ヌルクセは一種の「低開発均衡」を問題にし，そ

こからの脱却を考える．未開発の地域や国は過剰な労働力が滞留する「偽装失業」状態にあるために，貧困から抜け出せないでいる状態に等しいという［ヌルクセ 1955］．

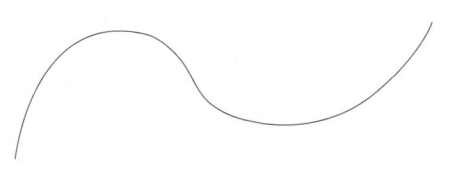

図8-1　裏S字型発展仮説

ヌルクセは，離村によって農業の過剰な労働力を移転させ偽装失業を解消することなしには，経済発展を始める方法はないと説いたのである．一方シュルツは「高度化かつ継続的な経済成長は，新しい技能ならびに新しい知識に関する特定の投資を農業人口になすことによって，大きく左右される」と考えた［シュルツ 1969: 217］が，そのために必要な諸条件の移転や投資を誰が行うのか，また，必要な資金を誰が負担するのか，という点になると，この場合も行き詰まる．王溝村はそれができないでいるところに閉じこめられているのが現状である．

農家の所得格差の要因は世帯員属性によって規定され，その基本的な要因を非農業部門への就業に求め，さらに教育水準が高いほど非農業への就業傾向が高まる，という見解もある［厳 2005］．世帯員の人間的資質，努力，経験，能力，学力などの総合的な要因が，所得形成上大きな条件となる営農や非農業就業のあり方を規定するということであろう．

シュルツの「イデオロギー上の理由から，土地そのほかの（物的）生産手段の私的所有の排除が要求されるときは，農業人口は農業労働そのものとなってしまい，その企業家的能力は失われてしまう」［シュルツ 1969: 242］という指摘の正しさを認識すると同時に，自立するために働く地域リーダーが現れない限り，いかなる外部からの対策も効果は期待できないという点を想起すべきであろう．この王溝村もまた，そのような人材を希求する中国農村の1類型である．その意味で，この村が中国政府が推進しているような農村の都市化の枠外にあることは明白で，2025年までに都市化率が急速に進んで60%前後となり，都市と農村の二重構造のゆがみは大幅に緩和される［李 2005: 270］とはとても思えない．王溝村が都市化し，その34戸の農家が都市住民のような生活水準を獲得できるようになるとすれば，おそらく，いま貧困にあえぐ中国のすべての農村が都市化することになるに違いない．

3.「竜頭」新型農民の登場

　このような貧困農村がある一方で，新しい動きが見えるのも現在の中国農村の特徴である．これは農村内二元構造である．中国農業の経営者の多様性は，日本の比ではない．土地所有には厳しい制限があるが，非土地利用型農業，たとえば畜産がその典型であるが，成長型の多くの個人大型経営が現れてきている．その一例が武漢市郊外で300頭飼養（経産牛）する酪農家周春利氏37歳（2005年調査当時）である．年間の売上額6,000万円，農家所得率10％前後で所得600〜750万円，畜舎敷地面積2.7ha，粗飼料栽培面積110ムー（7.3ha），農地（草地）面積のすべては本人の使用権（50年）が設定されている．

　さて経営主周氏が酪農を始めたのは1999年，荒蕪地を開墾して創業し，今の場所に2002年に移ってきた．畜産系短大を卒業後，国有農場で獣医師として勤務，居民戸籍を取得した．しかし農場を不況で解雇され，その後，上海に出てタクシー運転手をして働いた．そこで貯めた資金と親戚，友人から借りた70万元（1,000万円）を元手に，牛の導入，畜舎の建設等を行い，苦労の末，酪農経営を始めた．現在，生産過剰の気配もあるが，中国の牛乳消費の伸びは著しく，利潤も各種農畜産業のなかで最も高いといわれる[3]．その成長産業である酪農経営に飛びついたのは，先見の明があったためであろう．

　搾乳後はタンクに一度集め，滅菌処理を行ったのち，全量を光明（中国大手の乳業企業）へ出荷する．光明は毎日，きまった時刻に集荷に来る．従業員は16人，平均年齢30歳である．正式雇用までに，3カ月間の試用期間を設けている．しかし糞尿処理が問題で，敷地内に堆肥置場を設けているが，大量の糞尿が貯まるスピードに追いつかない．仕方なく，近くの池に捨てている．その現場を見たのであるが，手の施しようのない汚染状態であった．日本の場合は，法律によって処理施設を自前で設置しなければならないが，中国では，その資金的余裕あるいはそのための低利制度資金があるわけではないので，農民だけの責任とはいえない面もある．

　飼料は粗飼料と一部配合飼料があったが，配合単味種は限られている．乳量は日本の農家とほとんど変わらない．ただ，質的には乳脂率，香り等，かなり

の問題がある．畜舎は見た目には清潔さが保たれているが，皮膚病の牛が数頭目についた．これは，飼料と衛生管理に問題がある証拠である．雄仔牛が生まれた場合は，肥育牛として出荷し，自ら肥育は行わない．

　周氏は以前，中小企業経営研修会に参加するため大阪を訪れたことがあり，経営管理面の専門的知識を持ち，実践のなかから腕を磨いている．彼のような個人大規模経営の登場は，ちょうど日本の1970年代に似ている．規模拡大が農業経営の将来を左右するカギであるかのようにいわれ，多くの青年農家が，夢を抱いて規模拡大に走った．中国では，個人農家が大規模経営に乗り出すには資金調達や価格安定，飼養技術，飼料，出荷先確保など多くの面で障碍があるが，周氏の行ったことはまさに挑戦というに等しい．しかも，彼は農民出身ではあるが，酪農経営に挑む新規参入者とまったく同じである．

　しかし，彼はいま成功しつつある．住む家は3階建て，周辺の粗末な農家に比べ，1カ所だけ周りと異なる光景を醸し出す白壁の御殿のような住宅はひときわ目を引く．彼は今後も酪農経営を続けていくが，さらなる規模拡大を行うつもりでいる．しかしこのような若い農家にとって，中国における酪農経営の発展自体は，実はあまり興味のあることではない．酪農経営で儲けることが目標であり，そこに農業経営者としての社会的使命感を意識しているわけではない．だから，もし酪農経営が儲からなくなれば，すぐに撤退する可能性が大である．そして，これこそが企業家精神にほかならないのであろう．この意味でも，周氏は旧い農民とは異なる新型農民と定義しうる条件を備えている．

　このような新型農民は，独立して経営する者が中心である．しかし，彼のような新しい存在が，農業竜頭企業との新しい関係を率先して築くリードオフマン的な役割を果たす可能性もある．彼らは農業竜頭企業ならぬ「竜頭農民」として，農業竜頭企業との間で分業と補完関係を基礎とする中国農業の将来をもたらすかもしれない．

　注
1) 本章第1節の多くは，筆者と共同で作成した調査票による李小春の現地調査に負っている．記して謝意を表したい．
2) クズネッツの理論の理解については下記論文を勧めたい．柳瀬明彦［2004］「部門間所得格差と経済成長」『高崎経済大学論集』第46巻第4号，93-103頁．

3) 畜産業のなかでも中国の酪農経営は，比較的に経営内容がよいとされてきた．ところが最近は飼料価格の高騰，競争激化による乳価低迷などにより，あまり好調とはいえないようである．河南省の調査によれば，2007年上半期の経営費は大規模経営でさえ1頭当たり前年比390元（6,000円），7.8％上昇した．一方乳価（原乳）は平均農家でkg当たり1.69元（25円）（2005-07年）と変わっていない．河南省の例では年間180万トンの加工設備があるが，実際の稼働設備は80万トン（稼働率44％）に止まっている（河南省価格コスト調査隊）．このような事態は河南省だけではなく全国的な傾向とみてよい．

引用文献

大橋英夫［2005］『現代中国経済論』岩波書店．
厳善平［2005］「中国農家の所得決定と就業行動に関する計量分析」田島俊雄編『構造調整下の中国農村経済』東京大学出版会，124-130頁．
謝子平，宋洪運［2005］「農村貧困特徴，類型及其形成機理」『紅旗文稿』第1期．
シュルツ，T.［1969］『農業近代化の理論』東京大学出版会／UP選書．
中兼和津次［2007］「『三農問題』を考える」『中国21』1月．
ヌルクセ，R.［1955］土屋六郎訳『後進諸国の資本形成』巌松堂出版．
李明星［2005］『中国経済の発展と戦略』NTT出版．
Kuznets, S. [1955] "Economic Growth and Income Inequality", *American Economic Review* 45.

参考文献

本書全体の章を通じて，参考にした文献リスト．掲載は，原則として出版社を通して刊行されたもの．英文の場合は，Web 公開され入手可能なものを含む．

[邦文]

愛知大学 21 世紀 COE プログラム国際中国学研究センター［2006］『中国資本の海外進出の経済学的分析』（「現代中国学方法論の構築をめざして」〈経済編〉）．
安達生恒［2000］『中国農村・激動の 50 年を探る：一農学徒の現地報告』農林統計協会．
市村真一，王慧炯編［2004］『中国経済の地域間産業連関分析』創文社．
伊東光晴［2006］『現代に生きるケインズ』岩波新書．
今村奈良臣，張安明，小田切徳美［2004］『中国近郊農村の発展戦略』農山漁村文化協会．
井村秀文，勝原健編［1995］『中国の環境問題』東洋経済新報社．
内山雅生［2003］『現代中国農村と「共同体」：転換期中国華北農村における社会構造と農民』御茶の水書房．
内山雅生，金沢大学経済学部編［1990］『中国華北農村経済研究序説』金沢大学経済学部．
大久保勲［2004］『人民元切上げと中国経済』蒼蒼社．
大島一二編［2001］『中国進出日系企業の出稼ぎ労働者：実態調査にみるその意識と行動』芦書房．
大島一二編［2003］『考えよう！輸入野菜と中国農業：変貌する中国農業と残留農薬問題の波紋』芦書房．
太田原高昭，朴紅［2001］『リポート中国の農協』家の光協会．
大西康雄編［2006］『中国・ASEAN 経済関係の新展開：相互投資と FTA の時代へ』アジア経済研究所．
大橋英夫［2005］『現代中国経済論』岩波書店．
王志剛［2001］『中国青果物卸売市場の構造再編』九州大学出版会．
王曙光［2004］『現代中国の経済』明石書店．
王文亮［2006］『格差で読み解く現代中国』ミネルヴァ書房．
加々美光行［1993］『市場経済化する中国』日本放送出版協会．
加々美光行［2007］『鏡の中の日本と中国』日本評論社．
片岡幸雄，鄭海東［2004］『中国対外経済論』渓水社．
加藤弘之編［1995］『中国の農村発展と市場化』世界思想社．
椛根勇［2006］『現代中国環境基礎編』愛知大学国際中国学研究センター．
魏瑋［2007］「農村税費改革にみる中国政府の政策実行能力の分析」『中国 21』1 月．
木村福成，丸屋豊二郎，石川幸一編［2002］『東アジア国際分業と中国』ジェトロ．
木村福成，石川幸一編［2007］『南進する中国と ASEAN への影響』ジェトロ．
厳善平［1997］『中国農村・農業経済の転換』勁草書房．

国分良成編 ［2006］『世界のなかの東アジア』慶應義塾大学出版会.
呉敬璉 ［2007］日野正子訳『現代中国の経済改革：Chinese economic reform』NTT出版.
小島朋之編 ［2000］『中国の環境問題：研究と実践の日中関係』慶應義塾大学出版会.
小島麗逸 ［1997］『現代中国の経済』岩波書店.
小島麗逸編 ［1988］『中国の経済改革』勁草書房.
小島麗逸, 堀井伸浩編 ［2007］『巨大化する中国経済と世界』アジア経済研究所.
小原雅博 ［2005］『東アジア共同体：強大化する中国と日本の戦略』日本経済新聞社.
篠原三代平 ［1998］『中国人民元の実態を探る：中国経済の一つの謎』統計研究会.
篠原三代平 ［2003］『中国経済の巨大化と香港：そのダイナミズムの解明』勁草書房.
周小薇 ［2001］『中国における社区型股份合作制の成立と展開』筑波書房.
周牧之 ［2007］『中国経済論：高度成長のメカニズムと課題』日本経済評論社.
白石和良 ［2005］『農業・農村から見る現代中国事情』家の光協会.
関志雄 ［2005］『中国経済のジレンマ：資本主義への道』筑摩書房.
銭小平編 ［2006］『中国東北部稲作地帯の発展と農民組織化の動向：平成16年度中国食料変動プロ社会経済分野ワークショップ』国際農林水産業研究センター.
曽寅初 ［2002］『中国農村経済の改革と経済成長』農林統計協会.
田多英範編 ［2004］『現代中国の社会保障制度』流通経済大学出版会.
沈金虎 ［2007］『現代中国農業経済論：近代化への歩みと挑戦』農林統計協会.
陳桂棣, 春桃 ［2005］納村公子, 椙田雅美訳『中国農民調査』文藝春秋.
塚本隆敏 ［1999］『中国市場経済への転換』税務経理協会.
塚本隆敏 ［2003］『現代中国の中小企業：市場経済化と変革する経営』ミネルヴァ書房.
辻井博, 松田芳郎, 浅見淳之編 ［2005］『中国農家における公正と効率』多賀出版.
唐成 ［2005］『中国の貯蓄と金融：家計・企業・政府の実証分析』慶應義塾大学出版会.
中兼和津次編 ［1997］『改革以後の中国農村社会と経済：日中共同調査による実態分析』筑波書房.
中兼和津次編 ［2002］『中国農村経済と社会の変動：雲南省石林県のケース・スタディ』御茶の水書房.
中嶋誠一編 ［2005］『中国経済統計：改革・開放以降』ジェトロ.
中藤康俊編 ［2003］『現代中国の地域構造』有信堂高文社.
西村成雄, 田中仁編 ［2007］『現代中国地域研究の新たな視圏』世界思想社.
日本経済研究センター ［2007］『中国の経済大論争：市場と政府の均衡を探る』（2006年度中国研究報告書）.
日本経済新聞社編 ［2002］『中国：世界の「工場」から「市場」へ』日本経済新聞社.
平野孝編 ［2005］『中国の環境と環境紛争：環境法・環境行政・環境政策・環境紛争の日中比較』日本評論社.
深尾光洋, 伊藤隆敏ほか ［2006］『中国経済のマクロ分析：高成長は持続可能か』日本経済新聞社.
藤田泉編 ［2002］『中国内陸部の農業農村構造：日中共同調査と分析』筑波書房.
穆月英 ［2004］『中国における農業発展と地域間格差』農林統計協会.

参考文献

細谷昂ほか［2005］『再訪・沸騰する中国農村』御茶の水書房.
本多光雄ほか［2007］『産業集積と新しい国際分業：グローバル化が進む中国経済の新たな分析視点』文眞堂.
三谷孝ほか［2000］『村から中国を読む：華北農村五十年史』青木書店.
南亮進, クワン・S. キム, マルコム・ファルカス編［2000］牧野文夫, 橋野篤, 橋野知子訳『所得不平等の政治経済学』東洋経済新報社.
南亮進, 牧野文夫編［1999］『流れゆく大河：中国農村労働の移動』日本評論社.
南亮進, 牧野文夫編［1999］『大国への試練：転換期の中国経済』日本評論社.
南亮進, 牧野文夫編［2005］『中国経済入門：世界の工場から世界の市場へ』第2版, 日本評論社.
宗像直子編［2001］『日中関係の転機：東アジア経済統合への挑戦』東洋経済新報社.
毛里和子編［1995］『市場経済化の中の中国』日本国際問題研究所.
山下睦男編［2000］『中国流通経済論』葦書房.
山田辰雄, 橋本芳一編［1995］『中国環境研究：四川省成都市における事例研究』勁草書房.
山田辰雄, 楊治敏［2004］『四川省の環境問題』慶應義塾大学出版会.
山本裕美［2004］『改革開放期中国の農業政策：制度と組織の経済分析』京都大学学術出版会.
李昌平［2004］北村稔, 周俊訳『中国農村崩壊：農民が田を捨てるとき』NHK出版.
李屏［2004］『中国経済改革と地域格差』昭和堂.
凌星光［1996］『中国の経済改革と将来像』日本評論社.
林燕平［2005］『中国の地域間所得格差：産業構造・人口・教育からの分析』日本経済評論社.
渡辺利夫編［2004］『東アジア市場統合への道』勁草書房.

［中文］

郭少新［2006］『中国二元経済結構転換的制度分析』中国農業出版社.
任慶恩［2006］『中国農村土地権利制度研究』中国大地出版社.
夢必良主編［2006］『中国農村合作経済：組織形式与制度変遷』中国経済出版社.

［欧文］

Findlay, Christopher, et al. (ed.)［1999］*Food Security and Economic Reform: The Challenges Facing China's Grain Marketing System*, St. Martin's Press Inc.
Hongdong Guo, Robert W. Jolly and Jianhua Zhu［2005］"Contract Farming in China: Supply or Ball and Chain?", Presented at Minnesota International Economic Development Conference, April 29-30.
Jie Fan, Thomas Heberer and Wolfgang Taubmann［2006］*Rural China: Economic and Social Change in the late Twentieth Century*, M.E. Shape.
Kalirajan, Kali P. et al. (ed.)［1999］*Productivity and Growth in Chinese Agriculture*, St. Martin's Press Inc.

Willaims, Josephine [2005] "Understanding the Overuse of Chemical Fertilizer in China", 2005 Research Experience for Undergraduates Sponsored by the National Science Foundation and Michigan State University, July 8.

Xiao-Yuan Dong et al. (ed.) [2006] China's Agricultural Development: Challenges and prospects, Ashgate.

初出一覧

第2章　1.　『愛知大学国際問題研究所紀要』2004年3月.
　　　　4.　『東亜』（霞山会）2005年12月.
　　　　6.　『JA経営実務』（全国協同出版）2005年7月.
第3章　3.　『共済と保険』（共済保険研究会）2007年8月.
第6章　2.　『農林統計調査』2002年3～5月.
第7章　3.　『中国21』（愛知大学現代中国学会）2007年1月.

なお上記以外は書き下ろしである．

［著者紹介］

高橋五郎（たかはしごろう）

愛知大学現代中国学部教授兼同大学国際中国学研究センター副所長．1948年新潟県生まれ．愛知大学法経学部卒，千葉大学大学院博士課程修了．農学博士．財団法人農村金融研究会主任研究員（農水省経営局所管），宮崎産業経営大学教授を経て現職．主な著訳書に『世界食料の展望―21世紀の予測―』（翻訳）（ダンカン他著，農林統計協会，2000年），『新版国際社会調査―中国 旅の調査学』（農林統計協会，2007年），『海外進出する中国経済』（編著）（日本評論社，2008年）など．

中国経済の構造転換と農業
食料と環境の将来

2008年3月20日　第1刷発行

定価（本体4200円＋税）

著　者　高　橋　五　郎
発行者　栗　原　哲　也
発行所　㈱日本経済評論社
〒101-0051　東京都千代田区神田神保町3-2
電話 03-3230-1661／FAX 03-3265-2993
振替 00130-3-157198

装丁＊渡辺美知子　　　太平印刷社・美行製本

落丁本・乱丁本はお取替いたします　　Printed in Japan
Ⓒ TAKAHASHI Goro 2008
ISBN978-4-8188-1990-0

・本書の複製権・譲渡権・公衆送信権（送信可能化権を含む）は㈱日本経済評論社が保有します．
・JCLS〈㈱日本著作出版権管理システム委託出版物〉
本書の無断複写は著作権法上での例外を除き禁じられています．複写される場合は，そのつど事前に，㈱日本著作出版権管理システム（電話03-3817-5670，FAX03-3815-8199, e-mail: info@jcls.co.jp）の許諾を得てください．

中国経済論
高度成長のメカニズムと課題
周　牧之　本体3400円

日中韓FTA
その意義と課題
阿部一知・浦田秀次郎・NIRA編　本体2800円

農が拓く東アジア共同体
進藤榮一・豊田隆・鈴木宣弘編　本体2000円

巨大市場と民族主義
中国中産階層のマーケティング戦略
蔡　林海　本体3000円

東アジアの経済発展と環境
小林弘明・岡本喜裕編　本体3800円

21世紀北東アジア世界の展望
グローバル時代の社会経済システムの構築
生活経済政策研究所/増田祐司編　本体2300円

中国の地域間所得格差
産業構造・人口・教育からの分析
林　燕平　本体4000円

中国農村合作社の改革
供銷社の展開過程
青柳　斉　本体4800円

日本経済評論社